高等院校信息技术应用型规划教材

计算机导论
（第2版）

刘云翔 主 编

马智娴 周兰凤 柏海芸 编 著

清华大学出版社

北 京

内 容 简 介

本书是一本学习计算机科学与技术学科的入门教材,全书共分 9 章,包括绪论、计算机基础知识、计算机系统的基本组成、计算机操作系统概述、常用工具软件、Office 2010 应用、网络应用、程序设计基础、VB. NET 程序设计基础。本书内容全面,给入门者一个清晰的计算机系统的框架;重视实际应用技能的培养,使学生能够立刻学以致用。

本书可作为高等院校各专业应用型本科教材,也可作为高职高专计算机相关专业教材,还可供计算机入门者阅读参考。

图书在版编目(CIP)数据

计算机导论/刘云翔主编. --2 版. --北京:清华大学出版社,2013(2016.7 重印)

高等院校信息技术应用型规划教材

ISBN 978-7-302-33649-5

Ⅰ. ①计… Ⅱ. ①刘… Ⅲ. ①电子计算机－高等学校－教材 Ⅳ. ①TP3

中国版本图书馆 CIP 数据核字(2013)第 199818 号

责任编辑:孟毅新
封面设计:张海清
责任校对:袁　芳
责任印制:刘海龙

出版发行:清华大学出版社
　　　　网　　　址:http://www.tup.com.cn,http://www.wqbook.com
　　　　地　　　址:北京清华大学学研大厦 A 座　　　邮　　编:100084
　　　　社 总 机:010-62770175　　　　邮　　购:010-62786544
　　　　投稿与读者服务:010-62776969,c-service@tup.tsinghua.edu.cn
　　　　质 量 反 馈:010-62772015,zhiliang@tup.tsinghua.edu.cn
　　　　课 件 下 载:http://www.tup.com.cn,010-62795764
印 刷 者:北京富博印刷有限公司
装 订 者:北京市密云县京文制本装订厂
经　　销:全国新华书店
开　　本:185mm×260mm　　印　张:19.75　　字　数:503 千字
版　　次:2011 年 9 月第 1 版　 2013 年 9 月第 2 版　 印　次:2016 年 7 月第 5 次印刷
印　　数:4501～6000
定　　价:42.00 元

产品编号:055659-01

第2版 前言
PREFACE

"计算机导论"是学习计算机专业知识的入门课程,是对计算机专业完整知识体系进行阐述的一门课程。其重要作用在于帮助学生了解计算机专业知识能解决什么问题,作为计算机专业的学生应该学什么、如何学,一名合格的计算机专业大学毕业生应该具备什么样的素质和能力。

"计算机导论"课程的目的是为计算机学院各专业的新生提供关于计算机基础知识和技能的入门介绍,帮助他们对该学科有一个整体的认识,知道在 4 年的本科学习中需学习哪些课程、哪些专业知识,这些课程之间有什么联系,并了解作为该学科的学生应具有的基本知识和技能,以及在该领域工作应有的职业道德和应遵守的法律准则。

本书共分 9 章,包括绪论、计算机基础知识、计算机系统的基本组成、计算机操作系统概述、常用工具软件、Office 2010 应用、网络应用、程序设计基础以及 VB. NET 程序设计基础。本书各章节编排的特点是:以应用为主,密切结合计算机应用,给入门者一个清晰的计算机系统的框架,有利于今后循序渐进地学习。

"计算机导论"的教学要求是合理授课总学时约 64 学时,其中理论课 48 学时、实验课 16 学时。任课教师根据教学要求及学时数,有选择性地少讲或精讲某些内容,并将部分内容安排学生自学。实验课时可通过安排课外作业完成。

"计算机导论"的软件环境有:Windows 7、Word 2010、Excel 2010、PowerPoint 2010、中文版 WinRAR 3.9、ACDSee、Windows Media Player、HyperSnap DX、Adobe Reader、Internet Explorer 9。

由于作者水平有限,恳请广大读者对书中的不妥之处提出批评与指正,并且给予有价值的反馈。

上海应用技术学院

2013 年 8 月

目录
CONTENTS

Chapter 1

第1章

绪　　论

1.1　为什么学习计算机导论课

计算机导论是学习计算机专业知识的入门课程,它对计算机专业的完整知识体系进行了阐述。其重要作用在于,让学生了解计算机专业知识能解决什么问题? 作为计算机专业的学生应该学什么? 如何学? 一名合格的计算机专业大学毕业生应该具备什么样的素质和能力?

应用是推动学科发展的原动力。计算机科学是实用科学,计算机科学技术广泛而深入的应用推动了计算机学科的飞速发展。应用型创新人才是科技人才的一种类型。应用型创新人才的重要特征是,具有强大的系统开发能力和解决实际问题的能力。培养应用型人才的教学理念是,在教学过程中以培养学生的综合技术应用能力为主线,理论教学以够用为度,所选择的教学方法与手段要有利于培养学生的系统开发能力和解决实际问题的能力。

1.1.1　计算机导论与计算机文化基础的区别

在学科导引课程的构建问题上,人们容易将“计算机文化”与“计算机导论”混为一谈。其实,这是两门性质不同的课程。

“计算机文化”要解决的是人们对计算机功能的工具性认识,其目的在于培养学生操作计算机的初步能力,所以常着眼于应用操作的具体内容。

而“计算机导论”除了培养学生操作计算机能力之外,关键是要解决计算机以及其他 IT (信息技术)专业学生对本专业以及对计算机本质的认识问题。IT 专业的学生不能局限于仅仅把计算机看成一种工具,而更应该理解和掌握计算机学科的基本原理、根本问题,以及应用计算机解决问题的思维模式。

1.1.2　构建计算机本科专业的知识架构

1. 办学定位

计算机应用型本科专业以培养从事计算机系统集成的应用人才为主,注重培养学生软硬件系统的研发能力,强调学生对非计算机学科(专业)知识的融会贯通。所培养的学生应具备扎实的计算机基础理论知识和较强的实践能力,能根据用户需求,设计系统建设方案,完成系统的配置和产品选型,为客户构建开放性的、先进适用的集成系统,并承担用户培训和系统的升级及维护工作。

2. 毕业生的描述

应用型专业毕业生应具备较强的综合能力:对某些行业的业务、组织结构、现状及发展前景有较好的理解和掌握；从系统的高度为客户提供适应需求的应用模式，提出具体技术解决方案和实施方案；全面掌握不同计算机生产厂商提供的产品和技术，并具备应用系统软件的开发能力；能较好地完成项目管理和工程质量管理。

3. 计算机本科教育知识体系

由中国计算机学会教育委员会和全国高等学校计算机教育研究会组织、国内高校计算机教育界的几十名专家和教授参加起草和讨论的《计算机学科教学计划 1993》，于 1993 年 5 月完稿。《计算机学科教学计划 1993》的主要思想来源于 ACM 和 IEEE-CS 联合起草的《计算教学计划 1991》(Computing Curricula 1991)；而《计算教学计划 1991》的指导思想又来自《计算作为一门学科》(Computing as a Discipline)的报告。该报告是由 ACM 和 IEEE-CS 联合组织一些专家研讨出来的，经过精简以后摘要发表在 Communication of the ACM，January 1989。

该报告第一次对计算学科进行了定义：计算学科主要在系统地研究信息描述和变换的算法过程，包括它们的理论、分析、设计、效率、实现和应用。一切计算的基本问题是"什么能被（有效地）自动化？"。

这是一个"活的"定义，是一个迅速发展的动态领域的瞬间"快照"，随着该领域的发展，可以进行修改。然而在现阶段，这个定义科学地阐明了计算学科的内涵，同时对"计算"(Computing)一词给出了全面的含义。该报告还提出了覆盖计算学科的 9 个主要领域，并把这 9 个主要领域称为计算学科的 9 个主科目，每个主科目有若干个知识单元，共 55 个。每个主科目都包含理论、抽象和设计 3 个过程，9 个主科目与 3 个过程构成了知识—过程的 9 列 3 行矩阵。据此，在《计算教学计划 1991》中，用"计算"一词来概括计算机科学与工程、计算机工程、计算机科学及其他类似的领域。计算机科学侧重于理论和抽象，工程侧重于抽象和设计，科学与工程则居中。这符合国内外计算机本科教学的实际情况，即尽管各院校计算机专业的特色和基础各不相同，但它们的教学计划及主要的课程设置都大致相同。

因此，可以用计算学科来统一指称原来的一些学科名称。然而，考虑到国内多数人对"计算"一词传统的、狭义的理解，并且为了避免误解，参加起草《计算机学科教学计划 1993》的多数专家建议，暂用"计算机学科"来指称《计算作为一门学科》报告中提出的"计算学科"这个名称。

随着世界经济的多元化发展，以计算机为基础的信息技术迅速扩展到各个领域。由于社会和人类对信息的依赖迅速增长，计算机技术和基于计算机的应用技术已经成为信息社会的重要基础设施，因此计算机教育和培训也成为我国高等教育中一个重要的环节。近年来，行业界和教育界都再一次关注到"计算"(Computing)这个词的含义，并明显意识到计算所覆盖的领域在不断地、迅速地扩展。高等教育中学科的培养目标、教学计划和课程设置，也随着领域的变化在不断地调整、巩固和完善。

IEEE/ACM 一直在跟踪工业界对计算领域人才需求和教育界对人才教育培训的需求、状况、发展和存在的问题，并于 2001 年给出了具有指导性意义的计算机学科本科教学参考计划(CC 2001)。这个计划对我国计算机学科的教育产生了很大的影响，国内专家、学者对其进行了详细研究，并于 2002 年公布了中国计算机本科教学参考计划(CC 2002)，在国内外也产生了很大的影响。继 CC 2001 推出后，经过几年的跟踪研究、意见反馈和计划评估，IEEE/ACM 在总结前期工作的基础上，对原《计算教程 CC 2001》给出的 4 个专业方向进行了修改和扩充，并给出了新的评述，于 2004 年 6 月 1 日公布，并把它们称为《计算教程 CC 2004》(Computing Curriculum 2004)。

1) 计算机学科领域的分化

计算(Computing)学科长期以来被认为代表了两个重要的领域:一个是计算机科学,另一个是计算机工程。这两者曾经分别作为软件和硬件领域的代名词。随着科学技术的发展,IEEE/ACM 在 CC 2001 中将计算学科分为 4 个领域,分别是计算机科学、计算机工程、软件工程和信息系统。近期的 CC 2004 报告,在上述 4 个领域的基础上,增加了 1 个信息技术专业学科领域,并预留了未来的新发展领域。各个专业都针对本科生的教育,提出了相应的知识领域、知识单元和知识点,并给出了相应的参考教学计划和课程设置。5 个专业学科领域如下。

(1) 计算机科学(Computer Science,CS);

(2) 计算机工程(Computer Engineering,CE);

(3) 软件工程(Software Engineering,SE);

(4) 信息技术(Information Technology,IT);

(5) 信息系统(Information System,IS)。

计算学科的分化,表现了一种科学发展和知识演化与时俱进的趋势。IEEE/ACM 在解释这种分化情况时,对“计算”这个词的含义和它所覆盖的领域作了如下几点重要说明。

(1) “计算”学科发生了巨大的变化;

(2) 这种变化对课程设置与教学方法产生了深远影响;

(3) “计算”的范畴已经拓宽;

(4) “计算”很难再定义为一个单一的学科;

(5) “计算”不再是 CS 或 CE 的同义词;

(6) 21 世纪,“计算”已经超出了 CS 或 CE 之外;

(7) “计算”涵盖了许多其他重要学科。

从上述说明可以看出,计算学科的变化非常迅速,其知识领域得到充分的扩展,覆盖了其他很多重要的学科。因此,我们有必要从战略的高度,研究和了解计算学科分化的实质,了解各个专业学科的知识领域与体系,了解这些知识领域间的关系和知识模块的交叉以及相对应的课程体系,同时也要了解 CC 2004 对计算机和 IT 行业的影响,以及对我国高等教育领域中计算机、通信工程、软件工程、信息系统等学科领域的影响。

2) 计算机科学学科的知识领域(IEEE/ACM-CCCS)

计算机科学学科的知识领域和最终报告已经在 2001 年 12 月 15 日公布,并成为我国计算机和其他相关学科的参考规范,CCCS 学科针对本科生提出的知识领域、知识单元和知识点,也成为专业计划制订和课程设置的参考。这些知识领域如下。

(1) 离散结构(Discrete Structures,DS);

(2) 程序设计基础(Programming Fundamentals,PF);

(3) 算法和复杂性(Algorithms & Complexity,AL);

(4) 程序设计语言(Programming Languages,PL);

(5) 计算机结构与组织(Architecture & Organization,AO);

(6) 操作系统(Operating Systems,OS);

(7) 人-机交互(Human-Computer Interaction,HCI);

(8) 图形学与可视计算(Graphics & Visual Computing,GR);

(9) 智能系统(Intelligent Systems,IS);

(10) 信息管理(Information Management,IM);

(11) 以网络为中心的计算(Net-Centric Computing,NC);

(12) 软件工程(Software Engineering,SE);

(13) 数值计算科学(Computational Science,CN);

(14) 社会道德和职业问题(Social & Professional Issues,SP)。

我国计算机教育界已经在参考 CC 2001 的基础上,给出了中国自己的计算机专业本科教学参考计划,计算机科学与计算机工程学科的界定也非常明确:一个着重于理论与算法,另一个着重于技术与工程实现。两个学科的本科知识领域既有交叉,又有侧重。这对于我国大多数高等院校的计算机专业的培养目标有很大的参考性,使各校可以根据自己的专业实际和师资优势,确立专业学科和领域的侧重方向,构建适合本校的专业培养目标。

3) 计算机工程学科的知识领域

计算机工程学科组于 2004 年 6 月 8 日公布了 CCCE 的学科报告(铁人版),更新了 CE 学科的核心知识领域,重新给出了 18 个核心单元的知识领域,去掉了原学科报告(2002/11/06)中的"设计自动化"(Design Automation),"测试与容错"(Testing & Fault Tolerance)和"可选计算范例"(Alternative Computing Paradigms),增加了"数据库系统"和"人机交互"知识单元,并将原"电路与系统"更改为"电路与信号"。更新的 CE 知识领域如下。

(1) 计算机体系结构和组织(Computer Architecture & Organization,CAO);

(2) 计算机系统工程(Computer System Engineering,CSE);

(3) 电路和信号(Circuit & Signals,CSG);

(4) 数据库系统(Database System,DBS);

(5) 数字逻辑(Digital Logic,DIG);

(6) 数字信号处理(Digital Signal Processing,DSP);

(7) 电子学(Electronics,ELE);

(8) 嵌入式系统(Embedded Systems,ESY);

(9) 算法和复杂性(Algorithms & Complexity,ALG);

(10) 人机交互(Human Computer Interaction,HCI);

(11) 计算机网络(Computer Networks,NWK);

(12) 操作系统(Operating Systems,OPS);

(13) 程序设计基础(Programming Fundamentals,PRF);

(14) 社会和职业问题(Social & Professional Issues,SPR);

(15) 软件工程(Software Engineering,SWE);

(16) VLSI 设计与构造(VLSI Design & Fabrication,VLS);

(17) 离散结构(Discrete Structures,DSC);

(18) 概率和统计(Probability & Statistics,PRS)。

计算机工程自身已成为一门独立的学科(尽管它仍与 CS 和 CE 相关)。计算机工程的基础包含计算、数学、科学及工程的理论与原理,并运用这些理论与原理,解决在硬件、软件、网络的设计以及其他过程中的技术问题。

计算机工程师主要从事基于计算机的系统设计,解决其中的应用需求。这些工作覆盖了大多数工业和应用领域,如计算机、航空、通信、电力、国防、微电子等,所设计的高技术装置小到微电子芯片,大到使用芯片集成和连接芯片的高效系统,以及系统所组成的功能强大的复杂系统。

报告对计算机工程师的能力提出了如下要求。

(1) 对计算目标和约束之间的矛盾能折中处理，能设计计算机软件、硬件系统以解决各种工程问题。

(2) 具备宽广的数学和工程学知识，而不仅仅局限于满足工程需要的具体领域。

(3) 能够应付职业领域中的实际工程问题。

报告同时给出了针对计算机工程学科本科生培养的参考课程单元和分类，有助于各个学校建立自己的教学计划和课程设置。

4) 软件工程学科的知识体系和领域

针对 CC 2004 报告，IEEE/ACM 软件工程学科组于 2004 年 5 月 21 日公布了软件工程教育知识体系(Software Engineering Education Knowledge，SEEK)的最终报告，这份报告针对软件工程本科教育的课程知识领域，给出了相关领域方向的课程知识单元和知识点的配置，以及参考课程计划。2004 年 6 月 23 日，IEEE 的另一个学科组，也公布了软件工程知识体系(Software Engineering Body of Knowledge，SWEBOK)的更新版，它被软件行业称为软件工程教育的基本法。这两个知识体系分别面向本科软件工程教育以及软件工程行业教育和从业要求。

(1) SEEK(CCSE)的知识领域覆盖点

① 计算的本质(Computing Essentials，CMP)；

② 数学与工程基础(Mathematical & Engineering Fundamentals，FND)；

③ 职业训练(Professional Practice)；

④ 软件建模与分析(Software Modeling & Analysis，MAA)；

⑤ 软件设计(Software Design，DES)；

⑥ 软件验证(Software Verification & Validation，VAV)；

⑦ 软件进化(Software Evolution，EVL)；

⑧ 软件过程(Software Process，PRO)；

⑨ 软件质量(Software Quality，QUA)；

⑩ 软件管理(Software Management，MGT)；

⑪ 系统与应用专题(System & Application Specialties，SAS)。

CCSE 2004 报告强调了对软件工程的新定义，即软件工程是"以系统的、学科的、定量的途径，把工程应用于软件的开发、运营和维护；同时，开展对上述过程中各种方法和途径的研究"。这里明确提出了"把工程应用于软件"，明显地体现了软件工程领域内的两类重要的研究和应用方向：工程学和方法学。

软件工程专业教育培养的目标，是让受教育者了解和掌握软件开发中的方法学和工程学的知识，并应用于实践。因此，IEEE 区分了典型的人才职业特征，这些特征也强调了其职业定位(这里的"职业"(Professional)体现了专业技术背景和应用行业背景)。例如，电子工程师着重关注电路、信号分析、信号合成、信号传输等电子学、物理学领域的问题；计算机科学家主要关注计算的理论基础和算法；计算机工程师着重关注基于计算机的产品的正常运行和维护；信息资源专家则关注信息资源的获取、部署、管理及使用；而软件工程师则重点关注大规模软件开发与维护的原则，着重开发过程质量，以避免潜在的风险性。

在职业特征的基础上，IEEE/ACM 强调了工程教育的基本要求，这些要求如下。

① 系统观点：要求学生熟悉系统设计、构造和分析过程。

② 知识的深度和广度：要求学生知识面宽，但应当在一个或多个领域方向上能够深入。

③ 设计经验：期望学生参与设计活动,具有项目(尤其是大项目)开发概念。

④ 工具使用：要求学生能够使用(软硬件)工具,分析和解决实际问题。

⑤ 职业训练：要让学生了解职业需求,具有"产品"的判断力。这里,产品的概念是广义的,包括软件、系统、行业和应用服务等方面的知识、技能与判断力。

⑥ 交流技巧：训练学生能够以合适的形式(书面、口头、图形等)进行交流与沟通。

上述的基本要求,明显地体现了工科学校对工程型人才培养的基本要求,它们不仅仅针对软件工程领域,也针对计算机工程学科、信息系统学科和信息安全学科。

SEEK 针对软件工程学科的本科课程知识领域(Area),分解为知识单元(Unit)和知识点(Topic),并要求教育者用一条"思维"的线把这些单元和点串起来,形成不同的知识模块(Model),然后,用课程这样的实施方法,对应于各个知识模块。一个知识模块可用不同的课程覆盖,允许课程内容具有一定的重复性,并在教学过程中,仍然提倡理论、抽象、设计(或抽象、理论、设计)的过程。不难看出,理论到抽象(或抽象到理论)的过程正好体现了科学的方法论,而从抽象到设计(或理论到设计)的过程,也体现了软件工程学科的工程性。

(2) 软件工程知识体系(SWEBOK)

与 SEEK 几乎同步,IEEE 的软件工程知识体系(SWEBOK-2004)更新版本也公布了。这是一个覆盖整个软件行业和领域的知识体系,SEEK 仅仅是针对本科生教育的知识领域,是 SWEBOK 在教育实施中的一个子集,因为还有较大一部分的知识领域单元是放在研究生教育中的。SWEBOK-2004 较 SWEBOK-2001 版本进行了较大的修改和更新,这些变化和修改有助于了解国际上软件工程领域的思维观念、领域范畴、技术发展和相关联系。

① 软件需求(Software Requirements,SWR);

② 软件设计(Software Design,SWD);

③ 软件构造(Software Construction,SWC);

④ 软件测试(Software Testing,SWT);

⑤ 软件维护(Software Maintenance,SWM);

⑥ 软件配置管理(Software Configuration Management,SCM);

⑦ 软件工程管理(Software Engineering Management,SEM);

⑧ 软件工程过程(Software Engineering Process,SEP);

⑨ 软件工程工具和方法(Software Engineering Tools & Methods,STM);

⑩ 软件质量(Software Quality,SWQ);

⑪ 相关学科知识(Knowledge Areas of Related Disciplines)。

新版本对知识单元进行了修改、调整、合并与增添。下面就其修改情况作一简单说明。

① 在"软件需求"知识领域中,保留了"需求过程"、"需求引导"、"需求分析"、"需求规范"、"需求验证",去掉了抽象的"需求管理",增加了"软件需求基础"和"实践考虑"。

② 在"软件设计"知识领域中,保留了"设计关键问题"、"软件结构与体系"、"软件设计质量分析与评估"、"软件设计注释"、"软件设计策略与方法",仅将"软件设计概念"改为了"软件设计基础"。

③ 在"软件构造"知识领域中,去掉了原来"减少复杂度"、"差异预估"、"验证结构"、"外引标准"所共同强调的语言型、形式化和虚拟化方法,修改缩减为"软件构造基础"、"管理构造"和"实践考虑"3 项。

④ 在"软件测试"知识领域中,保留了"测试层次"、"测试技术"、"测试相关度量",增改了

"软件测试基础"和"测试过程"。

⑤ 在"软件维护"知识领域中,修改为"软件维护基础"、"软件维护关键问题"、"维护过程"和"维护技术"。

⑥ 在"软件配置管理"知识领域中,保留了原来 6 个知识单元"SCM 过程管理"、"配置确认"、"配置控制"、"配置状态记述"、"配置审计"和"软件发行管理与交付"。

⑦ 在"软件工程管理"知识领域中,将原来的"组织管理"、"过程/项目管理"、"工程管理",分解并修改为"初始化与范围定义"、"项目计划"、"项目法律"、"审核与评估"、"项目结束"和"工程度量"6 项。

⑧ 在"软件工程过程"知识领域中,撤销了原来的"过程概念"、"过程基础设施"、"过程度量"、"过程质量分析",而增改为"过程实施与变动"、"过程定义"、"过程保证"和"过程与产品测量"。

⑨ 在"软件工程工具与方法"知识领域中,基本保留了"软件工具"和"软件工程方法",但对内容进行了修改。

⑩ 在"软件质量"知识领域中,将原来 7 类单元缩减为"软件质量基础"、"软件质量管理过程"和"实践考虑"3 类。

⑪ 最重要的是增加了"相关学科知识"领域,列举了"计算机工程"、"计算机科学"、"管理学"、"数学"、"项目管理"、"质量管理"、"软件经济学"和"系统工程"共 8 个知识单元,从而使软件工程知识体系更加完善。

5) 信息系统学科的知识领域(IEEE/ACM-CCIS)

信息系统学科在我国被划归在管理学学科。在 CC 2004 中,给出了 IS-2002 为基础的本科段知识领域,分为 3 个部分,覆盖了信息技术、组织与管理、系统理论与开发学科领域。它们的组成如图 1-1 所示。

信息技术	＋	组织与管理	＋	系统理论与开发
01. 计算机体系结构		01. 基本组织理论		01. 系统与信息
02. 算法与数据结构		02. 信息系统管理		02. 系统开发途径
03. 编程语言		03. 决策理论		03. 系统开发方法
04. 操作系统		04. 组织性能		04. 系统开发工具/技术
05. 电信系统		05. 过程变动管理		05. 应用计划
06. 数据库		06. 职业道德		06. 风险管理
07. 人工智能		07. 专业领域		07. 项目管理
08. 人际关系		08. 信息与商务分析		
09. 信息系统设计				
10. 系统实现与测试				
11. 系统操作与维护				
12. 专用信息系统开发				

图 1-1　信息学科的组成

由此可见,信息系统专业实际上是"计算机应用领域"的工程实施和系统构建,该学科的知识领域涉及各个应用领域和行业业务。

CC 2004 增加了一个新的学科:信息技术学科(Information Technology Discipline)。IEEE/ACM 成立了专门的学科组,由于时间关系,CC 2004 没有给出 CCIT 本科段知识领域。

信息技术学科在计算机硬件与体系结构的基础上,覆盖了组织与系统、应用技术、软件开发和系统基础设施等领域。信息技术学科不管在理论还是在应用方向都与应用技术相关,在应用技术上,涉及信息分类、获取、存储、处理、传输、再生、输出等,以及基于 Web 的数字技术,并扩展到了广阔的信息应用空间。

4. 人才培养计划的体系架构

面向 21 世纪的计算机专业应用型人才,不仅要具有合理的知识结构,而且还应具有合理的能力结构,如图 1-2 所示。

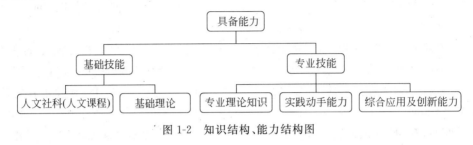

图 1-2　知识结构、能力结构图

1.2　计算机导论课的主要内容、学科专业特点和计算机应用领域

随着计算机技术的快速发展和应用领域的拓展和深入,计算机技术在一些领域中的创新应用需求不断加强。多年来,国际上大学计算机学院根据计算机学科发展的趋势和社会需求,在原来单一的"计算机科学与技术"专业的基础上,不断拓展新专业,发挥学科交叉融合的优势,取得了良好的成效。

1990 年,根据工业设计对国家制造业发展的重要作用,在计算机系设立工业设计专业。近年来,工业设计专业针对我国要成为世界制造业强国的目标,大力培养具有市场意识、高层次的产品创新设计人才,通过加强多学科的交叉与融合,形成了"工业设计＋嵌入式系统＋机电一体化"的整合创新理念和专业特色。2001 年,为适应我国经济结构战略性调整的要求和软件产业发展对人才的迫切需要,在大学校长们的倡导下,以计算机系为依托成立了软件与网络学院(后成为国家示范性软件学院)和软件工程专业(2002 年正式招生)。该专业以市场需求为导向,大力培养应用型、复合型、国际化的软件工程专业人才,推动产学研紧密结合的办学模式,在课程体系建设、工程实践能力培养、国际化教育、教师队伍聘任等方面进行了有效的探索与实践,有力地支持了软件产业的发展。

2003 年,为满足数字媒体和数字娱乐产业对人才的需求,建立了数字媒体技术本科专业,并于 2004 年招生。该专业是融合计算机技术、媒体技术和艺术设计的新兴交叉学科,旨在培养从事数字媒体开发、制作与设计的高级复合型人才,该专业创办仅几年,已凭实力成为国家动画教学研究基地和国家第二类特色专业。

1.2.1　计算机导论课的主要内容

计算机导论课程主要包括以下 9 个模块。

(1)绪论;

(2)计算机基础知识;

（3）计算机系统的基本组成；

（4）计算机操作系统概述；

（5）常用工具软件；

（6）Office 2010 应用；

（7）网络应用；

（8）程序设计基础；

（9）VB. NET 程序设计基础。

1.2.2 计算机工程

计算机工程（CE）是一门关于设计和构造计算机以及基于计算机的系统的学科。它所涉及的研究包括软件、硬件、通信以及它们之间的相互作用等方面。它的课程关注传统的电子工程及数学方面的理论、原理及实践，还包括如何应用它们解决设计计算机和基于计算机的设备等问题。

计算机工程的学生学习数字硬件系统的设计，包括通信系统、计算机，以及其他包含计算机的设备。他们学习软件开发，重点关注与数字设备相关的软件，以及这些软件与用户和其他设备的接口。计算机工程的学习重视硬件多于软件，或要在两者间取平衡。计算机工程有一股很浓的工程味道。

当前，计算机工程中的一个热门方向是嵌入式系统。这种系统旨在开发其中嵌入了软件和硬件的设备。例如手机、数字音频播放器、数字视频录像机、警报系统、X 光机、激光外科用具等设备，它们全都需要硬件和嵌入式软件的综合，都是计算机工程的研究成果。

计算机工程以电子计算机技术的应用层面为主，主要研究计算机处理器、嵌入式系统设计、网络设计和存储器体系，着重于硬件设计以及与软件和操作系统交互的性能。所培养的人才能从事与计算机应用相关领域的实际工作。

主要课程：离散数学、数字逻辑设计、汇编语言程序设计、数据结构与算法、操作系统、计算机网络原理、数据库原理及应用、计算机组成与结构、计算机接口技术、嵌入式系统原理与应用、网络管理、网络工程等。

1.2.3 网络工程

网络工程（NE）专业是为适应新世纪的信息化、网络化的发展趋势，为计算机网络工程建设、安装、运行、管理和维护而设置的专业。该专业培养掌握计算机网络工程技术的基本理论、方法与应用，从事计算机网络工程及相关领域中的系统研究、设计、运行、维护和管理的高级工程技术人才。

网络工程专业的毕业生要求基本掌握计算机应用技术、计算机网络通信技术的基础知识理论和基本技能，成为具有较熟练的计算机操作、网络设计与开发、网络管理与组织、网页设计与制作基本能力的复合型专业人才。这些人才应了解与网络有关的法规，了解信息科学与技术的发展动态，能够从事网络规划设计、网络运行管理和性能分析、网络工程设计及维护等工作。

网络工程的主要课程包括：程序设计语言、离散数学、数字逻辑设计、汇编语言程序设计、数据结构与算法、面向对象程序设计、操作系统、计算机网络原理、程序设计实践与分析、数据库原理及应用、数据通信与网络、TCP/IP 程序设计、密码学与网络安全技术、软件工程、网络管理、网络工程等。

本专业要求毕业生通过 4 年的学习,应获得以下几方面的知识与能力。

(1) 具有较扎实的自然科学基础,较好的人文、艺术和社会科学基础,以及较好的文字表达能力。

(2) 熟练掌握网络工程知识与技能,具备作为网络工程师从事工程实践所需的专业能力。

(3) 掌握网络应用软件的开发,具备作为网络软件工程师的专业能力。

(4) 具备个人工作与团队协作的能力,以便构建、维护和管理中、大型企业网络。

(5) 具有本专业领域内所必需的专业知识,了解本学科的前沿技术和发展趋势。

(6) 具有较强的自学能力、创新意识和较高的综合素质。

(7) 熟练掌握一门外语(达到大学英语四级),并掌握一门第二外语(日语)。

(8) 熟悉本专业的文献检索和资料查询方法。

1.2.4   计算机科学与技术

计算机科学(CS)的学科范围跨度很大,包括从理论基础、算法基础到最前沿的学科发展,比如机器人学、计算机视觉、智能系统、仿生信息学等许多令人兴奋的学科。计算机科学家的工作包括 3 个方面。

(1) 设计和实现软件。计算机科学家往往承担具挑战性的编程工作,同时他们也指导其他程序员,让程序员不断获取新的方法。

(2) 发明应用计算机的新的方法。计算机科学领域中的网络、数据库、人机界面等方面的新进展,使万维网的发展成为可能。现在计算机科学研究人员正和其他领域的专家合作,使机器人变成实用的智能助手,使用数据库生成新知识,用计算机帮助我们破译 DNA 的秘密。

(3) 发明高效的方法解决计算问题。如,计算机科学家要开发出最好的方法用于在数据库中存储信息,通过网络传输数据以及显示复杂图像。计算机科学的理论背景可以帮助计算机科学家确定方法的最优性能,在算法领域的研究可帮助他们开发出具有更优性能的新方法。

计算机科学领域跨越了从理论到程序这样的广阔范围。能反映出如此宽度的学科课程往往招致批评,认为它忽略了为毕业生的就业做好准备。其他学科培养的毕业生能拥有立即与工作相关的特定技能,与之相比,计算机科学则为学生提供了更全面的知识基础,使得毕业生可以更好地适应新技术和新思想。

该专业培养目标是面向国民经济信息化建设和发展的需要,面向企、事业单位对软件工程技术人才的需要,培养高层次、应用型、复合型软硬件工程技术开发及管理人才。

计算机科学的主要课程包括:离散数学、数字逻辑设计、汇编语言程序设计、数据结构与算法、操作系统、计算机网络原理、数据库原理及应用、计算机组成与结构、计算机接口技术、嵌入式系统原理与应用、网络程序设计、网络管理、网络工程等。

1.2.5   数字媒体技术

数字媒体技术(DM)专业的培养目标是:德智体美全面发展,具有良好专业素养,系统掌握数字媒体技术专业基本理论、基本技能,成为数字影视技术、游戏动画技术、网络传播技术的应用型复合人才。毕业生适合到新闻媒体机构、文化传播机构、影视制作公司、游戏软件公司、动漫设计与制作公司、广告公司、政府机构、教育与培训机构、大型企事业等相关行业,从事动画制作设计与开发、游戏软件设计与开发、影视制作、广告设计、网络媒体设计与开发等相关工作。

数字媒体技术专业的毕业生要求是：系统掌握数字媒体技术专业的基本理论、基础知识与基本技能，了解本专业及相关领域的前沿和发展动态；掌握动画设计的基本理论，具有运用相关软件制作动画、漫画、插画的能力，具备动画创意设计和制作的能力；掌握游戏设计的基本理论和技术，具备开展游戏软件开发能力；掌握数字影视技术、数字影视制作技术的理论与方法，能熟练运用拍摄、编辑、特效制作等技巧创作数字影视作品；掌握网络传播的基本理论和技术，具备开展网站设计与开发、网络多媒体设计与开发的能力；掌握数字媒体产品开发项目的策划与管理等多方面的综合应用能力。

数字媒体技术的主要课程包括：计算机美术基础、构成（色彩、平面、立体）、程序设计语言、面向对象程序设计、计算机网络、数据结构与算法、数据库原理与应用、计算机平面设计、展示设计、计算机 UI 设计、数码影视技术、多媒体技术、网站设计与维护、三维动画设计、游戏设计概论、角色设计、场景设计、虚拟现实交互等。

1.2.6　软件工程

计算机科学的学位课程和软件工程（SE）的学位课程有很多共同的课程。软件工程的学生会更多地学习软件的可靠性和软件的维护，更关注开发和维护软件的技术，保证软件在设计之初就不致出错。计算机科学的学生可能只是听过这些技术的重要性，但是软件工程专业所提供的工程知识和经验是计算机科学专业所不能提供的。软件工程报告其中的一个建议就是，软件工程的学生应该参加有实际意义的软件开发，这就是其中重要之处。软件工程的学生要学习如何评定用户的需求，根据这些要求开发可用的软件。要知道如何提供真正有用的和可用的软件，是极为重要而困难的事情。

本专业培养具有良好的科学素养，系统地掌握计算机科学与技术基础知识、规范的软件设计与开发能力、良好的组织与交流能力，能在科研部门、教育单位、企业、事业和行政管理部门等单位从事复合型、实用型软件设计、系统分析和工程应用的专门技术人才。软件工程专业旨在培养能从事计算机系统软件、应用软件的设计、研制和开发的高级应用型工程技术人才。

本专业要求毕业生通过 4 年的学习，应获得以下几方面的知识与能力。

（1）具有较扎实的自然科学基础，较好的人文、艺术和社会科学基础，以及较好的文字表达能力。

（2）熟练掌握软件工程知识与技能，具备作为软件工程师从事工程实践所需的专业能力。

（3）具备个人工作与团队协作的能力，以便开发和发布高质量的软件产品。

（4）能够协调各种相互冲突的项目目标，在成本、时间、知识、现有系统与组织环境等约束条件下找到适当的折中方案。

（5）具备谈判能力、高效工作习惯、领导能力以及与项目相关人员之间的良好沟通能力。

（6）在整个学习过程结束后，具备自我终身学习的能力。

（7）具有本专业领域内所必需的专业知识，了解本学科的前沿技术和发展趋势。

（8）具有较强的自学能力、创新意识和较高的综合素质。

（9）熟练掌握一门外语（达到大学英语四级），并掌握一门第二外语（日语）。

软件工程的主要课程包括：离散数学、程序设计语言、数据结构、算法设计与应用、面向对象程序设计、计算机原理、操作系统、软件工程导论、数据库原理及应用、软件测试技术、软件项目管理与案例分析等。

1.3 计算机的应用领域

计算机的应用领域已渗透到社会的各行各业,正在改变着传统的工作、学习和生活方式,推动着社会的发展。计算机的主要应用领域如下。

1. 科学计算(或数值计算)

科学计算是指利用计算机来完成科学研究和工程技术中提出的数学问题的计算。在现代科学技术工作中,科学计算问题是大量的和复杂的。利用计算机的高速计算、大存储容量和连续运算的能力,可以实现人工无法解决的各种科学计算问题。

2. 数据处理(或信息处理)

数据处理是指对各种数据进行收集、存储、整理、分类、统计、加工、利用、传播等一系列活动的统称。据统计,80%以上的计算机主要用于数据处理,这类工作量大而宽,决定了计算机应用的主导方向。

数据处理从简单到复杂已经历了以下 3 个发展阶段。

(1)电子数据处理(Electronic Data Processing,EDP),它是以文件系统为手段,实现一个部门内的单项管理。

(2)管理信息系统(Management Information System,MIS),它是以数据库技术为工具,实现一个部门的全面管理,以提高工作效率。

(3)决策支持系统(Decision Support System,DSS),它是以数据库、模型库和方法库为基础,帮助管理决策者提高决策水平,改善运营策略的正确性与有效性。

目前,数据处理已广泛地应用于办公自动化、企事业计算机辅助管理与决策、情报检索、图书管理、电影电视动画设计、会计电算化等各行各业。信息正在形成独立的产业,多媒体技术使信息展现在人们面前的不仅是数字和文字,也有声情并茂的声音和图像信息。

3. 辅助技术(或计算机辅助设计与制造)

计算机辅助技术包括 CAD、CAM 和 CAI 等。

(1)计算机辅助设计(Computer Aided Design,CAD)

计算机辅助设计是利用计算机系统辅助设计人员进行工程或产品设计,以实现最佳设计效果的一种技术。它已广泛地应用于飞机、汽车、机械、电子、建筑和轻工等领域。例如,在电子计算机的设计过程中,利用 CAD 技术进行体系结构模拟、逻辑模拟、插件划分、自动布线等,从而大大提高了设计工作的自动化程度。又如,在建筑设计过程中,可以利用 CAD 技术进行力学计算、结构计算、绘制建筑图纸等,这样不但提高了设计速度,而且可以大大提高设计质量。

(2)计算机辅助制造(Computer Aided Manufacturing,CAM)

计算机辅助制造是利用计算机系统进行生产设备的管理、控制和操作的过程。例如,在产品的制造过程中,用计算机控制机器的运行,处理生产过程中所需的数据,控制和处理材料的流动以及对产品进行检测等。使用 CAM 技术可以提高产品质量,降低成本,缩短生产周期,提高生产率和改善劳动条件。

将 CAD 和 CAM 技术集成,实现设计生产自动化,这种技术被称为计算机集成制造系统(CIMS)。它的实现将真正做到无人化工厂(或车间)。

(3)计算机辅助教学(Computer Aided Instruction,CAI)

计算机辅助教学是利用计算机系统使用课件来进行教学。课件可以用著作工具或高级语言来开发制作,它能引导学生循序渐进地学习,使学生轻松自如地从课件中学到所需要的知识。CAI的主要特色是交互教育、个别指导和因人施教。

4. 过程控制(或实时控制)

过程控制是利用计算机及时采集检测数据,按最优值迅速地对控制对象进行自动调节或自动控制。采用计算机进行过程控制,不仅可以大大提高控制的自动化水平,而且可以提高控制的及时性和准确性,从而改善劳动条件、提高产品质量及合格率。因此,计算机过程控制已在机械、冶金、石油、化工、纺织、水电、航天等部门得到广泛的应用。

例如,在汽车工业方面,利用计算机控制机床、控制整个装配流水线,不仅可以实现精度要求高、形状复杂的零件加工自动化,而且可以使整个车间或工厂实现自动化。

5. 人工智能(或智能模拟)

人工智能(Artificial Intelligence)是计算机模拟人类的智能活动,诸如感知、判断、理解、学习、问题求解和图像识别等。现在人工智能的研究已取得不少成果,有些已开始走向实用阶段。例如,能模拟高水平医学专家进行疾病诊疗的专家系统,具有一定思维能力的智能机器人,等等。人工智能是研究、解释和模拟人类智能、智能行为及其规律的一门学科。其主要任务是建立智能信息处理理论,进而设计可以展现某些近似于人类智能行为的计算系统。

人工智能学科包括:知识工程、机器学习、模式识别、自然语言处理、智能机器人和神经计算等多方面的研究。

6. 网络应用

计算机技术与现代通信技术的结合,构成了计算机网络。计算机网络的建立,不仅解决了一个单位、一个地区、一个国家中计算机与计算机之间的通信,各种软、硬件资源的共享,也大大促进了国际文字、图像、视频和声音等各类数据的传输与处理。

7. 多媒体技术

多媒体技术是指把数字、文字、声音、图形、图像和动画等多种媒体有机组合起来,利用计算机、通信和广播电视技术,使它们建立起逻辑联系,并能进行加工处理(包括对这些媒体的录入、压缩和解压缩、存储、显示和传输等)的技术。目前多媒体计算机技术的应用领域正在不断拓宽,除了知识学习、电子图书、商业及家庭应用外,在远程医疗、视频会议中都得到了极大的推广。

1.4 计算机概述

1. 世界上的第一台计算机

举世公认的第一台电子计算机 ENIAC(Electronic Numerical Integrator and Computer),是 1946 年 2 月在美国宾夕法尼亚大学莫尔学院研制成功的。ENIAC 诞生在战火纷飞的第二次世界大战期间。它的"出生地"是美国马里兰州阿贝丁陆军试炮场。鲜为人知的是,阿贝丁试炮场研制电子计算机的最初设想出自于"控制论之父"维纳(L. Wiener)教授的一封信。早在第一次世界大战期间,维纳就曾来过阿贝丁试炮场。当时弹道实验室负责人、著名数学家韦伯伦(O. Veblen)请他为高射炮编制射程表。在这里,他不仅萌生了控制论的思想,而且第一次看到了高速计算机的必要性。

多年来,维纳与模拟计算机发明人布什一直在麻省理工学院共事,结下深厚的友谊。1940 年,在给布什的信中,维纳写道:"现代计算机应该是数字式,由电子元件构成,采用二进制,并在内部储存数据。"维纳提出的这些原则,为电子计算机指引了正确的方向。

2. 中国的第一台计算机

1956 年,夏培肃完成了中国第一台电子计算机运算器和控制器的设计工作,同时编写了中国第一本电子计算机原理讲义。

1957 年,哈尔滨工业大学研制成功中国第一台模拟式电子计算机。

1958 年,中国第一台计算机——103 型通用数字电子计算机研制成功,运行速度每秒 1500 次。

1959 年,中国研制成功 104 型电子计算机,运算速度每秒 1 万次。

1960 年,中国第一台大型通用电子计算机——107 型通用电子数字计算机研制成功。

1963 年,中国第一台大型晶体管电子计算机——109 型机研制成功。

1964 年,441B 全晶体管计算机研制成功。

1965 年,中国第一台百万次集成电路计算机"DJS—Ⅱ"型操作系统编制完成。

1967 年,新型晶体管大型通用数字计算机诞生。

1969 年,北京大学承接研制百万次集成电路数字电子计算机——150 型机。

1970 年,中国第一台具有多道程序分时操作系统和标准汇编语言的计算机——441B—Ⅲ型全晶体管计算机研制成功。

1972 年,每秒运算 11 万次的大型集成电路通用数字电子计算机研制成功。

1973 年,中国第一台百万次集成电路电子计算机研制成功。

1974 年,DJS—130、131、132、135、140、152、153 等 13 个机型先后研制成功。

1976 年,DJS—183、184、185、186、1804 型机研制成功。

1.4.1　计算机的发展

从第一台电子数字计算机诞生至今,虽然只有 60 多年的历史,但是,计算机的发展却是突飞猛进的,给人类社会带来的变化是巨大的。计算机的发展共经历了 4 个发展历程,每一代计算机的变革在技术上都是一次新的突破,在性能上都是一次质的飞跃。

第一台计算机 ENIAC(埃尼阿克),于 1946 年由美国宾夕法尼亚大学研制成功,它的诞生宣布了电子计算机时代的到来。随着电子计算机技术的发展,根据计算机所使用的电子逻辑器件的更替发展来描述计算机发展过程。计算机发展的各个阶段见表 1-1。

表 1-1　计算机发展的各个阶段

	起止年代	主要元件	主要元件图例	速度/(次/秒)	特点与应用领域
第一代	1946—1957	电子管		5000～10000	计算机发展的初级阶段,体积巨大,运算速度较低,耗电量大,存储容量小。主要用来进行科学计算。
第二代	1958—1964	晶体管		几万～几十万	体积减小,耗电较少,运算速度较高,价格下降,不仅用于科学计算,还用于数据处理和事务管理,并逐步用于工业控制。

续表

	起止年代	主要元件	主要元件图例	速度/(次/秒)	特点与应用领域
第三代	1965—1970	中、小规模集成电路		几十万~几百万	体积、功耗进一步减小,可靠性及速度进一步提高。应用领域进一步拓展到文字处理、企业管理、自动控制、城市交通管理等方面。
第四代	1970 年至今	大规模和超大规模集成电路		几千万~千百亿	性能大幅度提高,价格大幅度下降,广泛应用于社会生活的各个领域,进入办公室和家庭。在办公室自动化、电子编辑排版、数据库管理、图像识别、语音识别、专家系统等领域中大显身手。

(1) 第一代计算机:电子管计算机(1946—1957)。称为电子管计算机时代,主要电子元件是电子管,这代计算机体积庞大、耗电量大、运算速度低、价格昂贵,只用于军事研究和科学计算。

(2) 第二代计算机:晶体管计算机(1958—1964)。称为晶体管计算机时代,主要电子元件是晶体管,用晶体管代替电子管作为元件,计算机运算速度提高了,体积变小了,同时成本也降低了,并且耗电量大为降低,可靠性大大提高了。这个阶段还创造了程序设计语言。

(3) 第三代计算机:中小规模集成电路计算机(1965—1970)。随着半导体工艺的发展,成功制造了集成电路,计算机也采用了中小规模集成电路作为计算机的元件,速度快、体积小,开始应用于社会各个领域。

(4) 第四代计算机:大规模超大规模集成电路计算机(1970 年至今)。

新一代的计算机的特点是:智能化、多媒体化、网络化、微型化、巨型化。

今后计算机的总趋势是运算速度越来越快,体积越来越小,重量越来越轻,能耗越来越少,应用领域越来越广,使用越来越方便。

1.4.2　计算机的特点和分类

1. 计算机的特点

(1) 运算速度快:快速的运算能力。计算机的运算速度(也称处理速度)用 MIPS 来衡量。现代的计算机运算速度在几十 MIPS 以上,巨型计算机的速度可达到千万个 MIPS。计算机如此高的运算速度是其他任何计算工具无法比拟的,它使得过去需要几年甚至几十年才能完成的复杂运算任务,现在只需几天、几小时,甚至更短的时间就可完成。这正是计算机被广泛使用的主要原因之一。

电子计算机的工作基于电子脉冲电路原理,由电子线路构成其各个功能部件,其中电场的传播扮演主要角色。我们知道电磁场传播的速度是很快的,现在高性能计算机每秒能进行几百亿次以上的加法运算。如果一个人在一秒钟内能作一次运算,那么一般的电子计算机一小时的工作量,一个人得做 100 多年。很多场合下,运算速度起决定作用。例如:计算机控制导航,要求"运算速度比飞机飞的还快";气象预报要分析大量资料,如用手工计算需要十天半月,失去了预报的意义,而用计算机,几分钟就能算出一个地区内数天的气象预报。

(2) 计算精度高:足够高的计算精度。一般来说,现在的计算机有几十位有效数字,而且理论上还可更高。因为数在计算机内部是用二进制数编码的,数的精度主要由这个数的二进制码的位数决定,可以通过增加数的二进制位数来提高精度,位数越多精度就越高。

电子计算机的计算精度在理论上不受限制,一般的计算机均能达到15位有效数字,通过一定的技术手段,可以实现任何精度要求。历史上有位著名数学家挈依列,曾经为计算圆周率π,整整花了15年时间,才算到第707位。现在将这件事交给计算机做,几个小时内就可计算到10万位。

(3)记忆力强:超强的记忆能力。计算机的存储器类似于人的大脑,可以"记忆"(存储)大量的数据和计算机程序而不丢失,在计算的同时,还可把中间结果存储起来,供以后使用。

计算机中有许多存储单元,用以记忆信息。内部记忆能力,是电子计算机和其他计算工具的一个重要区别。由于具有内部记忆信息的能力,在运算过程中就可以不必每次都从外部去取数据,而只需事先将数据输入到内部的存储单元中,运算时即可直接从存储单元中获得数据,从而大大提高了运算速度。计算机存储器的容量可以做得很大,而且它记忆力特别强。

(4)具有逻辑判断能力:复杂的逻辑判断能力。计算机在程序的执行过程中,会根据上一步的执行结果,运用逻辑判断方法自动确定下一步的执行命令。正是因为计算机具有这种逻辑判断能力,使得计算机不仅能解决数值计算问题,而且能解决非数值计算问题,比如信息检索、图像识别等。

人是有思维能力的。思维能力本质上是一种逻辑判断能力,也可以说是因果关系分析能力。借助于逻辑运算,可以让计算机做出逻辑判断,分析命题是否成立,并可根据命题成立与否做出相应的对策。例如,数学中有个"四色问题",说是不论多么复杂的地图,要使相邻区域颜色不同,只需四种颜色就够了。100多年来,不少数学家一直想去证明它或者推翻它,却一直没有结果,成了数学中著名的难题。1976年,两位美国数学家终于使用计算机进行了非常复杂的逻辑推理验证了这个著名的猜想。

(5)可靠性高、通用性强。由于采用了大规模和超大规模集成电路,所以现在的计算机具有非常高的可靠性。现代计算机不仅可以用于数值计算,还可以用于数据处理、工业控制、辅助设计、辅助制造和办公自动化等,具有很强的通用性。

2. 计算机的分类

计算机发展到今天,已是琳琅满目、种类繁多,并表现出各自不同的特点。可以从不同的角度对计算机进行分类。

按计算机信息的表示形式和对信息的处理方式不同,分为数字计算机(Digital Computer)、模拟计算机(Analogue Computer)和混合计算机。数字计算机所处理的数据都是以0和1表示的二进制数字,是不连续的离散数字,具有运算速度快、准确、存储量大等优点,因此适宜科学计算、信息处理、过程控制和人工智能等,具有最广泛的用途。模拟计算机所处理的数据是连续的,称为模拟量。模拟量以电信号的幅值来模拟数值或某物理量的大小,如电压、电流、温度等都是模拟量。模拟计算机解题速度快,适于解高阶微分方程,在模拟计算和控制系统中应用较多。混合计算机则是集数字计算机和模拟计算机的优点于一身。

按计算机的用途不同,分为通用计算机(General Purpose Computer)和专用计算机(Special Purpose Computer)。通用计算机广泛适用于一般科学运算、学术研究、工程设计和数据处理等,具有功能多、配置全、用途广、通用性强的特点,市场上销售的计算机多属于通用计算机。专用计算机是为适应某种特殊需要而设计的计算机,通常增强了某些特定功能,忽略一些次要要求,所以专用计算机能高速度、高效率地解决特定问题,具有功能单纯、使用面窄甚至专机专用的特点。模拟计算机通常都是专用计算机,在军事控制系统中被广泛地使用,如飞机的自动驾驶仪和坦克上的兵器控制计算机。本书内容主要介绍通用数字计算机,平常所用的绝大多数计算机都是该类计算机。

计算机按其运算速度快慢、存储数据量的大小、功能的强弱,以及软硬件的配套规模等不同,又分为巨型机、大中型机、小型机、微型机、工作站与服务器等。

(1) 巨型机(Giant Computer)。巨型机又称超级计算机(Super Computer),是指运算速度超过每秒 1 亿次的高性能计算机,它是目前功能最强、速度最快、软硬件配套最齐备、价格最昂贵的计算机,主要用于解决诸如气象、太空、能源、医药等尖端科学研究和战略武器研制中的复杂计算。它们安装在国家高级研究机关中,可供几百个用户同时使用。运算速度快是巨型机最突出的特点。例如,美国 Cray 公司研制的 Cray 系列机中,Cray-Y-MP 运算速度为每秒 20 亿~40 亿次,我国自主生产研制的银河Ⅲ巨型机运算速度为每秒 100 亿次,IBM 公司的 GF-11 运算速度可达每秒 115 亿次,日本富士通研制了每秒可进行 3000 亿次科技运算的计算机。最近我国研制的曙光 4000A 运算速度可达每秒 10 万亿次。世界上只有少数几个国家能生产这种机器,它的研制开发是一个国家综合国力和国防实力的体现。

(2) 大中型计算机(Large-scale Computer and Medium-scale Computer)。这种计算机也有很高的运算速度和很大的存储量,并允许相当多的用户同时使用。当然在量级上都不及巨型计算机,结构上也较巨型机简单,价格相对巨型机来得便宜,因此使用的范围较巨型机普遍,是事务处理、商业处理、信息管理、大型数据库和数据通信的主要支柱。大中型机通常都像一个家族一样形成系列,如 IBM 370 系列、DEC 公司生产的 VAX 8000 系列、日本富士通公司的 M-780 系列。同一系列的不同型号的计算机可以执行同一个软件,称为软件兼容。

(3) 小型机(Minicomputer)。其规模和运算速度比大中型机要差,但仍能支持十几个用户同时使用。小型机具有体积小、价格低、性价比高等优点,适合中小企业、事业单位用于工业控制、数据采集、分析计算、企业管理以及科学计算等,也可做巨型机或大中型机的辅助机。典型的小型机是美国 DEC 公司的 PDP 系列计算机、IBM 公司的 AS/400 系列计算机,我国的 DJS—130 计算机等。

(4) 微型计算机(Microcomputer)。微型计算机简称微机,是当今使用最普及、产量最大的一类计算机,体积小、功耗低、成本少、灵活性大,性能价格比明显地优于其他类型计算机,因而得到了广泛的应用。微型计算机可以按结构和性能划分为单片机、单板机、个人计算机等几种类型。

① 单片机(Single Chip Computer)。把微处理器、一定容量的存储器以及输入输出接口电路等集成在一个芯片上,就构成了单片机。由此可见,单片机仅是一片特殊的、具有计算机功能的集成电路芯片。单片机体积小、功耗低、使用方便,但存储容量较小,一般用做专用机或用来控制高级仪表,家用电器等。

② 单板机(Single Board Computer)。把微处理器、存储器、输入输出接口电路安装在一块印刷电路板上,就成为单板计算机。一般在这块板上还有简易键盘、液晶和数码管显示器以及外存储器接口等。单板机价格低廉且易于扩展,广泛用于工业控制、微型机教学和实验,或作为计算机控制网络的前端执行机。

③ 个人计算机(Personal Computer,PC)。供单个用户使用的微型机,一般称为个人计算机或 PC,是目前用得最多的一种微型计算机。PC 配置有一个紧凑的机箱、显示器、键盘、打印机以及各种接口,可分为台式微机和便携式微机。

a. 台式微机可以将全部设备放置在书桌上,因此又称为桌面型计算机。当前流行的机型有 IBM-PC 系列,Apple 公司的 Macintosh,我国生产的长城、浪潮、联想系列计算机等。

b. 便携式微机包括笔记本计算机、袖珍计算机以及个人数字助理(Personal Digital Assistant,PDA)。便携式微机将主机和主要外部设备集成为一个整体,显示屏为液晶显示,可以直接用电池供电。

(5) 工作站。工作站(Workstation)是介于 PC 和小型机之间的高档微型计算机,通常配备有大屏幕显示器和大容量存储器,具有较高的运算速度和较强的网络通信能力,有大型机或小型机的多任务和多用户功能,同时兼有微型计算机操作便利和人机界面友好的特点。工作站的独到之处是具有很强的图形交互能力,因此在工程设计领域得到了广泛的使用。SUN、HP、SGI 等公司都是著名的工作站生产厂家。

(6) 服务器。随着计算机网络的普及和发展,一种可供网络用户共享的高性能计算机应运而生,这就是服务器。服务器一般具有大容量的存储设备和丰富的外部接口。运行网络操作系统,要求较高的运行速度,为此很多服务器都配置双 CPU。服务器常用于存放各类资源,为网络用户提供丰富的资源共享服务。常见的资源服务器有 DNS(Domain Name System,域名解析)服务器、E-mail(电子邮件)服务器、Web(网页)服务器、BBS(Bulletin Board System,电子公告板)服务器等。

1.4.3　计算机发展趋势

计算机的发展将趋向超高速、超小型、并行处理和智能化。自从 1946 年世界上第一台电子计算机诞生以来,计算机技术迅猛发展,传统计算机的性能受到挑战。人类开始从基本原理上寻找计算机发展的突破口,新型计算机的研发应运而生。未来量子、光子和分子计算机将具有感知、思考、判断、学习以及一定的自然语言能力,使计算机进入人工智能时代。这种新型计算机将推动新一轮计算技术革命,对人类社会的发展产生深远的影响。

1. 智能化的超级计算机

超高速计算机采用平行处理技术改进计算机结构,使计算机系统同时执行多条指令或同时对多个数据进行处理,进一步提高计算机的运行速度。超级计算机通常是由数百、数千甚至更多的处理器(机)组成,能完成普通计算机和服务器不能计算的大型复杂任务。从超级计算机获得的数据分析和模拟成果,能推动各个领域高精尖项目的研究与开发,为我们的日常生活带来各种各样的好处。最大的超级计算机接近于复制人类大脑的能力,具备更多的智能成分,方便人们的生活、学习和工作。世界上最受欢迎的动画片、很多耗巨资拍摄的电影中,使用的特技效果都是在超级计算机上完成的。日本、美国、以色列、中国和印度首先成为世界上拥有每秒运算 1 万亿次的超级计算机的国家,超级计算机已在科技界内引起开发与创新狂潮。

2. 新型高性能计算机问世

在硅芯片技术高速发展的同时,也意味着硅技术越来越接近其物理极限。为此,世界各国的研究人员正在加紧研究开发新型计算机,计算机的体系结构与技术都将产生一次量与质的飞跃。新型的量子计算机、光子计算机、分子计算机、纳米计算机等,将会在 21 世纪走进我们的生活,遍布各个领域。

(1) 量子计算机。量子计算机的概念源于对可逆计算机的研究,量子计算机是一类遵循量子力学规律进行高速数学和逻辑运算、存储及处理量子信息的物理装置。量子计算机是基于量子效应基础上开发的,它利用一种链状分子聚合物的特性来表示开与关的状态,利用激光脉冲来改变分子的状态,使信息沿着聚合物移动,从而进行运算。量子计算机中的数据用量子位存储。由于量子叠加效应，一个量子位可以是 0 或 1，也可以既存储 0 又存储 1。因此，一个量子位可以存储 2 个数据，同样数量的存储位，量子计算机的存储量比通常计算机大许多。同时量子计算机能够实行量子并行计算，其运算速度可能比目前计算机的 Pentium DI 晶片快 10 亿倍。量子计算机除具有高速并行处理数据的能力外，还将对现有的保密体系、国家安全意识产生重大的冲击。

无论是量子并行计算还是量子模拟计算，本质上都是利用了量子相干性。世界各地的许多实验室正在以巨大的热情追寻着这个梦想。目前已经提出的方案，主要利用了原子和光腔相互作用、冷阱束缚离子、电子或核自旋共振、量子点操纵、超导量子干涉等。量子编码采用纠错、避错和防错等。量子计算机使计算的概念焕然一新。

（2）光子计算机。光子计算机是利用光子取代电子进行数据运算、传输和存储。光子计算机即全光数字计算机，以光子代替电子，光互连代替导线互连，光硬件代替计算机中的电子硬件，光运算代替电运算。在光子计算机中，不同波长的光代表不同的数据，可以对复杂度高、计算量大的任务实现快速并行处理。光子计算机将使运算速度在目前基础上呈指数上升。

（3）分子计算机。分子计算机体积小、耗电少、运算快、存储量大。分子计算机的运行是吸收分子晶体上以电荷形式存在的信息，并以更有效的方式进行组织排列。分子计算机的运算过程就是蛋白质分子与周围物理化学介质的相互作用过程。转换开关为酶，而程序则在酶合成系统本身和蛋白质的结构中极其明显地表示出来。生物分子组成的计算机能在生化环境下、甚至在生物有机体中运行，并能以其他分子形式与外部环境交换。因此它将在医疗诊治、遗传追踪和仿生工程中发挥无法替代的作用。目前正在研究的主要有生物分子或超分子芯片、自动机模型、仿生算法、分子化学反应算法等几种类型。分子芯片体积可比现在的芯片大大减小，而效率大大提高，分子计算机完成一项运算，所需的时间仅为 10 微微秒，比人的思维速度快 100 万倍。分子计算机具有惊人的存储容量，1 立方米的 DNA 溶液可存储 1 万亿亿的二进制数据。分子计算机消耗的能量非常小，只有电子计算机的十亿分之一。由于分子芯片的原材料是蛋白质分子，所以分子计算机既有自我修复的功能，又可直接与分子活体相联。美国已研制出分子计算机分子电路的基础元器件，可在光照几万分之一秒的时间内产生感应电流。以色列科学家已经研制出一种由 DNA 分子和酶分子构成的微型分子计算机。我们预计 20 年后，分子计算机将进入实用阶段。

（4）纳米计算机。纳米计算机是用纳米技术研发的新型高性能计算机。纳米管元件尺寸在几到几十纳米范围，质地坚固，有着极强的导电性，能代替硅芯片制造计算机。"纳米"是一个计量单位，大约是氢原子直径的 10 倍。纳米技术是从 20 世纪 80 年代初迅速发展起来的新的前沿科研领域，最终目标是人类按照自己的意志直接操纵单个原子，制造出具有特定功能的产品。现在纳米技术正从微电子机械系统起步，把传感器、电动机和各种处理器都放在一个硅芯片上而构成一个系统。应用纳米技术研制的计算机内存芯片，其体积只有数百个原子大小，相当于人的头发丝直径的千分之一。纳米计算机不仅几乎不需要耗费任何能源，而且其性能要比今天的计算机强大许多倍。美国正在研制一种连接纳米管的方法，用这种方法连接的纳米管可用作芯片元件，发挥电子开关、放大和晶体管的功能。专家预测，10 年后纳米技术将会走出实验室，成为科技应用的一部分。纳米计算机体积小、造价低、存储量大、性能好，将逐渐取代芯片计算机，推动计算机行业的快速发展。

我们相信，新型计算机与相关技术的研发和应用，是 21 世纪科技领域的重大创新，必将推进全球经济社会高速发展，实现人类发展史上的重大突破。科学在发展，人类在进步，历史上的新生事物都要经过一个从无到有的艰难历程,随着一代又一代科学家们的不断努力,未来的计算机一定会是更加方便人们的工作、学习、生活的好伴侣。

思考题

1. 简述计算机导论与计算机文化基础的区别。

2. 简述计算机应用型本科专业的办学定位。

3. 简述报告《计算作为一门学科》(Computing as a Discipline)对"计算学科"的定义。

4. 随着科学技术的发展,计算机学科领域分化为哪 5 个专业学科领域? 每个专业学科领域分别包括哪些知识领域?

5. 计算机学科专业主要有哪些? 各有什么特点?

6. 简述你所了解的计算机应用领域。

7. 数据处理从简单到复杂经历了哪 3 个发展阶段? 各有什么特点?

8. 计算机的发展经历了哪几代? 各有什么特点?

9. 简述计算机的特点。

10. 可以从哪些角度对计算机进行分类?

11. 计算机的发展趋势是什么样的?

12. 结合实际,谈谈你对学习计算机导论课程的意义的理解。

Chapter 2

第 2 章　计算机基础知识

2.1　图灵机简介

图灵机(Turing Machine),又称确定型图灵机,如图 2-1 所示,是英国数学家阿兰·图灵于 1936 年提出的一种抽象计算模型,其更抽象的意义为一种数学逻辑机,可以看作等价于任何有限逻辑数学过程的终极强大逻辑机器。

图灵的基本思想是,用机器来模拟人们用纸笔进行数学运算的过程。他把这样的过程看作两种简单的动作,即在纸上写上或擦除某个符号;把注意力从纸的一个位置移动到另一个位置。

图 2-1　图灵机的艺术表示

而在每个阶段,人要决定下一步的动作,依赖于此人当前所关注的纸上某个位置的符号(见图 2-2)和此人当前思维的状态(见图 2-3)。

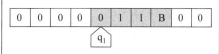

在某些模型中,读写头沿着固定的纸带移动。要进行的指令(q_1)展示在读写头内。在这种模型中,"空白"的纸带是全部为 0 的。有阴影的方格,包括读写头扫描到的空白,即标记了 0,1,B 的那些方格和读写头符号,构成了系统状态。

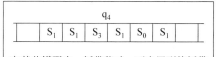

在某些模型中,纸带移动,而未用到的纸带真正是"空白"的。要进行的指令(q_4)展示在扫描到方格之上。

图 2-2　图灵机(a)表示(由 Kleene (1952)绘制)　　图 2-3　图灵机(b)表示

为了模拟人的这种运算过程,图灵构造出一台假想的机器,该机器由以下几个部分组成。

(1) 一条无限长的纸带 TAPE

纸带被划分为一个接一个的小格子,每个格子上包含一个来自有限字母表的符号,字母表中有一个特殊的符号表示空白。纸带上的格子从左到右依此被编号为 0,1,2,…,纸带的右端可以无限伸展。

(2) 一个读写头 HEAD

读写头可以在纸带上左右移动,它能读出当前所指的格子上的符号,并能改变当前格子上的符号。

(3) 一套控制规则 TABLE

控制规则根据当前机器所处的状态以及当前读写头所指的格子上的符号来确定读写头下

一步的动作,并改变状态寄存器的值,令机器进入一个新的状态。

(4) 一个状态寄存器

状态寄存器用来保存图灵机当前所处的状态。图灵机的所有可能状态的数目是有限的,并且有一个特殊的状态,称为停机状态。

注意　这个机器的每一部分都是有限的,但它有一个潜在的无限长的纸带,因此这种机器只是一个理想的设备。图灵认为这样的机器就能模拟人类所能进行的任何计算过程。

2.2　数的不同进制

进制就是进位计数制,是指按照某种由低位到高位的进位的方法进行计数的数制,简称进制。进位计数制是一种计数方法。在一般情况下,人们习惯于用十进制来表示数。

1. 十进制(Decimal System)

十进制数是人们最熟悉的一种进位计数制,它是由 0,1,2,…,8,9 这 10 个数码组成的,即基数为 10。

十进制的特点:逢十进一,借一当十。一个十进制数各位的权是以 10 为底的幂。

2. 二进制(Binary System)

由 0,1 两个数码组成,即基数为 2。

二进制的特点:逢二进一,借一当二。一个二进制数各位的权是以 2 为底的幂。

二进制的优点如下。

(1) 技术实现容易;

(2) 运算规则简单;

(3) 适合逻辑运算;

(4) 易于进行转换。

3. 八进制(Octal System)

由 0,1,2,3,4,5,6,7 这 8 个数码组成,即基数为 8。

八进制的特点:逢八进一,借一当八。一个八进制数各位的权是以 8 为底的幂。

4. 十六进制(Hexadecimal System)

由 0,1,2,…,9,A,B,C,D,E,F 这 16 个数码组成,即基数为 16。

十六进制的特点:逢十六进一,借一当十六。一个十六进制数各位的权是以 16 为底的幂。

表 2-1 给出了不同数制的表示。

表 2-1　数的不同数制表示

十进制	二进制	八进制	十六进制	十进制	二进制	八进制	十六进制
0	0000	00	0	3	0011	03	3
1	0001	01	1	4	0100	04	4
2	0010	02	2	5	0101	05	5

续表

十进制	二进制	八进制	十六进制	十进制	二进制	八进制	十六进制
6	0110	06	6	11	1011	13	B
7	0111	07	7	12	1100	14	C
8	1000	10	8	13	1101	15	D
9	1001	11	9	14	1110	16	E
10	1010	12	A	15	1111	17	F

2.3　数制间的相互转换

1. 二进制、八进制、十六进制数转化为十进制数

对于任何一个二进制数、八进制数、十六进制数,都可以写出它的按权展开式,再进行计算,即可转换为十进制数。

【例 2-1】　二进制数转十进制。

$(1111.11)_B = 1 \times 2^3 + 1 \times 2^2 + 1 \times 2^1 + 1 \times 2^0 + 1 \times 2^{-1} + 1 \times 2^{-2} = 15.75$

【例 2-2】　八进制数转十进制。

$(677.2)_O = 6 \times 8^2 + 7 \times 8^1 + 7 \times 8^0 + 2 \times 8^{-1} = 447.25$

【例 2-3】　十六进制数转十进制。

$(A10B.8)_H = 10 \times 16^3 + 1 \times 16^2 + 0 \times 16^1 + 11 \times 16^0 + 8 \times 16^{-1} = 41227.5$

注意　在不至于产生歧义时,可以不注明十进制数的进制,如上例。

2. 十进制数转化为二进制、八进制、十六进制数

对于整数部分采用除以基数取余法,即逐次除以基数,直至商为 0,所得出的余数按倒序排列,即为该进制数整数部分各位的数码;小数部分采用乘基数取整法,即逐次乘以基数,将每次乘积的整数部分按顺序排列,即可得到该进制数小数部分各位的数码。

【例 2-4】　将十进制数 20.58 转换成二进制数。

首先将整数部分和小数部分分别转换,然后再拼接起来。

整数部分,采用除 2 取余法,即把要转换的数,除以 2,得到商和余数,将商继续除以 2,直到商为 0。最后将所有的余数按倒序排列,所得到的数就是转换结果。

小数部分,采用乘 2 取整法。最后将所有的整数按顺序排列,所得到的数就是转换结果。

整数部分转换:

2	20	取余数	位号
2	10	0	b_0
2	5	0	b_1
2	2	1	b_2
2	1	0	b_3
	0	1	b_4

小数部分转换:

	0.58	取整数	位号
	$\times$ 2		
	1.16	1	b_{-1}
	$\times$ 2		
	0.32	0	b_{-2}

转换结果:

$(20.58)_D \approx (b_4 b_3 b_2 b_1 b_0 b_{-1} b_{-2})_B = (10100.10)_B$

【例 2-5】　将十进制数 20.58 转换成八进制数。

整数部分转换：

<pre>
8 | 20   取余数   位号
8 | 2   4   b₀
    0   2   b₁
</pre>

小数部分转换：

<pre>
      0.58   取整数   位号
    × 8
    4.64   4   b₋₁
    × 8
    5.12   5   b₋₂
</pre>

转换结果：

$(20.58)_D \approx (b_1 b_0 b_{-1} b_{-2})_O = (24.45)_O$

【例 2-6】 将十进制数 20.58 转换成十六进制数。

整数部分转换：

<pre>
16 | 20   取余数   位号
16 | 1   4   b₀
     0   1   b₁
</pre>

小数部分转换：

<pre>
      0.58   取整数   位号
    × 16
    3.48
   +5.8
   ×9.28   9   b₋₁
</pre>

转换结果：

$(20.58)_D \approx (b_1 b_0 b_{-1})_H = (14.9)_H$

3. 二进制数与八进制数的相互转换

二进制数转换成八进制数的方法是：将二进制数从小数点开始，对二进制整数部分向左每 3 位分成一组，对二进制小数部分向右每 3 位分成一组，不足三位的分别向高位或低位补 0 凑成三位。每一组有 3 位二进制数，分别转换成八进制数码中的一个数字，将这些数字全部连接起来即可。

由于 $8^1 = 2^3$，3 位二进制数刚好可以表示 0～7 这 8 个数码，也就是说，二进制的 3 位数正好可以用 1 位八进制数表示。

【例 2-7】 将二进制数 1010100101.10101 转换成八进制数。

$$(1010100101.10101)_B = (\ 1\ 010\ 100\ 101\ .\ 101\ 01\ )_B$$
$$= (\ 001\ 010\ 100\ 101\ .\ 101\ 010\ )_B$$
$$= (\ 1\ 2\ 4\ 5\ .\ 5\ 2\ )_O$$

4. 二进制数与十六进制数的相互转换

二进制数转换成十六进制数，每 4 位分成一组，再分别转换成十六进制数码中的一个数字，不足四位的分别向高位或低位补 0 凑成四位。每一组有 4 位二进制数，分别转换成十六进制数码中的一个数字，将这些数字全部连接起来即可。反之，十六进制数转换成二进制数，只要将每一位十六进制数转换成 4 位二进制数，再将这些数依次连接起来即可。

$16^1 = 2^4$，4 位二进制数刚好可以表示 0～F 这 16 个数码，也就是说，二进制的 4 位数正好可以用 1 位十六进制数表示。

【例 2-8】 将二进制数 1010100101.10101 转换成十六进制数。

$$(1010100101.10101)_B = (\ 10\ \ 1010\ \ 0101\ .\ 1010\ \ 1\ \ )_B$$
$$= (\ 0010\ \ 1010\ \ 0101\ .\ 1010\ \ 1000\ )_B$$
$$= (\ 2\ \ \ A\ \ \ 5\ .\ A\ \ \ 8)_H$$

5. 八进制与十六进制数的相互转换

八进制与十六进制数之间的转换可以通过二进制数作为中间桥梁，先转化为二进制数，再转化为其他进制数。

2.4　原码、补码、反码

数在计算机中是以二进制形式表示的。数分为"有符号数"和"无符号数"。

原码、反码、补码都是有符号定点数的表示方法。一个有符号定点数的最高位为符号位，分为正或负。

2.4.1　原码表示法

原码表示法是机器数的一种简单的表示法，其符号位用 0 表示正号，用 1 表示负号，数值一般用二进制形式表示。设有一数为 X，则原码表示可记作$[X]_原$。

例如，有两个二进制数：X1＝＋1010110，X2＝－1001010。

X1 为正数，则 X1 原码表示法如下：

$$[X1]_原＝[＋1010110]_原＝01010110$$

X2 为负数，则 X2 原码表示法如下：

$$[X2]_原＝[－1001010]_原＝11001010$$

原码表示数的范围与二进制位数有关。

当用 8 位二进制来表示小数原码时，其表示范围如下：

最大值为 0.1111111，其真值约为$(0.99)_{10}$；

最小值为 1.1111111，其真值约为$(-0.99)_{10}$。

当用 8 位二进制来表示整数原码时，其表示范围如下：

最大值为 01111111，其真值为$(127)_{10}$；

最小值为 11111111，其真值为$(-127)_{10}$。

在原码表示法中，对 0 有两种表示形式：

$$[＋0]_原＝00000000$$
$$[－0]_原＝10000000$$

对 1 有两种表示形式：

$$[＋1]_原＝00000001$$
$$[－1]_原＝10000001$$

2.4.2　反码表示法

机器数的反码可由原码得到。如果机器数是正数，则该机器数的反码与原码一样；如果机器数是负数，则该机器数的反码是对它的原码（符号位除外）各位取反而得到的。设有一数 X，则 X 的反码表示记作$[X]_反$。

例如，有两个二进制数：X1＝＋1010110，X2＝－1001010。

X1 为正数，则

$$[X1]_原＝[＋1010110]_原＝01010110$$
$$[X1]_反＝[X1]_原＝01010110$$

X2 为负数，则

$$[X2]_原＝[－1001010]_原＝11001010$$
$$[X2]_反＝[X2]_原（符号位除外，各位取反）＝10110101$$

2.4.3　补码表示法

机器数的补码可由原码得到。如果机器数是正数,则该机器数的补码与原码一样;如果机器数是负数,则该机器数的补码是对它的原码(除符号位外)各位取反,并在末位加1而得到的。设有一数X,则X的补码表示记作$[X]_补$。

例如,有两个二进制数:X1=+1010110,X2=−1001010。

X1为正数,则

$$[X1]_原=[+1010110]_原=01010110$$
$$[X1]_反=[X1]_原=01010110$$
$$[X1]_补=[X1]_原=01010110$$

X2为负数,则

$$[X2]_原=[−1001010]_原=11001010$$
$$[X2]_反=[X2]_原(符号位除外,各位取反)=10110101$$
$$[X2]_补=[X2]_反+1=10110101+1=10110110$$

补码表示数的范围与二进制位数有关。

当采用8位二进制表示时,小数补码的表示范围如下。

最大为0.1111111,其真值为$(0.99)_{10}$。

最小为1.0000000,其真值为$(−1)_{10}$。

当采用8位二进制表示时,整数补码的表示范围如下。

最大为01111111,其真值为$(127)_{10}$。

最小为10000000,其真值为$(−128)_{10}$。

在补码表示法中,0只有一种表示形式。

$$[+0]_补=00000000$$
$$[−0]_补=[10000000]_原=[11111111]_反+1=[00000000]_补$$

(由于受设备字长的限制,最后的进位丢失),所以有$[+0]_补=[−0]_补=00000000$。

反码通常作为求补过程的中间形式,即在一个负数的反码的末位上加1,就得到了该负数的补码。

【例2-9】 已知$[X]_原=10011010$,求$[X]_补$。

分析:$[X]_原$求$[X]_补$的原则是:若机器数为正数,则$[X]_原=[X]_补$;若机器数为负数,则该机器数的补码可对它的原码(符号位除外)所有位求反,再在末位加1而得到。

现给定的机器数的符号位为1,判定为负数,故$[X]_补=[X]_反+1$。

$$[X]_原=10011010$$
$$[X]_反=11100101$$
$$+)\qquad\qquad\qquad 1$$
$$\overline{\qquad\qquad\qquad\qquad}$$
$$[X]_补=11100110$$

【例2-10】 已知$[X]_补=11100110$,求$[X]_原$。

分析:若机器数为正数,则$[X]_原=[X]_补$;若机器数为负数,则有$[X]_原=[[X]_补]_补$。现给定的为负数,故有

$$[X]_{补} = 11100110$$
$$[[X]_{补}]_{反} = 10011001$$
$$+)\hspace{5cm}1$$
$$\overline{[[X]_{补}]_{补} = 10011010 = [X]_{原}}$$

【例 2-11】　求 -3 的补码。

$[-3]_{原} = 10000011$

$[-3]_{反} = [10000011]_{反} = 11111100$（负数的反码是将其原码除符号位之外的各位求反）

$[-3]_{补} = [10000011]_{补} = 11111101$（负数的补码是将其原码除符号位之外的各位求反之后，在末位再加 1）

一个数和它的补码是可逆的。为什么要设立补码呢？原因如下。

（1）为了能让计算机执行减法：$[a-b]_{补} = [a]_{补} + [-b]_{补}$

（2）为了统一正 0 和负 0（正零：00000000，负零：10000000），这两个数其实都是 0，它们的原码却有不同的表示，但是它们的补码是一样的，都是 00000000。

注意　如果 $+1$ 之后有进位，要一直往前进位，包括符号位！（这和反码是不同的！）

$$[10000000]_{补} = [10000000]_{反} + 1 = 11111111 + 1 = (1)00000000$$
$$= 00000000（最高位溢出了，符号位变成了 0）$$

可能有人会问，10000000 这个补码表示的是哪个数的补码呢？其实这是一个规定，这个数表示的是 -128，所以 n 位补码能表示的范围是 -2^{n-1} 到 $2^{n-1}-1$，比 n 位原码能表示的数多一个。

2.5　字符数据编码

字符包括西文字符和汉字字符。字符编码的方法很简单，首先确定需要编码的字符总数，然后将每一个字符按顺序编号，编号值的大小无意义，仅作为识别和使用这些字符的依据。例如：每个学生在学校中有一个学号，每个学号唯一地表示某个学生；学号的位数主要决定于学校的学生总数规模。对西文与汉字字符，由于形式的不同，故使用不同的编码。

2.5.1　西文字符

西文字符编码最常用的是 ASCII(American Standard Code for Information Interchange，美国信息交换标准代码)编码。ASCII 是用 7 位二进制编码，它可以表示 2^7 即 128 个字符，如表 2-2 所示。每个字符用 7 位二进制码表示，其排列次序为 $d_6 d_5 d_4 d_3 d_2 d_1 d_0$，$d_6$ 为高位，d_0 为低位。

由 ASCII 码表可以看出，十进制码值 0~32 和 127（即 NUL~SP 和 DEL），共 34 个字符，称为非图形字符（又称为控制字符）；其余 94 个字符称为图形字符（又称为普通字符）。在这些字符中，0~9、A~Z、a~z 都是按顺序排列的，且小写比大写字母码值大 32，即位值 d_5 为 0 或 1，这有利于大、小写字母之间的编码转换。

计算机的内部存储与操作常以字节为单位，即以 8 个二进制位为单位。因此，一个字符在计算机内实际是用 8 位表示。正常情况下，最高位 d_7 为 0。在需要奇偶校验时，这一位可用于存放奇偶校验的值，此时称这一位为校验位。

了解数值和西文字符在计算机内的表示后，大家可能会产生一个问题：二者在计算机内

表 2-2 ASCII 码表

$d_2 d_1 d_0$ / $d_6 d_5 d_4 d_3$	000	001	010	011	100	101	110	111
0000	NUL	DEL	SP	0	@	P		p
0001	SOH	DC1	!	1	A	Q	a	q
0010	STX	DC2	"	2	B	R	b	r
0011	EXT	DC3	#	3	C	S	c	s
0100	EOT	DC4	$	4	D	T	d	t
0101	ENQ	NAK	%	5	E	U	e	u
0110	ACK	SYN	&	6	F	V	f	v
0111	BEL	ETB	,	7	G	W	g	w
1000	BS	CAN	(	8	H	X	h	x
1001	HT	EM	)	9	I	Y	i	y
1010	LF	SUB	*	:	J	Z	j	z
1011	VT	ESC	+	;	K	[	k	{
1100	FF	FS	.	<	L	\	l	|
1101	CR	GS	—	=	M	]	m	}
1110	SO	RS	。	>	N		n	~
1111	SI	US	/	?	O		o	DEL

都是二进制数,如何区分数值和字符呢?. 例如,内存中有一个字节的内容是 65,它究竟表示数值 65,还是表示字母 A? 面对一个孤立的字节,确实无法区分数值和字符,但存放和使用这个数据的软件,会以其他方式保存有关类型的信息,指明这个数据为何类型。

2.5.2 汉字编码

英文是拼音文字,采用不超过 128 种字符的字符集就满足英文处理的需要,编码容易,而且在一个计算机系统中,输入、内部处理和存储都可以使用同一编码(一般为 ASCII 码)。

汉字是象形文字,种类繁多,编码比较困难,而且在一个汉字处理系统中,输入、内部处理、输出对汉字编码的要求不尽相同。因此,要进行一系列的汉字编码转换,用户用输入码输入汉字,系统由输入码找到相应的内码,内码是计算机内部对汉字的表示,要在显示器上显示或在打印机上打印出用户所输入的汉字,需要汉字的字形码,系统由内码找到相应的字形码。

1. 汉字的国标码

汉字国标码全称是《GB 2312—80 信息交换用汉字编码字符集——基本集》,1980 年发布,是中文信息处理的国家标准,也称汉字交换码,简称 GB 码。根据统计,把最常用的 6763 个汉字分成两级:一级汉字有 3755 个,按汉语拼音排列;二级汉字有 3008 个,按偏旁部首排列。

为了编码,将汉字分成若干个区,每个区中 94 个汉字。由区号和位号(区中的位置)构成了区位码。例如,"中"位于第 54 区 48 位,所以区位码为 5448。区号和位号各加 32 就构成了国标码,这是为了与 ASCII 码兼容,每个字节值大于 32(0~32 为非图形字符码值)。所以,"中"的国标码为 8680。

2. 汉字机的内码

一个国标码占两个字节,每个字节最高位仍为 0;英文字符的机内码是 7 位 ASCII 码,最高位也是 0。因为西文字符和汉字都是字符,为了在计算机内部能够区分是汉字编码还是 ASCII 码,将国标码的每个字节的最高位由 0 变为 1,变换后的国标码称为汉字机内码。由此可知,汉字机内码的每个字节都大于 128,而每个西文字符的 ASCII 码值均小于 128。

3. 汉字的输入码

汉字的输入码是一种用计算机标准键盘上按键的不同排列组合来对汉字的输入设计的编码,其目的是进行汉字的输入。那么对于输入码的要求是:编码要尽可能短,从而输入时击键的次数就比较少;另外重码要尽量少,这样输入时就可以基本上实现盲打;再者,输入码还要容易学、容易上手,以便推广。目前汉字的输入编码方法很多,常用的有五笔字型编码、智能拼音码等。

4. 汉字的字形码

汉字的字形码通常有两种表示方式:点阵方式和矢量方式。

点阵表示字形时,汉字字形码指的就是这个汉字字形点阵的代码。根据输出汉字的要求不同,点阵的多少也不同。简易型汉字为 16×16 点阵,提高型汉字为 24×24 点阵、32×32 点阵和 48×48 点阵,等等。

点阵规模越大,字形就越清晰美观,同时其编码也就越长,所需的存储空间也就越大。以 16×16 点阵为例,每个汉字要占用 32 个字节。

矢量表示方式存储的是描述汉字字形的轮廓特征,当要输出汉字时,通过计算机的计算,由汉字字形描述生成所需大小和形状的汉字点阵。矢量化字形描述与最终文字显示的大小、分辨率无关,由此可产生高质量的汉字输出。Windows 中使用的 TrueType 技术就是汉字的矢量表示方式。

点阵方式和矢量方式的区别是:前者编码、存储方式简单,无须转换直接输出,但字形放大后产生的效果差,而且同一种字体不同的点阵需要不同的字库;矢量方式的特点正好与前者相反。

思考题

一、判断题

1. $(100)_{10}$ 和 $(64)_{16}$ 相等。　　　　　　　　　　　　　　　　　　　　　　（　　）

2. A 的 ASCII 加 32 等于 a 的 ASCII。　　　　　　　　　　　　　　　　　　（　　）

二、选择题

1. 下列（　　）编码是常用的英文字符编码。

    A. ASCII　　　　　　B. Unicode　　　　　　C. GB 2312　　　　　　D. GBK

2. 已知汉字"创"的区位码是 2020,则其机内码是（　　）。

    A. 3434　　　　　　B. 3434H　　　　　　C. B4B4　　　　　　D. B4B4H

3. 计算机中浮点数的指数部分通常采用（　　）格式存储和运算。

    A. 原码　　　　　　B. 反码　　　　　　C. 补码　　　　　　D. 移码

4. $(110.1)_2$ 的规格化形式是（　　）。

    A. $2011×0.1101$　　B. $2100×0.01101$　　C. $2101×0.001101$　　D. $2010×1.101$

三、简答题

1. 请查阅资料,简述什么是图灵机,图灵机有哪些特点。

2. 什么是数制? 采用位权表示法的数制具有哪些特点?

3. 十进制整数转换为非十进制整数的规则是什么?

4. 将下列十进制数转换为二进制数:

   5,67,0.35,23.456

5. 将下列十进制数转换为八进制数:

   456,234

6. 将下列二进制数转换为十六进制数:

   110101010011,1011001010110

7. 什么是原码、反码和补码?

8. 写出下列各数的原码、反码和补码:

   0.11011,−0.11011,−100001,100001

9. 什么是汉字输入码?

10. 什么是汉字的机内码?

11. 什么是汉字的字形码?

Chapter 3
第3章 计算机系统的基本组成

计算机系统由硬件和软件两方面组成。硬件系统包括计算机的各个功能部件；软件系统包括系统软件和应用软件。

3.1 计算机硬件

3.1.1 冯·诺依曼体系结构

冯·诺依曼理论的要点是：数字计算机的数制采用二进制；计算机应该按照程序顺序执行。

人们把冯·诺依曼的这个理论称为冯·诺依曼体系结构。冯·诺依曼体系结构如图 3-1 所示。从 ENIAC 到当前最先进的计算机，采用的都是冯·诺依曼体系结构。所以，冯·诺依曼是当之无愧的数字计算机之父。

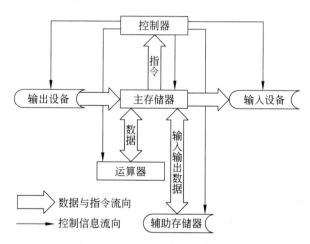

图 3-1　冯·诺依曼体系结构图

根据冯·诺依曼体系结构构成的计算机，必须具有如下功能。

（1）把需要的程序和数据送至计算机中。

（2）必须具有长期记忆程序、数据、中间结果及最终运算结果的能力。

（3）能够完成各种算术、逻辑运算和数据传送等数据加工处理的能力。

（4）能够根据需要控制程序走向，并能根据指令控制机器的各部件协调操作。

（5）能够按照要求将处理结果输出给用户。

为了完成上述的功能，计算机必须具备 5 大基本组成部件。

(1) 输入设备,是用来输入程序和数据的部件。

(2) 运算器,又称算术逻辑部件,简称 ALU,是计算机用来进行数据加工处理的部件。

(3) 存储器,是计算机中具有记忆能力的部件,用来存放数据或程序;存储器就是一种能根据地址接收或提供指令或数据的装置。

(4) 控制器,是计算机的指挥系统,计算机的工作就是在控制器下有条理地协调工作的。

(5) 输出设备,是用来输出结果的部件。

计算机系统的工作原理:是将预先编好的程序和原始数据,输入并存储在计算机的主存储器中(即"存储程序");计算机按照程序逐条取出指令加以分析,并执行指令规定的操作(即"程序控制")。这一原理,称为"存储程序"原理,是现代计算机的基本工作原理,至今的计算机仍采用这一原理。

计算机的工作过程可以归结为以下几步。

(1) 控制器控制输入设备,将数据和程序从输入设备输入到主(内)存储器。

(2) 在控制器指挥下,从存储器取出指令送入控制器。

(3) 控制器分析指令,指挥运算器、存储器执行指令规定的操作。

(4) 运算结果由控制器控制,送存储器保存或送输出设备输出。

(5) 返回到第(2)步,继续取下一条指令,如此反复,直到程序结束。

3.1.2　计算机系统的组成

计算机系统的基本组成包括硬件和软件两个部分,它们构成一个完整的计算机系统。

计算机硬件是组成计算机的物理设备的总称,它们由各种器件和电子线路组成,是计算机完成计算工作的物质基础。

计算机软件是计算机硬件设备上运行的各种程序及相关的资料的总称。

程序是由计算机的基本操作指令组成的。计算机所有指令的组合称为机器的指令系统。

硬件和软件相互依存,才能构成一个可用的计算机系统。

3.1.3　控制器和运算器

计算机中最主要的工作是运算,大量的数据运算任务是在运算器中进行的。

控制器(Controller)是计算机的神经中枢,是整个计算机的控制指挥中心,只有在它的控制之下,整个计算机才能有条不紊地工作,并自动执行程序。

控制器的工作过程是:首先从内存中取出指令,并对指令进行分析,然后根据指令的功能向有关部件发出控制命令,控制它们执行这条指令规定的操作。当各部件执行完控制器发来的命令后,都会向控制器反馈执行的情况。这样逐一执行一系列指令,就使计算机能够按照由这一系列指令程序的要求自动完成各项任务。

运算器的主要功能是进行算术运算和逻辑运算。算术运算是指加、减、乘、除等基本运算;逻辑运算是指逻辑判断、逻辑比较以及其他基本逻辑运算。因此,运算器又称算术逻辑单元(Arithmetic and Logic Unit,ALU)。它由加法器(Adder)和补码器(Complement)等组成。

运算器中的数据取自内存,运算的结果又送回内存。运算器对内存的读写操作是在控制器的控制之下进行的。

控制器和运算器一起组成中央处理器,也称 CPU(Central Processing Unit),见图 3-2。

CPU 从最初发展至今已经有 30 多年的历史了。这期间,按照其处理信息的字长,CPU

可以分为 4 位微处理器、8 位微处理器、16 位微处理器、32 位微处理器以及 64 位微处理器等。

CPU 的主要性能指标有以下几项。

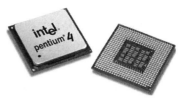

图 3-2　CPU

（1）主频。主频即 CPU 工作的时钟频率。CPU 的工作是周期性的，它不断地执行取指令、执行指令等操作。这些操作需要精确定时，按照精确的节拍工作，因此 CPU 需要一个时钟电路产生标准节拍，一旦机器加电，时钟电路便连续不断地发出节拍，就像乐队的指挥一样指挥 CPU 有节奏地工作。这个节拍的频率就是主频。一般来说，主频越高，CPU 的工作速度越快。

（2）外频。实际上，计算机的任何部件都按一定的节拍工作。通常是主板上提供一个基准节拍供各部件使用，主板提供的节拍称为外频。

（3）倍频。随着科技的发展，CPU 的主频越来越快，而外部设备的工作频率跟不上 CPU 的工作频率，解决的方法是让 CPU 工作频率以外频的若干倍工作。CPU 主频是外频的倍数，称为 CPU 的倍频。

$$CPU 工作频率 = 倍频 \times 外频$$

（4）地址总线宽度。

（5）数据总线宽度。

（6）L1 高速缓存。缓存是位于 CPU 和内存之间的容量较小但速度很快的存储器，使用静态 RAM 做成，存取速度比一般内存快 3～8 倍。L1 缓存也称片内缓存，Pentium 时代的处理器把 L1 缓存集成在 CPU 内部。L1 高速缓存容量一般在 32～64KB，少数可达到 128KB。

（7）L2 高速缓存。L2 缓存即二级高速缓存，通常做在主板上，目前有些 CPU 将二级缓存也做到了 CPU 芯片内。L2 高速缓存的容量一般在 128～512KB，有的甚至在 1MB 以上。

（8）工作电压。工作电压是指 CPU 正常工作时所需要的电压。早期 CPU 的工作电压一般为 5V，而随着 CPU 主频的提高，CPU 工作电压有逐步下降的趋势，以解决发热过高的问题。目前 CPU 的工作电压一般在 1.6～2.8V。CPU 制造工艺越先进，工作电压越低，CPU 运行时的耗电功率就越小。

（9）协处理器。含有内置协处理器的 CPU 可以加快特定类型的数值计算。某些需要进行复杂运算的软件系统，如 AutoCAD，就需要协处理器的支持。Pentium 以上的 CPU 都内置了协处理器。

CPU 的封装方式：采用 Socket 结构封装的 CPU 与 Socket 插座，如图 3-3 所示。

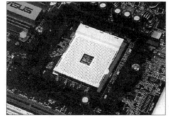

图 3-3　采用 Socket 结构封装的 CPU 与 Socket 插座

3.1.4　存储器

存储器(Memory)是计算机的记忆部件,主要功能是存放程序和数据,并根据控制命令提供这些程序和数据。存储器分两大类:一类和计算机的运算器、控制器直接相连,称为主存储器(内部存储器),简称主存(内存);另一种存储设备称为辅助存储器(外部存储器),简称辅存(外存)。

存储器的有关术语简述如下。

(1) 位(bit):存放一位二进制数,即 0 或 1。位是计算机中存储信息的最小单位。

(2) 字节(Byte):8 个二进制位为一个字节。为了便于衡量存储器的大小,统一以字节(Byte 简写为 B)为单位。字节是计算机中存储信息的基本单位。

(3) 地址:整个内存被分成若干个存储单元,每个存储单元一般可存放 8 位二进制(字节编址)。每个存储单元可以存放数据或程序代码。为了能有效地存取该单元内的内容,每个单元必须有唯一的编号(称为地址)来标识。

(4) 读操作(Read):按地址从存储器中取出信息,不破坏原有的内容,称为对存储器进行"读"操作。

(5) 写操作(Write):把信息写入存储器,原来的内容被覆盖,称为对存储器进行"写"操作。

1. 存储器的构成

构成存储器的存储介质,目前主要采用半导体器件和磁性材料。存储器中最小的存储单位就是一个双稳态半导体电路或一个 CMOS 晶体管或磁性材料的存储元,它可存储一个二进制代码。由若干个存储元组成一个存储单元,然后再由许多存储单元组成一个存储器。一个存储器包含许多存储单元,每个存储单元可存放一个字节。每个存储单元的位置都有一个编号,即地址,一般用十六进制表示。一个存储器中所有存储单元可存放数据的总和,称为它的存储容量。假设一个存储器的地址码由 20 位二进制数(5 位十六进制数)组成,则可表示 2^{20},即 1M 个存储单元地址。每个存储单元存放一个字节,则该存储器的存储容量为 1KB。存储器的结构如图 3-4 所示。

地址	存储单元
2000	0
2001	a
2002	2
	⋮

图 3-4　存储器结构图

2. 存储器的分类

(1) 按存储介质分

半导体存储器:用半导体器件组成的存储器。

磁表面存储器:用磁性材料做成的存储器。

激光存储器:用光学和电磁学相结合的高效、大容量存储器。

(2) 按存储方式分

随机存储器:任何存储单元的内容都能被随机存取,且存取时间和存储单元的物理位置无关。

顺序存储器:只能按某种顺序来存取,存取时间和存储单元的物理位置有关。

(3) 按存储器的读写功能分

只读存储器(ROM):存储的内容是固定不变的,是只能读出而不能写入的半导体存储器。

随机读写存储器(RAM):是能读出又能写入的半导体存储器。

(4) 按信息的可保存性分

非永久记忆的存储器:断电后信息即消失的存储器。

永久记忆性存储器:断电后仍能保存信息的存储器。

（5）按在计算机系统中的作用分

根据存储器在计算机系统中所起的作用，可分为主存储器、辅助存储器、高速缓冲存储器、控制存储器等。

为了解决对存储器要求容量大、速度快、成本低三者之间的矛盾，目前通常采用多级存储器体系结构，即使用高速缓冲存储器、主存储器和外存储器。各存储器的用途和特点见表 3-1。各存储器之间的关系见图 3-5。

表 3-1　各存储器的用途、特点

名　　　称	简称	用　　　途	特　　点
高速缓冲存储器	Cache	高速存取指令和数据	存取速度快,但存储容量小
主存储器	主存	存放计算机运行期间的大量程序和数据	存取速度较快,存储容量不大
外存储器	外存	存放系统程序和大型数据文件及数据库	存储容量大,位成本低

存储器的性能指标包括存储容量（Capacity）、存取速度（Access Time）、数据传输率（Data Transfer Rate）、位存储价格（Cost Per bit）。

3. 存储设备

（1）软磁盘及其设备

软磁盘（原名 Flexible Disk，后来人们戏称为 Floppy Disk）或译为软盘，是人们广泛使用的一种廉价介质。

它是在聚酯塑料（Mylar Plastic）盘片上涂不容易磁化并有一定矫顽力的磁薄膜而制成的。所用磁介质有 γ-氧化铁、渗钴氧化铁，对于高密度介质（超过 30000bpi），则采用钡铁氧体、金属介质等。软盘的主要规格是磁片直径。1972 年出现的是 8 英寸软盘。1976 年与微型机同时面世的是 5.25 英寸软盘，简称 5 英寸盘，如图 3-6 所示。1985 年，日本索尼（Sony）公司推出了 3.5 英寸盘。1987 年，索尼公司又推出了 2.5 英寸软盘，简称 2 英寸盘。目前已出现 1.5 英寸软盘，只是未批量生产。

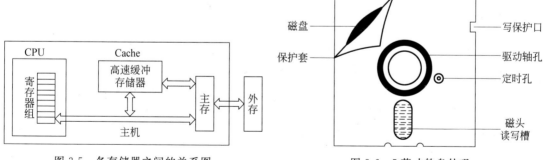

图 3-5　各存储器之间的关系图　　　　　图 3-6　5 英寸软盘外观

软盘在磁片直径不断缩小的同时，容量却连续扩大。以 5 英寸盘为例，当初的单面单密度容量为 125KB，单面双密度或双面单密度为 250KB，双面双密度则为 500KB。

所谓单面是只用一面，双面是两面都用。所谓单密度是用 FM 编码的，双密度（又称倍密度）是用 MFM、M2FM 或 GCR 编码记录的。

3 英寸盘的容量有 1MB、2MB、4MB 等数种。

自 1987 年 IBM 选择 2MB 的 3.5 英寸盘作为 PS/2 系列的配置后，2MB 盘正成为事实上的工业标准。随着膝上型计算机的流行,英寸盘成为软盘的主流产品。

下面介绍驱动器与适配卡。

一个完整的软盘存储系统是由软盘、软盘驱动器、软盘控制适配卡组成。

软盘驱动器(Floppy Disk Drive)由机械运动和磁头读写两部分组成。机械运动部分又由主轴驱动系统和磁头定位系统两部分组成。

通常,主轴驱动系统使用直流伺服电机,带动磁盘以每分钟300转的速度旋转。磁头定位系统则使用步进电机,在有关电路的控制下,使磁头沿着磁盘径向来回移动,以便寻找所要读写的磁道。磁头读写部分则负责信息的传送与读写操作的完成。

软盘驱动器简称软驱。它的全部机械运动与数据读写操作,必须在软盘控制适配卡(FDC Adapter)的控制下进行。而适配卡正好把驱动器与CPU系统板联系起来,使磁盘存储系统成为整个计算机系统的一个有机组成部分。

(2) 硬磁盘及其设备

硬盘是计算机系统中最主要的辅助存储器。硬盘盘片与其驱动器合为一体,称为硬盘机,后来人们叫熟了,统称为硬盘。硬盘通常安装在主机箱内,所以无法从计算机的外部看到。图3-7所示为硬盘的外观。

硬盘的种类划分如下所述。

按硬盘的几何尺寸划分,硬盘分为3.5英寸和5.25英寸两种。近年来,市场上主要以3.5英寸为主。

图3-7 硬盘外观

按硬盘接口划分,主要有IDE、EIDE、Ultra DMA和SCSI接口硬盘。

20世纪90年代初期,PC机多采用IDE接口硬盘。IDE接口标准的硬盘工作方式只能是标准模式。

在标准模式下,硬盘最大容量只能是528MB,硬盘与主机之间采用PIO方式(程序控制输入/输出方式)传输数据。由于要突破528MB容量限制的问题,因此推出了EIDE标准。

EIDE接口标准的工作模式如下有三种。

① 标准模式(Normal Mode),该模式与IDE的工作模式完全相同。

② 逻辑块地址模式(LBA Mode),也称大数据块模式。它突破了硬盘空间528MB的管理限制,支持的硬盘容量最大达到8.4GB。

③ 大模式(Large Mode),也称大磁道模式,该模式是为了方便那些不支持LBA模式设置而准备的一种工作模式,它支持的硬盘最大容量为1GB。

主板上提供两个EIDE接口,分别为EIDE1、EIDE2。一个EIDE接口,可以连接符合EIDE标准的包括硬盘机、光盘驱动器等在内的2个设备。若一台计算机只有一个硬盘机和一个光盘驱动器,建议优先考虑将硬盘接入EIDE1、光盘驱动器接入EIDE2,这样可以提高运行速度,尤其是对提高播放VCD速度很有好处。当一个EIDE接口接2个EIDE设备(如接2个硬盘)时,硬盘上的跳线就是用来确定该硬盘是第几个设备的。

由于硬盘容量的增大和读写速度的提高,必然要求硬盘接口有更高的传输率,Intel和Quantum联合推出了最新的硬盘接口标准——Ultra DMA,它所采用的数据传输方式与以往不同。

在PIO方式中,CPU直接进行读写控制,而Ultra DMA采用的数据传输方式,称为直接存储器存取数据传送方式,传输效率比PIO模式高得多。以Ultra DMA方式工作的硬盘仍然采用 EIDE 接口和主机相连。目前采用 Ultra DMA 方式工作的硬盘,有 Ultra DMA/33 和 Ultra DMA/66 两种。Ultra DMA/33 硬盘是采用和 EIDE 标准相同的数据线与主板 EIDE 接口连接(一根 40 针的数据线)。Ultra DMA/66 使用的是 80 针接口,这样就出现了与 EIDE 接口不兼容的问题。这个问题的解决办法是,在传统的 40 针标准的 EIDE 信号线和地线之间穿插了 40 条线,以此方法来实现与现行接线插口上的兼容。

SCSI 是一种智能化的接口,特别适合于并发数据的处理请求。与 IDE 接口相比,SCSI 接口提供了更强的扩充能力。

通常,一块 SCSI 接口可以以菊花链方式挂接 7 个不同的外部设备,如硬盘、光盘驱动器、磁带机等。因其连接的外设数量多、传输速率快,现在 PC 机服务器经常采用 SCSI 接口。

硬盘的主要性能指标如下。

① 容量:硬盘的容量指的是硬盘中可以容纳的数据量。

② 转速:转速是指硬盘内部马达旋转的速度,单位是 RPM(每分钟转数)。

③ 平均寻道时间:平均寻道时间指的是磁头到达目标数据所在磁道的平均时间,它直接影响到硬盘的随机数据传输速度。

④ 缓存:缓存的大小会直接影响到硬盘的整体性能。

一般 EIDE 或 Ultra DMA/33 硬盘是通过 40 针的数据线与主板相连,而 Ultra DMA/66 硬盘是使用一条 80 针的数据线连接。通常主板上的 Ultra DMA/66 接口会用不同的颜色表示出来,安装时必须注意,否则如果把 Ultra DMA/66 的硬盘接在 Ultra DMA/33 的接口上,就无法发挥 Ultra DMA/66 的功能了。

安装硬盘的步骤如下。

① 根据情况设置硬盘的跳线。除了挂接双硬盘外,一般都设置成 Master。

② 将硬盘固定在机箱的硬盘支架上。

③ 接上硬盘的电源线和数据线。电源线只有一个方向能接上,不会出错。要注意的是,数据线的红线必须对着电源线的方向。

④ 把数据线的另外一头接到主板上。除了不能把 Ultra DMA 接口弄错外,还要把数据线的红线接到编号为 1 的针脚上(在主板硬盘接口的周围就能观察到)。如果主板比较好的话,EIDE 接口上会有一个缺口,数据线上有一个凸起的部分,这样不会插错方向。

(3) 光盘存储器

光盘存储器的主要类型有如下 3 种。

① 固定型光盘,又叫只读光盘。

② 追记型光盘,又叫只写一次式光盘。

③ 可改写型光盘,也叫可擦写型光盘。

光盘驱动器的工作方式有以下两种。

① 恒定线速度(CLV)。无论光驱读取头是在内轨还是在外轨读取数据,数据传输率都保持不变。而光驱的转速随读取头在光盘轨迹的位置而变化,当读取头远离光盘中心时,光驱转速逐渐下降,使读取头在单位时间内扫过光盘相同的轨迹长度、读取相同数据量,从而可以以相同的速率读出所有的数据。

② 恒定角速度(CAV)。与 CLV 正好相反,它是让数据传输率发生变化,保持光盘固定的转速。光驱读取头从光盘中央向外圈移动时,数据传输率是递增的,并且数据传输率完全取决于数据所存放的位置。

购买光驱主要应考虑两方面的问题。

① 光驱的倍速。

② 纠错能力。"纠错"能力实际上是对"烂盘"(盘片质量不太好、有缺陷)的"读盘"能力。

安装光驱的方法和安装硬盘的方法基本相同,如果计算机中只有一个硬盘和一个光驱,最好是将硬盘安装在一个 IDE 接口上,光驱则安装在另一个 IDE 接口上。

要想将光驱和硬盘安装在同一个 IDE 接口上,通常硬盘跳线设置为 Master,光驱跳线设置为 Slave。

3.1.5　输入设备和输出设备

1. 输入设备

输入设备(Input Device)用来接受用户输入的原始数据和程序,并将它们转变为计算机可以识别的二进制形式存放到内存中。输入设备可分为字符输入设备、图形输入设备和声音输入设备等,常用的输入设备如下。

(1) 鼠标

鼠标(Mouse)的种类较多,根据键的数目,可分为两键鼠标、三键鼠标及滚轮鼠标等,如图 3-8 所示。

常用的鼠标器有机械式和光电式两种。

如果按接头分类,鼠标可分为串口鼠标、PS/2 鼠标、USB 鼠标。

鼠标插头将鼠标连接到串行口或其他鼠标接口,和主板进行数据交流。

鼠标的安装方法如下。

对于串口鼠标,将插头插到 9 针串行口上,锁紧。一般鼠标插头的插孔排列成"D 形",所以要与插座对准方向,方向反了插不进去。若是 PS/2 鼠标,把圆形插头直接插入 PS/2 口即可。

图 3-8　鼠标

在 Windows 系统中,一般鼠标可以直接使用,不必安装驱动程序。在 DOS 系统中,需要安装鼠标驱动程序。

(2) 键盘

键盘(Keyboard)是向计算机发出命令和输入数据的重要输入设备。

键盘的组成如图 3-9 所示。

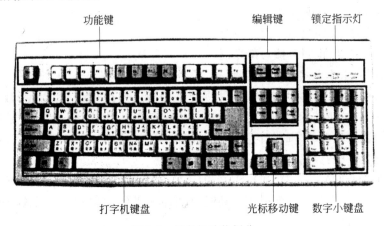

图 3-9　键盘的功能划分

键盘的使用方法有：标准指法使用、汉字拼音输入法、汉字五笔字型输入法。

图 3-10 给出了键盘的标准指法示意。

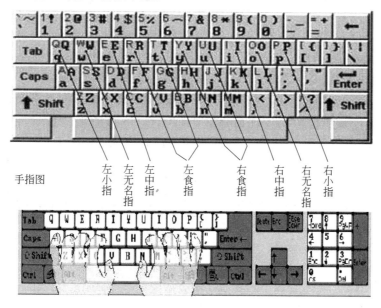

图 3-10　键盘的标准指法图

键盘的种类五花八门，具体则看依据什么进行分类。这里主要讲述按内部构造分类。键盘按内部构造分类有机械式键盘、薄膜式键盘，还有无线传输键盘。

（3）扫描仪

扫描仪(Scanner)是文字和图片输入的主要设备之一。

（4）数码相机

数码相机(Digital Camera)是一种采用光电子技术摄取静止图像的照相机。

2. 输出设备

输出设备(Output Device)用于将存放在内存中由计算机处理的结果转变为人们所能接受的形式。常用的输出设备有显示器、显示卡、声卡、音箱、打印机。

（1）显示器

计算机系统中最常用的显示器有两类：一类叫 CRT(阴极射线管)；另一类叫 LCD(液晶显示器)。

显示器的主要技术指标有：显像管的品质点距、分辨率、扫描频率、数字控制。

（2）显示卡

早期的显示卡只起到 CPU 与显示器之间的接口作用，而今天，显示卡的作用已不仅局限于此，它还起到了处理图形数据、加速图形显示等作用。

显示卡的核心部分是显示卡上的图形加速芯片。图形加速芯片是一个固化了一定数量常用基本图形程序模块的硅片。这些常用的基本图形程序模块所具备的功能包括，控制硬件光标、光栅操作、位块传输、画线、手绘多边形及多边形填充等。图形加速芯片从图形设备接口接受指令，并把它们转变成一幅图画，然后将数据写到显示存储器中，以红、绿、蓝数据格式传递给显示器。图形加速芯片大大减轻了 CPU 的负担，加快了图形操作速度。

现在的显示卡接口分为 PCI 与 AGP 两种。

显示卡的主要技术指标有:分辨率、显示内存。

(3) 声卡

声卡(Sound Card)也叫音频卡。声卡是多媒体技术中最基本的组成部分,是实现声波/数字信号相互转换的一种硬件。声卡是计算机进行声音处理的适配器,它有三个基本功能:一是音乐合成发音功能;二是混音器(Mixer)功能和数字声音效果处理器(DSP)功能;三是模拟声音信号的输入和输出功能。声卡处理的声音信息在计算机中以文件的形式存储。声卡工作应有相应的软件支持,包括驱动程序、混频程序(Mixer)和 CD 播放程序等。

声卡包括集成声卡和独立声卡。独立声卡是板卡的一种。集成声卡和独立声卡的基本功能是一样的。

声卡上有几个输入/输出接口,用以接收和发送不同的声音信号:Line In(线路输入)、MIC(麦克风输入)、Line Out(线路输出)、SPK Out(喇叭输出)、Joystick/MIDI(游戏杆/MIDI 接口)。

声卡的主要特性有采样位数和采样频率。

采样位数,即采样值或取样值。它是用来衡量声音波动变化的一个参数,也就是说声卡的分辨率可以理解为声卡处理声音的解析度。它的数值越大,分辨率也就越高,录制和回放的声音就越真实。而声卡的位是指声卡在采集和播放声音文件时所使用数字声音信号的二进制位数,声卡的位客观地反映了数字声音信号对输入声音信号描述的准确程度。常见的声卡主要有 8 位和 16 位两种,如今市面上所有的主流产品都是 16 位及以上的声卡。

采样频率,即取样频率。指每秒钟取得声音样本的次数。采样频率越高,声音的质量也就越好,声音的还原也就越真实。采样频率有 8kHz、11.025kHz、22.05kHz、16kHz、37.8kHz、44.1kHz、48kHz,等等。在 16 位声卡中,常用的有 22kHz、44kHz 等几种,其中,22kHz 相当于普通 FM 广播的音质,44kHz 相当于 CD 音质。

(4) 音箱

音箱主要指标有:功率、额定阻抗、失真度、额定频率及有效频率范围、特性灵敏度。

音箱的阻抗一般由所组成音箱的扬声器的额定阻抗决定,但音箱的阻抗要比单纯的扬声器阻抗的概念复杂得多,因为音箱中的扬声器是多品种的,高、中、低扬声器不可能性能完全一样,且加上分频器及箱体结构和所用材料等诸多因素,因此,在分析音箱阻抗特性时,需要多方面考虑。

失真同样由多种因素组成。由于音箱内部结构组成的多元性,因此对音箱进行试听时,不能单纯从扬声器或某一个方面找失真的原因,应从多角度考虑,同时功率放大器输出信号的本身失真也不可忽视。

音箱的额定频率范围一般由产品标准规定,而音箱实际能达到的频率范围则称之为有效频率范围。一般在理想的状态下,音箱能够达到的频率范围为 16～20000Hz,但一般实际能够达到的频率范围为 40～20000Hz。

音箱的特性灵敏度与扬声器一样,即相当于在额定阻抗上加 1 瓦电功率的粉红噪声信号电压时,在参考轴上离参考点 1 米处产生的电压。特性灵敏度以"微巴"为单位,特性灵敏度级以"分贝"为单位。

(5) 打印机

打印机主要类型有如下几种。

① 点阵打印机。点阵打印机有两种类型:9 针点阵打印机和 24 针点阵打印机。

② 喷墨打印机。喷墨打印机能提供比点阵打印机更好的打印质量,而且采用与点阵打印机不同的技术,能打印多种字形的文本和图形。

喷墨打印机的工作原理是向纸上喷射细小的墨水滴,墨水滴的密度可达到每英寸 90000 个点,而且每个点的位置都非常精确,打印效果接近激光打印机。

③ 激光打印机。激光打印机是利用电子成像技术进行打印的,当调制激光束在硒鼓上沿轴向进行扫描时,按点阵组字的原理,激光束有选择地使鼓面感光,构成负电荷阴影,当鼓面经过带正电的墨粉时,感光部分就吸附上墨粉,然后将墨粉转印到纸上,纸上的墨粉经加热熔化,渗入纸质,形成永久性的字符和图形。

打印机的主要指标有:打印精度(分辨率,单位为 dpi)、打印速度、色彩数目、打印成本。

打印机的安装方法如下。

① 将打印机电源插头连接到电源插座上。

② 将打印机数据电缆线连接到计算机的串行口或并行口上。

③ 安装打印驱动程序。运行打印机附带的驱动盘中的安装程序,即可完成。Windows 系统本身带多种打印机的驱动程序,对于常见打印机可以选用系统中的驱动程序,不用安装打印驱动程序。

3.1.6　微型计算机的主要技术指标

对于不同用途的计算机,其对不同部件的性能指标要求有所不同。例如,对于用作科学计算为主的计算机,其对主机的运算速度要求很高;对于用作大型数据库处理为主的计算机,其对主机的内存容量、存取速度和外存储器的读写速度要求较高;对于用作网络传输的计算机,则要求有很高的 I/O 速度,因此应当有高速的 I/O 总线和相应的 I/O 接口。

1. CPU

(1) 主频。主频是衡量 CPU 运行速度的重要指标。它是指系统时钟脉冲发生器输出周期性脉冲的频率,通常以兆赫兹(MHz)为单位。目前微处理器的主频已高达 1.5GHz、2.2GHz 以上。

(2) 字长。字长是 CPU 可以同时处理的二进制数据位数。如 64 位微处理器,一次能够处理 64 位二进制数据。常用的有 32 位、64 位微处理器。一般来说,计算机的字长越长,其性能就越高。

(3) 运算速度。计算机的运算速度是指计算机每秒钟执行的指令数。单位为每秒百万条指令(简称 MIPS)或者每秒百万条浮点指令(简称 MFPOPS)。它们都是用基准程序来测试的。影响运算速度的几个主要因素:主频、字长及指令系统的合理性。

图 3-11 为 Intel 和 AMD 的主流 CPU 及 CPU 插槽外观。

2. 内存

(1) 存取速度。内存储器完成一次读(取)或写(存)操作所需的时间,称为存储器的存取时间或者访问时间。而连续两次读(或写)所需间隔的最短时间,称为存储周期。对于半导体存储器来说,存取周期约为几十到几百纳秒(ns,10^{-9} 秒)。

(2) 存储容量。是计算机内存所能存放二进制数的量,一般用字节(Byte)数来度量。内存容量的加大,对于运行大型软件十分必要,否则会感到慢得无法忍受。

图 3-12 为内存条的外观。

3. I/O 的速度

主机 I/O 的速度,取决于 I/O 总线的设计。这对于慢速设备(例如键盘、打印机)关系不

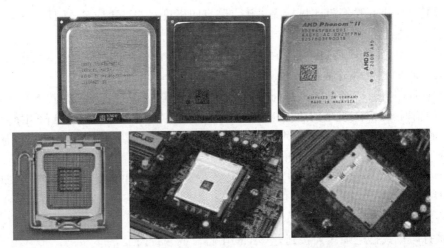

图 3-11　Intel 和 AMD 的主流 CPU 及 CPU 插槽

大,但对于高速设备则效果十分明显。例如,
对于当前的硬盘,它的外部传输率已可达
20MB/s、40MB/s 以上。

图 3-12　内存条

4. 主板

主板,又叫主机板(Mainboard)、系统板
(Systemboard)或母板(Motherboard)。它安
装在机箱内,是微机最基本的,也是最重要的
部件之一。主板一般为矩形电路板,上面安装了组成计算机的主要电路系统,一般有 BIOS 芯
片、I/O 控制芯片、键盘和面板控制开关接口、指示灯插接件、扩充插槽、主板及插卡的直流电
源供电接插件等元件。作为计算机里面最大的一个配件(机箱打开里面最大的那块电路板),
主要任务就是为 CPU、内存、显卡、声卡、硬盘等设备提供一个可以正常稳定运作的平台。

图 3-13 所示为一种主板的外观。

5. 总线

总线(Bus)是计算机各种功能部件之间传送信息的公共通信干线,它是由导线组成的传
输线束,如图 3-14 所示。按照计算机所传输的信息种类,计算机的总线可以划分为数据总线、
地址总线和控制总线,分别用来传输数据、数据地址和控制信号。总线是一种内部结构,它是
CPU、内存、输入设备、输出设备传递信息的公用通道,主机的各个部件通过总线相连接,外部
设备通过相应的接口电路再与总线相连接,从而形成了计算机硬件系统在计算机系统中,各个

图 3-13　PX865PE Pro 主板

图 3-14　总线

部件之间传送信息的公共通路,即总线。微型计算机是以总线结构来连接各个功能部件的。

数据总线用于传送数据信息。数据总线是双向三态形式的总线,即它既可以把 CPU 的数据传送到存储器或 I/O 接口等其他部件,也可以将其他部件的数据传送到 CPU。数据总线的位数是微型计算机的一个重要指标,通常与微处理的字长相一致。例如 Intel 8086 微处理器字长 16 位,其数据总线宽度也是 16 位。需要指出的是,数据的含义是广义的,它可以是真正的数据,也可以是指令代码或状态信息,有时甚至是一个控制信息,因此,在实际工作中,数据总线上传送的并不一定仅仅是真正意义上的数据。

地址总线是专门用来传送地址。由于地址只能从 CPU 传向外部存储器或 I/O 端口,因此,地址总线是单向三态的,这与数据总线不同。地址总线的位数决定了 CPU 可直接寻址的内存空间大小。比如:8 位微机的地址总线为 16 位,则其最大可寻址空间为 $2^{16}=64\text{KB}$;16 位微型机的地址总线为 20 位,其可寻址空间为 $2^{20}=1\text{MB}$。一般来说,若地址总线为 n 位,则可寻址空间为 2^n 字节。

控制总线用来传送控制信号和时序信号。控制信号中,有的是微处理器送往存储器和 I/O 接口电路的,如读/写信号、中断响应信号等;也有是其他部件反馈给 CPU 的,比如:中断申请信号、复位信号、总线请求信号、设备就绪信号等。因此,控制总线的传送方向由具体控制信号而定,一般是双向的,控制总线的位数要根据系统的实际控制需要而定。实际上控制总线的具体情况主要取决于 CPU。

总线的分类如下。

(1) 按照传输数据的方式划分,分为串行总线和并行总线。串行总线中,二进制数据逐位通过一根数据线发送到目的器件;并行总线的数据线通常超过 2 根。常见的串行总线有 SPI、I²C、USB 及 RS-232 等。

(2) 按照时钟信号划分,分为同步总线和异步总线。同步总线的时钟信号独立于数据,而异步总线的时钟信号是从数据中提取出来的。SPI、I²C 是同步串行总线,RS232 采用异步串行总线。

3.1.7　如何组装一台微型计算机系统

1. 主板的选购

生产主板厂商非常多,如华硕、技嘉、精英、中凌、微星、梅捷等。主板市场的变化比 CPU 还快。在主板、CPU、内存三大部件中,最难选择的恐怕是主板了。

2. CPU 的选购与安装

对于 CPU 的选购原则,主要是看组装计算机的用途及经济状况。对于一般的单位或家庭,组装计算机如果仅用于文字处理和上网浏览等工作,一颗 MⅡ/400 的 CPU 就能满足需要了。MⅡ 运行 Windows 98、Office、IE 等的速度不会让用户失望,最重要的是它的价格比较便宜。

3. 内存的选购

从接口形式上来说,系统内存早期使用 DIP(Double In-line Package)内存芯片,而目前多采用 SIMM(Single In-line Memory Module)内存条和 DIMM(Dual In-line Memory Module)内存条。

现在 Pentium 类主板一般提供 SIMM 和 DIMM 两种内存插槽,而 Pentium Ⅱ 类主板只提供 DIMM 内存插槽。

内存条有统一的引线标准,按引线标准划分,SIMM 条有 30 线、72 线和专用内存条三类,而 DI MM 则有 168 线和 200 线两种。图 3-15 是 168 线的双面内存条,图 3-16 是 72 线和 128 线内存插座。

图 3-15　168 线的双面内存条

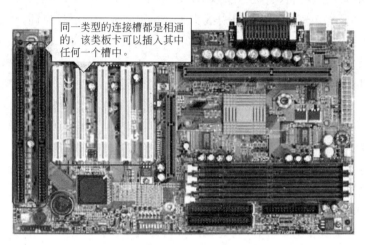

同一类型的连接槽都是相通的,该类板卡可以插入其中任何一个槽中。

图 3-16　72 线和 128 线内存插座

内存的主要技术指标有:数据宽度、访问时间、工作频率。

4. 显示卡的选购与安装

用户选择显示卡的主要标准是看机器的用途,可从如下两方面考虑。

(1) 如果计算机是用来做一般文字处理或商业用途,价廉物美的 PCI 显卡已经游刃有余,PCI 显卡其实已经具备相当不错的显示能力,即使偶尔播放一下 VCD 或玩计算机游戏,效果也仍然不错,只是某些 3D 游戏可能不能玩。

现在的显示卡上都已经有 2D/3D 的加速功能,购置一款普通的 AGP 卡是最好的了。这样做还有助于改善 PCI 总线上设备的工作效率。

(2) 如果你是热衷于计算机游戏且对游戏的画面质量及流畅性要求很高,经常玩热门的 3D 游戏,这时候在选择上就需要作些努力。现在的 3D 显卡种类较多,这就需要多看、多问、多比较;再就是在“速度”与“价格”方面进行考虑。

目前 3D 功能的应用主要在游戏、虚拟环境、3D 绘图或电影特级等方面,一般人比较关心的应该是 3D 游戏,这也是一般 3D 显示卡的定位。特别要注意的是,各家使用的芯片不一,支持的 API 也不相同,所以必须注意是否与您的 3D 游戏或软件兼容,否则将无法驱动卡上的 3D 功能。

5. 声卡的选购

购买声卡时要注意,声卡要具备完整的配件:驱动程序、附赠软件和安装手册等。

购买声卡时应注意的另外一个问题,就是它对操作系统的支持。对于一般用户来说,这个问题并不很重要,因为所有比较新的声卡都支持 Windows 95/98 操作系统。但是如果想要在 Windows NT 或 IBM OS/2 操作系统下使用声卡,就必须注意该声卡是否提供了这些操作系统的驱动程序,否则安装后可能根本无法使用。

6. 调制解调器的选购

调制解调器(Modem)是调制器(Modulation)和解调器(Demodulation)的合称,它是一种能够使计算机通过电话线同其他计算机进行通信的设备,也就是将一台计算机连接到另一台计算机或一个计算机网络的装置。计算机采用数字信号处理数据,而电话系统则采用模拟信号传输数据。为了能利用电话系统来进行数据通信,必须实现从数字信号向模拟信号的转换。然后,在连接的另一端,又需要执行相反的转换,即从模拟信号转换回数字信号。前一个过程称为调制,后一个过程称为解调。

调制解调器的工作方式可分为半双工和全双工。

半双工 Modem 在同一时刻只能向一个方向传送数据,即在发送数据时不能接收数据,在接收时不能发送数据,但在不同的时刻数据传送的方向可以改变;全双工调制解调在同一时刻可同时向两个方向传送数据,即在同一时刻可同时发送和接收数据,目前大多数调制解调器是全双工的。

调制解调器主要技术指标有:速率、错误纠正、数据压缩。

其中最重要的是速率。调制解调器的一个主要技术指标就是其传输速率。调制解调器的传输速率是以每秒传送的数据位数 b/s 为计算单位的。

标准的传送速率为 300b/s、1200b/s、2400b/s、9600b/s、14400b/s、19200b/s 和 28.8Kb/s、33.6Kb/s 和 56.7Kb/s。

调制解调器的种类有:外置调制解调器、内置调制解调器、PCMCIA 卡式调制解调器、电缆调制解调器(Cable Modem)。

内置 Modem 由于安装在计算机内,不占用桌面空间,使用 PC 机内部电源,并节省一个串口,价格相对于外置式便宜。但由于没有指示灯,不能从外面查看它正在干什么,如拨号后不能确认是否已与另一端接上。反馈给用户有关目前状态的信息很少。

外置式 Modem 安装简易,不需要打开机箱,也不占用主板上的扩展槽。它有几个指示灯,能够随时显示 Modem 正在进行的工作状况,它不仅反馈与 Modem 之间的连接情况,还指示电话线的状况。但外置式 Modem 需占用一个 RS-232 串口,需要一个电源插座,价格相对内置式贵一些。外置式 Modem 使用起来比较灵活,可随意插接在不同计算机的 RS-232 串口上。

7. 键盘的选购

购买键盘要注意以下几点。

(1) 选购键盘和选购其他商品一样,首先要看看是不是正品、是不是名牌。

(2) 键盘的弹性要好。我们用手敲击键盘完成输入,所以手感非常重要。

(3) 尽量购买标准键盘和人体功能学键盘。

8. 光盘刻录机的选购

光盘刻录机包括 CD-R(CD-Recordable)和 CD-RW(CD-ReWritable)。

CD-R 采用一次写入技术,刻入数据时,利用高功率的激光束反射到 CD-R 盘片,使盘片上的介质层发生化学变化,模拟出二进制数据 0 和 1 的差别,把数据正确地存储在光盘上,可以被几乎所有 CD-ROM 读出和使用。由于化学变化产生质的改变,盘片数据不能再释放空间重复写入。

CD-RW 则采用先进的相变(Phase Change)技术,刻录数据时,高功率的激光束反射到 CD-RW 盘片的特殊介质,产生结晶和非结晶两种状态,并通过激光束的照射,介质层可以在这两种状态中相互转换,达到多次重复写入的目的。

光盘刻录机的性能指标和选购原则有:读写速度、接口方式、放置方式和进盘方式、缓存容量、Firmware 更新和其他一些指标。

9. 微机的组装步骤

组装微机时,可以大致按以下步骤进行。

(1) 仔细阅读主板说明书,结合 CPU 的规格型号,对主板的各种跳线进行设置。

(2) 将 CPU、内存条、显卡安装在主板上。

(3) 连接显卡至显示器信号线,连接显示器电源线。

(4) 连接机箱至主板电源线,注意千万不能接错,否则将烧毁主板。

(5) 检查以上各项设置、连接无误。(至此已构成一个基本的计算机硬件系统。)

(6) 测试基本计算机硬件系统是否能正常工作。接通显示器电源开关,接通机箱电源开关。此时若计算机系统进入自检过程,即能在显示器屏幕上有文字信息显示,则说明基本计算机硬件系统工作是正常的,可以进入下一步骤的组装工作。否则,应该返回第(1)步,检查究竟是安装、设置方面的问题,还是主板、CPU 或显卡本身有硬件故障或各器件之间相互不匹配。

(7) 关掉显示器、机箱电源,拔下主板电源插头、显卡。将主板固定在机箱底板上,要注意 3 点:一是主板与机箱之间的绝缘;二是要保证主板的平整性,防止其变形;三是主板要固定牢固。

(8) 连接主机电源和显示器电源线。启动计算机,进行 CMOS 设置。

(9) 现在开始进行软件系统安装,首先安装操作系统。

(10) 安装显卡、声卡、MODEM 等各种硬件设备的驱动程序。在安装过程中,可能要对硬件设备进行反复调试。

(11) 安装需要的各种应用软件。至此,一台计算机的硬、软件系统安装完毕。

3.2 计算机软件

计算机软件(Computer Software)是指计算机系统中的程序及其文档。程序是计算任务的处理对象和处理规则的描述;文档是为了便于了解程序所需的阐明性资料。程序必须装入机器内部才能工作,文档一般是给人看的,不一定装入机器。

软件是用户与硬件之间的接口界面。用户主要是通过软件与计算机进行交流。软件是计算机系统设计的重要依据。为了方便用户,为了使计算机系统具有较高的总体效用,在设计计算机系统时,必须通盘考虑软件与硬件的结合,以及用户的要求和软件的要求。

软件是一系列按照特定顺序组织的计算机数据和指令的集合。一般来讲,软件被划分为系统软件、应用软件和介于这两者之间的中间件。系统软件为计算机使用提供最基本的功能,但是并不针对某一特定应用领域;而应用软件则恰好相反,不同的应用软件根据用户和所服务的领域提供不同的功能。

软件并不只是包括可以在计算机上运行的程序,与这些程序相关的文件一般也被认为是软件的一部分。简单地说,软件就是程序加文档的集合体。

软件被应用于世界的各个领域,对人们的生活和工作都产生了深远的影响。

软件的正确含义如下。

（1）运行时，能够提供所要求功能和性能的指令或计算机程序集合。

（2）程序能够满意地处理信息的数据结构。

（3）描述程序功能需求以及程序如何操作和使用所要求的文档。

软件具有与硬件不同的特点。

（1）表现形式不同。硬件有形、有色、有味，看得见、摸得着、闻得到。而软件无形、无色、无味，看不见、摸不着、闻不到。软件大多存在人们的脑海里或纸面上，它的正确与否，是好是坏，一直要到程序在机器上运行才能知道。这就给设计、生产和管理带来了许多困难。

（2）生产方式不同。软件是开发，是人的智力的高度发挥，不是传统意义上的硬件制造。尽管软件开发与硬件制造之间有许多共同点，但这两种生产方式是根本不同的。

（3）要求不同。硬件产品允许有误差，而软件产品却不允许有误差。

（4）维护不同。硬件是要用旧、用坏的；在理论上，软件是不会用旧、用坏的，但在实际上，软件也会变旧、变坏，因为在软件的整个生存期中，一直处于改变（维护）状态。

计算机软件分为系统软件和应用软件。

3.2.1 系统软件

系统软件是负责管理计算机系统中各种独立的硬件，使得它们可以协调工作。系统软件使得计算机使用者和其他软件将计算机当作一个整体，而不需要顾及底层每个硬件是如何工作的。常用的系统软件有：操作系统、语言处理程序、数据库管理系统、网络管理软件、常用的服务程序。

3.2.2 应用软件

应用软件是为了某种特定的用途而被开发的软件。它可以是一个特定的程序，比如一个图像浏览器，也可以是一组功能联系紧密、可以互相协作的程序的集合，比如微软的 Office 软件，也可以是一个由众多独立程序组成的庞大的软件系统，比如数据库管理系统。常用的应用软件有：文字处理、电子表格、多媒体制作工具、各种工程设计、数学计算软件、模拟过程、辅助设计、管理程序等。

思考题

一、判断题

1. 第一代计算机的主要特征是采用晶体管作为计算机的逻辑元件。　　　　（　　）

2. 打印机是计算机的一种输出设备。　　　　（　　）

3. 我们一般所说的计算机内存是指 ROM 芯片。　　　　（　　）

4. 驱动程序是一种可以使计算机和设备通信的特殊程序。　　　　（　　）

二、选择题

1. 计算机中最重要的核心部件是（　　）。

    A. RAM　　　　　　B. CPU　　　　　　C. CRT　　　　　　D. ROM

2. 微型计算机中，控制器的基本功能是（　　）。

    A. 进行算术和逻辑运算　　　　　　　B. 存储各种控制信息

　　　　C. 保持各种控制状态　　　　　　　D. 控制机器各个部件协调一致地工作

3. 不属于接口设备的是（　　）。

　　A. 网卡　　　　　　B. 显卡　　　　　　C. 声卡　　　　　　D. CPU

4. 下列（　　）不是控制器的功能。

　　A. 程序控制　　　B. 操作控制　　　　C. 时间控制　　　　D. 信息存储

5. 8 个二进制位组成的信息单位叫（　　）。

　　A. 存储元　　　　B. 字节　　　　　　C. 字　　　　　　　D. 存储单元

6. RAM 是（　　）的简称。

　　A. 随机访问存储器　　　　　　　　　　B. 只读存储器

　　C. 静态存储器　　　　　　　　　　　　D. 动态存储器

三、简答题

1. 计算机有哪些主要特点？又有哪些主要用途？

2. 计算机硬件系统由哪几部分组成？简述各部分的功能。

3. 简述计算机的工作原理。

4. 什么是算法？简述算法的特点。

5. 简述 CPU 的两个基本部件。

第4章 计算机操作系统概述

4.1 操作系统概述

操作系统(Operating System,OS)是用于控制和管理计算机硬件和软件资源、合理组织计算机工作流程、方便用户充分而高效地使用计算机的一组程序集合。

4.1.1 操作系统的发展

操作系统的发展历程和计算机硬件的发展历程密切相关。从 1946 年诞生第一台电子计算机以来,计算机的每一代进化都以减少成本、缩小体积、降低功耗、增大容量和提高性能为目标。在计算机硬件发展的同时,也加速了操作系统的形成和发展。

操作系统随着人们对需求的不同,也有一个渐进的发展历程:从最早的单机操作系统到后来的网络操作系统,从单用户操作系统到多用户、多任务操作系统。

网络操作系统(Network Operation System,NOS)是相对于单机操作系统而言的,是指能使网络上每台计算机能够方便而有效地共享网络资源,为用户提供所需的各种服务的操作系统。

网络操作系统除了具备单机操作系统所需的功能外,如内存管理、CPU 管理、输入/输出管理、文件管理等,还有网络通信、网络服务管理等网络功能。

操作系统是用户和计算机之间进行通信的接口。网络操作系统则是作为网络用户和计算机网络之间的接口。

1. 早期的操作系统

最初的计算机并没有操作系统,人们通过各种操作按钮来控制计算机。随后,为了提高效率而出现了汇编语言,操作人员通过有孔的纸带将程序输入计算机进行编译。这些将语言内置的计算机,只能由操作人员自己编写程序来运行,不利于设备、程序的共用。为了解决这种问题,就出现了现代的操作系统。

操作系统是人与计算机交互的界面,是各种应用程序共同的平台。有了操作系统,一方面很好地实现了程序的共用,另一方面也方便了对计算机硬件资源的管理。

1976 年,美国 DIGITAL RESEARCH 软件公司研制出 8 位的 CP/M 操作系统。这个系统允许用户通过控制台的键盘对系统进行控制和管理,其主要功能是对文件信息进行管理,以实现硬盘文件或其他设备文件的自动存取。

计算机操作系统的发展经历了两个阶段。第一个阶段为单用户、单任务的操作系统。

在 CP/M 操作系统之后,还出现了 C-DOS、M-DOS、TRS-DOS、S-DOS 和 MS-DOS 等磁盘操作系统。其中,MS-DOS 是在 IBM-PC 及其兼容机上运行的操作系统,是 1980 年基于 8086

微处理器而设计的单用户操作系统。

1981 年,微软的 MS-DOS 1.0 版与 IBM 的 PC 面世,它是第一个实际应用的 16 位操作系统。1987 年,微软发布了 MS-DOS 3.3 版本。

DOS(Disk Operating System,磁盘操作系统)是个人电脑上的一类操作系统。从 1981 年直到 1995 年的 15 年间,DOS 在 IBM PC 兼容机市场中占有举足轻重的地位。而且,若是把部分以 DOS 为基础的 Microsoft Windows 版本(如 Windows 95/98/Me 等)都算进去的话,那么其商业寿命至少可以算到 2000 年。

从 1981 年问世至今,DOS 经历了 7 次大的版本升级,从 1.0 版到现在的 7.0 版,不断地改进和完善。但是,DOS 系统的单用户、单任务、字符界面和 16 位的大格局没有变化,因此它对于内存的管理也局限在 640KB 的范围内,由此带来的很多局限性限制了 DOS 系统进一步的应用。Windows 系列操作系统则正是微软公司为了克服 DOS 系统的这些限制而开发出来的。

2. 现代的操作系统

现代操作系统是计算机操作系统发展的第二个阶段,它是以多用户多道作业和分时为特征的系统,其典型代表有 Windows、UNIX、Linux、OS/2 等操作系统。

(1) MS Windows

Windows 是 Microsoft 公司在 1985 年 11 月发布的第一代窗口式多任务系统,它使个人计算机开始进入图形用户界面时代。

1981 年 8 月,IBM 公司推出了运行微软 16 位操作系统 MS-DOS 1.0 的个人电脑,这款系统的发明人正是比尔·盖茨。

1990 年 5 月 22 日,微软正式发布具备图形用户界面、支持 VGA 标准及配置与目前 Windows 系统相似 3D 功能的 Windows 3.0。该操作系统还拥有非常出色的文件和内存管理功能。Windows 3.0 因此成为微软历史上首款成功的操作系统。

1993 年 10 月 24 日,微软正式向局域网服务器市场推出 Windows NT Advanced Server 3.1。同时,微软还推出了 Win32 API(Windows 所提供的应用程序接口)。

比尔·盖茨对 Windows NT 的评价很高:它从根本上解决了企业用户对计算机运算的需求。

Windows for Workgroups 3.11 集成了一组对等网络服务和网络应用功能。它的到来,让基于 Windows 系统的 PC 第一次与其他 Windows 系统和软件连接起来。

1995 年 8 月,Windows 95 伴随着滚石乐队的《Start Me Up》强势登陆,它彻底取代了 3.1 版和 DOS 版 Windows。Windows 95 新的桌面、任务栏及"开始"菜单依然存在于今天的 Windows 系统中。

在市场上,Windows 95 绝对是有史以来最成功的操作系统。据传,当时很多没有电脑的顾客受到宣传的影响而排队购买软件,但他们甚至根本不知道 Windows 95 是什么。

1996 年 7 月,微软推出了 Windows NT 4.0。Windows NT 4.0 一共有四个版本:工作站版(Workstation)、终端服务器版及两个服务器版。它首次加入了 Internet Explorer 浏览器,并与通信服务紧密集成,提供文件和打印服务,能运行客户机/服务器应用程序,内置了 Internet/Intranet 功能。

1996 年 11 月,微软推出 32 位嵌入式操作系统 Windows CE 1.0。其 CE 中的 C 代表袖珍(Compact)、消费(Consumer)、通信能力(Connectivity)和伴侣(Companion),E 代表电子产品(Electronics)。

Windows CE 1.0 是一款基于 Windows 95 的操作系统,它是微软公司嵌入式、移动计算平台的基础。

1998 年 6 月,Windows 98 正式发布。人们普遍认为,Windows 98 并非一款新的操作系统,它只是提高了 Windows 95 的稳定性。值得一提的是,Windows 98 捆绑 Internet Explorer 浏览器到 Windows GUI 和 Explorer 的做法,成为美国政府对微软公司反垄断诉讼的导火索。

Windows 98 SE(第二版)发行于 1999 年 5 月 5 日。它包括了一系列的改进,例如 Internet Explorer 5、Internet Connection Sharing、NetMeeting 3.0 和 DirectX API 6.1。

2000 年 2 月,Windows 2000 发布。Windows 2000 包括一个用户版和一个服务器版。

Windows 2000 是一个抢先式、可中断的、图形化的及面向商业环境的操作系统,为单一处理器或对称多处理器的 32 位 Intel x86 电脑而设计。Windows 2000 最为重要的功能是 Active Directory(Windows 2000 网络中的目录服务)。

2000 年 12 月,被公认为微软最为失败的操作系统 Windows Me(Millennium Edition)发布。相对其他 Windows 系统,短暂的 Windows Me 只延续了 1 年,即被 Windows XP 取代。

Windows Me 是最后一个基于实时 DOS 的 Windows 9x 系统,其版本号为 4.9。其名字有 2 个意思,一是纪念 2000 年,Me 是英文千禧年(Millennium)的意思。另外也是指"自己",Me 在英文中是"我"的意思。

2001 年 10 月 25 日,微软公司当时的副总裁 Jim Allchin 首次展示了 Windows XP。微软最初发行了两个版本:专业版(Windows XP Professional)和家庭版(Windows XP Home Edition)。家庭版的消费对象是家庭用户,专业版则在家庭版的基础上添加了新的、为面向商业而设计的网络认证、双处理器等特性。

Windows XP 一经推出,便大获成功。著名的市场调研机构 Forrester 统计的数据显示,Windows XP 发布 7 年后的 2009 年 2 月份,Windows XP 仍占据 71% 的企业用户市场。

2003 年 4 月 24 日,微软正式发布服务器操作系统 Windows Server 2003。它增加了新的安全和配置功能。Windows Server 2003 有多种版本,包括 Web 版、标准版、企业版及数据中心版。Windows Server 2003 R2 于 2005 年 12 月发布。

2006 年 11 月 30 日,Windows Vista 开发完成并正式进入批量生产。此后的两个月仅向 MSDN 用户、电脑软硬件制造商和企业客户提供。在 2007 年 1 月 30 日,Windows Vista 正式对普通用户出售,此后便爆出该系统兼容性存在很大的问题。

微软 CEO 史蒂芬·鲍尔默也公开承认,Vista 是一款失败的操作系统产品,而即将到来的 Windows 7,预示着 Vista 的寿命将被缩短。

2008 年 2 月 27 日,微软发布新一代服务器操作系统 Windows Server 2008。Windows Server 2008 是迄今为止最灵活、最稳定的 Windows Server 操作系统,它加入了包括 Server Core、PowerShell 和 Windows Deployment Services 等新功能,并加强了网络和群集技术。

Windows 7 有以下 4 种版本。

简易版:简单易用。

家庭版:可以轻松地欣赏和共享您喜爱的电视节目、照片、视频和音乐。

专业版:提供办公和家用所需的一切功能。

旗舰版:集各版本功能之大全。

Windows 7 的特点如下:

更易用。Windows 7 做了许多方便用户的设计,如快速最大化,窗口半屏显示,跳转列表(Jump List),系统故障快速修复等,这些新功能令 Windows 7 成为最易用的 Windows。

更快速。Windows 7 大幅缩减了 Windows 的启动时间,据实测,在 2008 年的中低端配置下运行,系统加载时间一般不超过 20 秒,这比 Windows Vista 的 40 余秒相比,是一个很大的进步。

更简单。Windows 7 将会让搜索和使用信息更加简单,包括本地、网络和互联网搜索功能,直观的用户体验将更加高级,还会整合自动化应用程序提交和交叉程序数据透明性。

更安全。Windows 7 包括改进了的安全和功能合法性,还会把数据保护和管理扩展到外围设备。Windows 7 改进了基于角色的计算方案和用户账户管理,在数据保护和坚固协作的固有冲突之间搭建沟通桥梁,同时也会开启企业级的数据保护和权限许可。

节约成本。Windows 7 可以帮助企业优化它们的桌面基础设施,具有无缝操作系统、应用程序和数据移植功能,并简化 PC 供应和升级,进一步朝完整的应用程序更新和补丁方面努力。

(2) UNIX

1968 年,Ken Thompson 和贝尔实验室计算机研究小组的同事们在 PDP-7 计算机上,用 GE 系统生成了可在该机器上运行的程序代码。这是 UNIX 的雏形。1970 年 UNIX 被移植到 PDP-11/20 上。1973 年,Ken 和 Dennis 用 C 语言重写了 UNIX 核心。解释器也被重写了,这增加了系统的稳健性,也使编程和调试变得容易了很多。

1974 年,Ken 和 Dennis 在 Communications of the ACM 上发表了论文,介绍 UNIX 系统。这篇文章在学术界引起了广泛的兴趣。UNIX 第 5 版正式以"仅用于教育目的"的方式向各大学提供,因此 UNIX 第 5 版在许多大学广泛地用于教学。

现在 UNIX 系统是一种非常成熟的操作系统,它在各种高端应用环境(例如大中型计算机以及其他大型应用系统)中使用广泛。多用户、多任务,树形结构的文件系统,以及重定向和管道,是 UNIX 的 3 大特点。

UNIX 系统有很多变种。例如,常见的 Sun 公司的 SunOS 和 Solaris,IBM 公司的 AIX、SGI 公司的 IRIX 等,还有一些组织和个人开发了一些面向个人和小型应用的类 UNIX 系统。

(3) GNU/Linux

Linux 操作系统是目前全球最大的一个自由软件,它是一个可与商业 UNIX 和微软 Windows 系列相媲美的操作系统,具有包括完备的网络应用在内的各种功能。

Linux 最初由芬兰人 Linus Torvalds 开发。其源程序在 Internet 上公布以后,引起了全球计算机爱好者的开发热情,许多人下载该源程序并按自己的意愿完善某一方面的功能,再发回到网上,Linux 也因此成为一个全球最稳定的、最有发展前景的操作系统。

经过十余年的发展,Linux 已经发展得相当完善,并且在科研、教育、政府、商业以及个人方面拥有了相当多的用户。Linux 的风靡全球是因为它具有许多优点,其主要优点如下。

① 完全免费。Linux 是一款免费的操作系统,人们可以通过网络或其他途径免费获得,并可以任意修改其源代码,这是其他的商用操作系统所无法比拟的。正是由于这一特点,吸引了来自全世界的无数程序员参与 Linux 的修改、编写工作,Linux 因此吸收了无数程序员的精华,迅速发展完善。

② 完全兼容 POSIX 标准。这使得可以在 Linux 下通过相应的模拟器运行常见的 DOS、Windows 程序。这为用户从 Windows 转到 Linux 奠定了基础。许多用户在考虑使用 Linux 时,就想到以前在 Windows 下常见的程序是否能正常运行,这一点就消除了他们的疑虑。

③ 多用户、多任务。Linux 支持多用户,各个用户对于自己的文件设备有自己特殊的权利,保证了各个用户之间互不影响。多任务则是现在的计算机的最主要特点,Linux 可以使多个程序同时并独立地运行。

④ 良好的界面。Linux 同时具有字符界面和图形界面。在字符界面,用户可以通过键盘输入相应的指令来进行操作。它同时也提供了类似 Windows 图形界面的 X Window 系统,用户可以使用鼠标对其进行操作。在 X Window 环境中,和在 Windows 中相似,可以说是一个 Linux 版的 Windows。

⑤ 强大的网络功能。互联网是在 UNIX 的基础上繁荣起来的,Linux 的网络功能当然不会逊色。它的网络功能和其内核紧密相连,在这方面,Linux 要优于其他操作系统。在 Linux 中,用户可以轻松实现网页浏览、文件传输、远程登录等网络工作,并且可以作为服务器提供 WWW、FTP、E-mail 等服务。

⑥ 可靠的安全、稳定性能。Linux 采取了许多安全技术措施,其中有对读/写进行权限控制、审计跟踪、核心授权等技术,这些都为安全提供了保障。Linux 由于需要应用到网络服务器,所以对稳定性也有比较高的要求,实际上 Linux 在这方面也十分出色。

⑦ 支持多种硬件平台。Linux 可以运行在多种硬件平台上,如具有 x86、SPARC、Alpha 等处理器的平台。此外 Linux 还是一种嵌入式操作系统,可以运行在掌上计算机、机顶盒或游戏机上。2001 年 1 月份发布的 Linux 2.4 版内核,已经能够完全支持 Intel 64 位芯片架构。同时,Linux 也支持多处理器技术。多个处理器协同工作使系统性能大大提高。

⑧ 支持多种文件系统。Linux 本身使用的是 ext2 或 ext3 文件系统,但对于常见的 Windows 下的 FAT 文件系统、NTFS 文件系统以及其他操作系统特有的文件系统都能够很好地支持。而且虚拟文件系统技术可以使用户感觉不到操作不同文件系统的差别,有利于人们的使用。

从发展前景上看,Linux 取代 UNIX 和 Windows 还为时过早,但一个稳定性、灵活性和易用性都非常好的软件,肯定会得到越来越广泛的应用。

(4) FreeBSD

FreeBSD 是一种运行在 Intel i386 硬件平台下的类 UNIX 系统。FreeBSD 是由 BSD UNIX 系统发展而来,由加州大学伯克利分校(Berkeley)编写,第一个版本于 1993 年正式推出。

BSDUNIX 和 UNIX System V 是 UNIX 操作系统的两大主流,以后的 UNIX 系统都是这两种系统的衍生产品。FreeBSD 其实是一种地道的 UNIX 系统,但是由于法律上的原因,它不能使用 UNIX 字样作为商标。和 Linux 一样,FreeBSD 也是一个免费的操作系统,用户可以从互联网上得到它。

作为一种现代操作系统,FreeBSD 在某些方面具有相当好的特性。

① UNIX 兼容性强。由于 FreeBSD 是 UNIX 的一个分支系统,所以它天生具有 UNIX 的特性,可以完成 UNIX 能做的工作。由于专业 UNIX 工作站十分昂贵,而 FreeBSD 就能够利用个人计算机软硬件的廉价发挥自己的优势,在一定程度上替代 UNIX 系统。许多 UNIX 系统的应用程序也能在 FreeBSD 上正常运行。

② 稳定和可靠。FreeBSD 是真正的 32 位操作系统,系统核心中不包含任何 16 位代码,这使得它成为个人计算机操作系统中最稳定、可靠的系统。FreeBSD 工作站可以正常稳定地持续工作好几年,而不会有问题,它因此被称为 Rock-stable Performance,就是“坚如磐石”的意思。

③ 强大的网络功能。FreeBSD 不仅被用来作为个人使用的工作站,还被一些 ISP 用来作为网络服务器,为广大用户提供网络服务。比如,Yahoo! 主要的服务器都是使用 FreeBSD,国内的网易也大范围使用 FreeBSD。一方面是由于 FreeBSD 的廉价;更重要的是,因为它具有强大的网络功能和网络工作所必需的良好稳定性。互联网的前身 ARPA 网,就是利用

BSDUNIX 实现的,所以,FreeBSD 在网络方面显得十分成熟。

④ 多用户、多任务。FreeBSD 具有能够进行控制、调整的动态优先级抢占式多任务功能。这使得即使在系统繁忙的时候也能够对多个任务进行正常切换,当个别任务没有响应或崩溃时也不会影响其他程序的运行。

FreeBSD 主要的不足之处是,FreeBSD 是面向互联网、作为服务器系统来应用,因此比 Linux 更缺乏普通用户需要的应用软件。而且由于 FreeBSD 的普及性不强,在硬件支持方面也相对薄弱,所以,一般的计算机用户都不考虑采用 FreeBSD 作为操作系统。

(5) OS/2

OS/2 系统是一个通用的、性能较高的操作系统,OS/2 最初是作为 IBM 和微软合作开发的 GUI 操作系统面世的,历史比 Windows 还要悠久一些。OS/2 系统的操作界面直观、丰富,可用鼠标双击调用应用程序,也可通过右击鼠标调出可选项菜单,还有与 DOS 相似的命令行界面。

OS/2 系统是真正多任务通用操作系统,用户确实可以同时执行多项任务,如打印文件的同时可以玩游戏。OS/2 系统在内存的保护模式下运行多个应用程序,并具有"系统崩溃保护"能力。

Merlin 是 IBM OS/2 操作系统的新产品,它增加了语音控制及输入的辨认功能,同时提供了更强大的多媒体、3D 绘图及新的 OpenDoc、Open32、Win32 API Extension、TrueDos 等支持。系统与 Internet 紧密集成、内建 Java 功能、全新的硬件管理员、软件的兼容性与美观的用户界面,都将更能满足用户的应用需求。

OS/2 操作系统使用图形界面,它本身是一个 32 位系统,不仅可以处理 32 位 OS/2 系统的应用软件,也可以运行 16 位 DOS 和 Windows 软件。它将多任务管理、图形窗口管理、通信管理和数据库管理融为一体。

(6) NetWare

Novell 公司的 NetWare 操作系统曾经和 UNIX 及 MS Windows NT 并列为 3 大操作系统。20 世纪 90 年代初期,当网络开始传入国内的时候,大多数局域网络(例如校园网)使用的网络操作系统都为 NetWare。NetWare 在技术上相当优异,但是由于该产品在用户界面等方面有些欠缺,而导致其在市场上输给了微软。

(7) Mac OS X

Mac OS X 操作系统实际上是一个全新的操作系统,是最初的几个采用图形用户界面的操作系统之一。它通过大量使用阴影、透明和流动等效果来改善操作系统的外观,在系统内整合了诸如编辑影像和声音的程序,全新的 Sherlock 搜索引擎,集成了 Internet 和本地搜索功能,可按用户要求定制基于 Web 的新闻频道,支持最新的 USB 外设接口规范,它将 UNIX 坚固的可靠性同 Macintosh 的易用性结合到一起,具有同运行它的计算机一样的创新性。对于无论是一个正准备升级的 Mac 用户,或者一个正准备转用 Mac 的 Windows 用户,还是一个喜欢在顶级的 BSD UNIX 上使用一些重要应用程序的 UNIX 用户,Mac OS X 都可以完全胜任。

在其最新的 10.2 版本的 Mac OS X 中,拥有超过 150 个引人注目的新功能。比如:同 AOL 兼容的短信息客户程序,可以过滤垃圾邮件的增强型邮件程序,记录所有联系人的地址簿,以及一个非常有用的、全功能的搜索引擎等。

(8) BeOS

如果说 Windows 是现代办公软件的世界,UNIX 是网络的天下,那 BeOS 就称得上是多媒体大师的天堂了。BeOS 以其出色的多媒体功能而闻名,它在多媒体制作、编辑、播放方面都得心应手,因此吸引了不少多媒体爱好者加入 BeOS 阵营。由于 BeOS 的设计十分适合进行多媒体开发,因此众多多媒体爱好者都采用 BeOS 作为他们的操作平台。

BeOS 的核心就是图形化,这使得 BeOS 是真正具有图形界面的操作系统。它拥有众多功能强大的多媒体软件,从制作到播放应有尽有,并且许多软件都是内置在系统中的,比如 MediaPlayer、CD Burner、CDPlayer、MIDIPlayer 等。

BeOS 采用了 64 位的文件系统,这是个人计算机上的首次尝试,由于进行多媒体制作时需要进行大规模的数据交换,而 64 位的文件系统使其运行速度更快。此外,和 Linux、Windows NT 一样,BeOS 也能够支持多处理器。BeOS 具有完备的网络功能,除了在多媒体方面出色外,BeOS 的网络功能也十分完备,BeOS 服务器能够提供 WWW、FTP、E-mail、Telnet 等网络服务。

BeOS 的不足和 Linux、FreeBSD 等非 Windows 操作系统一样,表现在面向一般用户的应用程序太少。虽然这些操作系统能够运行的程序十分多,但大部分对于一般的家庭、办公用户并不实用,而无法被大众用户所接受。Windows 却拥有数量巨大的应用程序,除了面向专业领域的软件外,大部分都能适合一般用户的需要,并且许多软件已深入人心。这就是 Windows 在普通家庭、办公用户计算机中占有率巨大的主要原因之一。

4.1.2　操作系统的功能

操作系统位于底层硬件与用户之间,是两者沟通的桥梁。用户可以通过操作系统的用户界面,输入命令,操作系统则对命令进行解释,驱动硬件设备,实现用户要求。以现代观点而言,标准个人电脑的操作系统应该提供的功能有:进程管理(Processing Management)、存储空间管理(Memory Management)、文件系统(File System)、网络通信(Networking)、安全机制(Security)、用户界面(User Interface)、设备驱动程序(Device Drivers)。

从软件分类角度来看,操作系统是最基本的系统软件,它控制着计算机所有的资源并提供应用程序开发的接口。

从系统管理员角度来看,操作系统合理地组织管理了计算机系统的工作流程,使之能为多个用户提供安全高效的计算机资源共享。

从程序员角度来看,操作系统是将程序员从复杂的硬件控制中解脱出来,并为软件开发者提供了一个虚拟机,从而能更方便地进行程序设计。

从一般用户角度来看,操作系统为他们提供了一个良好的交互界面,使得他们不必了解有关硬件和系统软件的细节,就能方便地使用计算机。

从硬件设计者看来看,操作系统为计算机系统功能扩展提供了支撑平台,使硬件系统与应用软件产生了相对独立性,可以在一定范围内对硬件模块进行升级和添加新硬件,而不会影响原先的应用软件。

总的来讲,操作系统是控制和管理计算机系统内各种硬件和软件资源,合理有效地组织计算机系统的工作,为用户提供一个使用方便可扩展的工作环境,从而起到连接计算机和用户的接口作用。

4.1.3　操作系统的分类

操作系统有各种不同的分类标准,常用的分类标准如下。

1. 按与用户对话的界面分类

(1) 命令行界面操作系统

输入命令才能操作计算机。典型的命令行界面操作系统有 MS-DOS、Novell NetWare 等。

（2）图形用户界面操作系统

每一个文件、文件夹和应用程序都可以用图标来表示，所有的命令也都组织成菜单或以按钮的形式列出，如 Windows 等。

2. 按能够支持的用户数分类

（1）单用户操作系统

在单用户操作系统中，系统所有的硬件、软件资源只能为一个用户提供服务。也就是说，单用户操作系统只完成一个用户提交的任务，如 MS-DOS、Windows 95/98 等。

（2）多用户操作系统

多用户操作系统能够管理和控制由多台计算机通过通信口连接起来组成的一个工作环境并为多个用户服务，如 Windows NT、UNIX、Xenix 等。

3. 按是否能够运行多个任务为标准分类

（1）单任务操作系统

只支持一个任务，即内存只有一个程序运行的操作系统，称为单任务操作系统。例如，MS-DOS 就是一种典型的联机交互单用户操作系统，其提供的功能简单，规模较小。

（2）多任务操作系统

可支持多个任务，即内存中同时多个程序并发运行的操作系统，称为多任务操作系统，如 Windows 95/98、Windows NT、Windows 2000/XP、UNIX、Novel NetWare 等。

4.1.4 文件和文件夹

文件是有名称的一组相关信息的集合。任何程序和数据都是以文件的形式存放在计算机的外存储器（如磁盘、光盘等）上的。任何一个文件都有文件名，文件名是存取文件的依据，即按名存取。

一个磁盘上通常存有大量的文件，所以必须将它们分门别类地组织为文件夹。一般采用树形结构组织和管理文件。

文件和文件夹的命名规则如下所述。

（1）在文件名或文件夹名中最多可以有 255 个字符。

（2）一般每个文件都有 3 个字符的扩展名，用以标识文件类型和创建此文件的程序。

（3）文件名或文件夹名中不能出现以下字符：

/ \ ： * ? " < > |

（4）不区分大小写字母，例如，TOOL 和 tool 是同一个文件名。

（5）可使用通配符"*"和"?"，"*"表示字符串，"?"表示一个字符。

（6）文件名和文件夹名中可以使用汉字。

（7）可以使用多个分隔符，例如：my report. tool. sales. total plan. 1999。

4.2 Windows 7 的操作

Windows 7 的用户界面非常友善，其新的排列方式和使用窗口、增强的 Windows 任务栏、"开始"菜单和 Windows 资源管理器，所有这一切，都旨在以直观和熟悉的方式帮助您通过更少的鼠标操作完成更多的任务。

1. 桌面增强

在 Windows 7 的右键菜单中,关于桌面的一些功能被更加直观地添加到其中。图 4-1 所示为 Windows 7 的桌面右键菜单。

在默认的状态下,Windows 7 安装之后桌面上保留了"回收站"的图标。若要更改桌面设置,在右键菜单中单击"个性化",然后在弹出的"设置"窗口中单击左侧的"更改桌面图标"即可。在 Windows 7 中,XP 系统下"我的电脑"和"我的文档"已相应改名为"计算机"、"用户的文件",因此在这里勾选上对应的选项,桌面便会重现这些图标了。

在 Windows 7 中,我们没有再见到过去所熟悉的"显示桌面"按钮,因为它已"进化"成 Windows 7 任务栏最右侧的那一小块半透明的区域,如图 4-2 所示。

2. 任务栏

通过 Windows 7 中的"任务栏",可以轻松、便捷地管理、切换和执行各类应用。所有正在使用的文件或程序,在"任务栏"上都以缩略图表示。如将鼠标悬停在缩略图上,则窗口将展开为全屏预览,甚至可以直接在缩略图上关闭窗口,如图 4-3 所示。

图 4-1　Windows 7 的桌面右键菜单

图 4-2　Windows 7 的"显示桌面"按钮

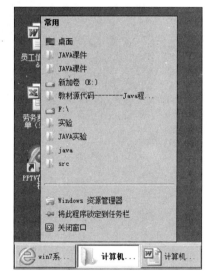

图 4-3　在"任务栏"上单击右键,可在缩略图上直接关闭窗口

4.2.1　Windows 7 的运行环境

目前大部分计算机都能运行 Windows 7。

4.2.2　Windows 7 的基本操作

1. Windows 7 的启动和退出

(1) 启动 Windows 7

开机后系统硬件自检,然后自动启动计算机系统。

启动后,进入 Windows 7 桌面。

(2) 正常退出

① 关闭所有的应用程序窗口;

② 单击"开始"|"关机";

③ 关闭主机和显示电源。

（3）非正常退出

使用 Ctrl＋Alt＋Del 组合键进行热启动或按计算机的 Reset 键进行冷启动。

2. Windows 7 桌面

桌面指 Windows 7 启动后的整个屏幕画面，如图 4-4 所示。桌面内容如下所述。

（1）任务栏。一般在桌面的下方，位置可调整。（有"开始"按钮、快速启动区、应用程序图标、"计划任务程序"按钮、输入法状态、时钟等基本元素。）

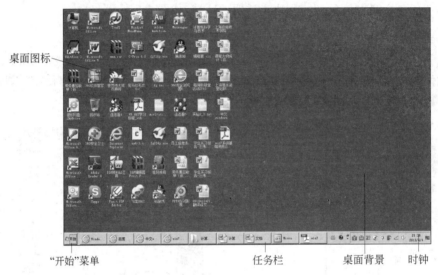

图 4-4　Windows 7 桌面

（2）桌面图标。桌面上显示的一系列图标，有下面 3 类图标。

① 系统组件图标。如"计算机"、"用户的文件"、"回收站"、"控制面板"等。

② 快捷方式图标。如用户在桌面上创建的快捷方式图标。

③ 文件和文件夹图标：如用户在桌面上创建的文件或文件夹。

3. 对话框

对话框的组成包括：标题栏、选项卡（也称标签）、文本框、单选框（●）、复选框（√）、列表框、下拉列表框、文本框、数值框、滑标、命令按钮、帮助按钮等，如图 4-5 所示。

4. Windows 7 的菜单

Windows 7 的菜单分为层叠菜单、下拉菜单、弹出菜单 3 类。图 4-6 所示为 Windows 7 的一个菜单。

菜单中的常见标记说明：

"●"——表示目前有效的单选框。

"√"——表示目前有效的复选框。

"Alt＋字母"、"Ctrl＋字母"——表示键盘快捷键。

"…"——表示执行该命令会引出一个对话框。

"▲"——表示执行该命令会弹出一个子菜单。

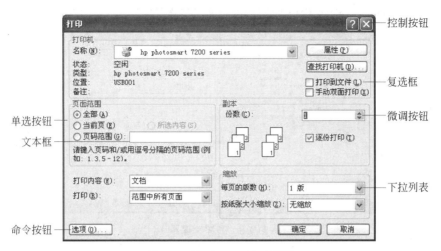

图 4-5　Windows 7 的对话框

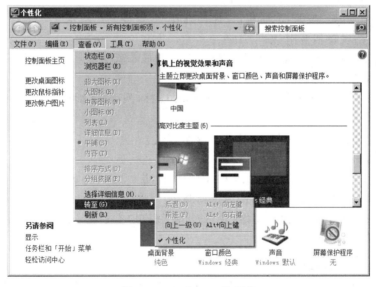

图 4-6　Windows 7 的菜单

变灰的命令——表示该命令当前不能使用。

5. 获取系统的帮助信息

获取 Windows 7 的帮助信息有两种方式。

（1）单击"开始"菜单中的"帮助和支持"。

（2）单击对话框中的帮助按钮"?"或"帮助"。

图 4-7 显示了"计算机"窗口中的帮助按钮"?"。

4.2.3　Windows 7 的资源管理

1. 资源管理器

图 4-7　Windows 7 帮助按钮"?"

"资源管理器"窗口包括：标题栏、菜单栏、工具栏、地址栏、左窗格、右窗格、状态栏、滚动条等，如图 4-8 所示。

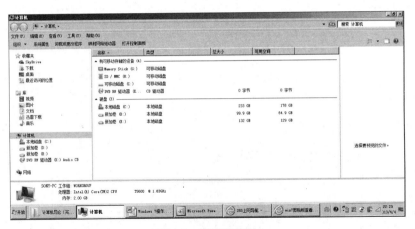

图 4-8　资源管理器

(1)"资源管理器"的打开方法

① 光标指向桌面上的"计算机"图标,之后单击它。

② 光标指向"开始"按钮,之后单击"计算机"。

(2) 工具栏的设置和使用

工具栏为用户提供一种操作捷径,它在窗口中的显示或隐藏是可以设置的。

(3) 文件和文件夹的显示

显示文件和文件夹的方式有 4 种:大图标、小图标、列表、详细资料。

单击"查看",以选择显示方式。

单击工具栏中的"查看"图标,之后选择显示方式。

(4) 排列图标

图标排列顺序有:按名称、按类型、按大小、按日期。

① 单击"查看"|"排列图标",再选择排列顺序。

② 快捷操作:用鼠标指向右窗格(或"计算机"窗口)空白处,单击鼠标右键,弹出快捷菜单,再从中选择排列顺序。

2. 文件和文件夹的操作

文件和文件夹的操作包括:选取、复制、移动、删除、新建、重命名、发送、查看、查找、磁盘格式化等操作。文件和文件夹操作一般在"资源管理器"或"计算机"窗口中进行。

文件和文件夹的操作方式有:菜单操作、快捷操作、鼠标拖曳操作。

(1) 对象的选取操作

① 选取单个对象:单击。

② 选取连续多个对象:选取第一个对象,在按住 Shift 键的同时,单击最后一个对象。

③ 选取不连续多个对象:按住 Ctrl 键,同时单击每一个对象。

④ 全部选取:单击"编辑"|"全选"。

(2) 复制操作

① 菜单操作方式:选取操作对象,单击"编辑"|"复制",选取目标文件夹,单击"编辑"|"粘贴"。

② 快捷操作方式:选取操作对象,将鼠标指向选取对象,单击鼠标右键,从弹出的菜单中选择"复制",选取目标文件夹,单击鼠标右键,选择"粘贴"。

③ 拖放操作方式:选取操作对象,用鼠标指向选取的对象,在按住 Ctrl 键的同时按住鼠标左键不放,拖动鼠标到目标文件夹后,释放鼠标即可。

（3）移动操作

① 菜单操作方式：选取操作对象，单击"编辑"|"剪切"，选取目标文件夹，单击"编辑"|"粘贴"。

② 快捷操作方式：选取操作对象，用鼠标指向选取对象，单击鼠标右键，选择"剪切"，之后选取目标文件夹，单击鼠标右键，选择"粘贴"。

③ 拖放操作方式：选取操作对象，用鼠标指向选取的对象，按住鼠标左键不放的同时，拖动鼠标到目标文件夹后释放。

（4）删除操作

① 快捷操作方式：选取操作对象，指向选取对象，单击鼠标右键，之后从菜单中选择"删除"，在弹出"确认文件删除"对话框中，选择"是"。

② 键盘操作方式：选取操作对象，按删除键 Del/Delete。

（5）创建操作

选取要创建子文件夹的位置用鼠标指向右窗格空白处，单击鼠标右键，选择"新建"|"文件夹"，输入文件夹名称，其默认的名称为"新建文件夹"，之后确定即可。

（6）重命名操作

选取要重命名的一个文件或文件夹，用鼠标指向选择对象，单击鼠标右键，选择"重命名"，输入新的名称，之后按 Enter 键即可。

（7）设置属性

"属性"选项说明如下。

① 只读：文件设置"只读"属性后，用户不能修改其文件。

② 隐藏：文件设置"隐藏"属性后，只要不设置显示所有文件，隐藏文件将不被显示。

③ 存档：检查该对象自上次备份以来是否已被修改。

④ 系统：如果该文件为 Windows XP 内核中的系统文件，则自动选取该属性。

3. 磁盘操作

（1）查看磁盘属性

在"我的电脑"或"资源管理器"的窗口中，欲了解有关磁盘的信息，可从其快捷菜单中选择"属性"或选定某磁盘后从"文件"菜单中选择"属性"命令，在出现的磁盘"属性"窗口中选中"常规"选项卡，就可以了解磁盘的卷标（可在此修改卷标）、类型、采用的文件系统以及磁盘空间使用情况等信息。

（2）磁盘格式化

所有磁盘必须格式化才能使用，对于使用过的磁盘有时也有必要重新格式化。

4. "任务管理器"

"任务管理器"可以提供正在计算机上运行的程序和进程的相关信息，如图 4-9 所示。利用"任务管理器"还可以查看 CPU 和内存使用情况的图形和数据等。

"任务管理器"的打开方法如下。

（1）右键单击任务栏，选择"任务管理器"。

（2）利用 Ctrl＋Alt＋Del 组合键。

5. Windows 7 应用程序的操作

（1）启动应用程序的方法

① 单击"开始"|"程序"，单击应用程序项。

② 双击桌面上应用程序的图标。

　　③ 从"资源管理器"或"计算机"窗口中启动应用程序。

　　④ 从"开始"|"运行"中启动。

　　(2) 退出应用程序的方法

　　① 单击应用程序窗口右上角的"关闭"按钮。

　　② 在窗口中选择"文件"|"退出"。

　　③ 双击应用程序的控制菜单栏。

　　④ 按 Alt+F4 组合键。

　　⑤ 按 Ctrl+Alt+Del 组合键。

　　(3) 应用程序的切换

　　① 单击对应的窗口。

　　② 单击任务栏上对应的应用程序窗口图标。

　　③ 按 Alt+Tab 组合键。

　　④ 按 Alt+Esc 组合键。

图 4-9　"任务管理器"窗口

6. 添加/删除程序

在使用计算机的过程中,常常需要安装、更新或删除已有的应用程序。

安装应用程序可以简单地从软盘或 CD-ROM 中运行安装程序(通常是 setup. exe 或 install. exe),但是删除应用程序最好不要直接打开文件夹,然后通过彻底删除其中文件的方式来删除某个应用程序。这样一方面不可能删除干净,有些 DLL 文件安装在 Windows 目录中,另一方面很可能会删除某些其他程序也需要的 DLL 文件,导致破坏其他依赖这些 DLL 的程序。

4.2.4　Windows 7 的控制面板

Windows 7 控制面板包括系统设置、"显示"设置、"日期/时间"设置、"键盘"设置、"鼠标"设置、中文输入法的使用、添加新硬件、添加/删除程序等项,如图 4-10 所示。

图 4-10　控制面板(小图标)

Windows 7 控制面板的启动方法如下。

（1）选择"开始"|"控制面板"。

（2）在"计算机"窗口中,双击"打开控制面板"图标。

1. 桌面与显示方式的设置

右击桌面空白位置,在弹出的快捷菜单中单击"属性"命令,弹出"显示"窗口,如图 4-11 所示。在该窗口中可根据需要进行显示方式设置。

2. 用户账户管理

在控制面板中双击"用户账户"图标,打开"用户账户"窗口,如图 4-12 所示。在该窗口中可对使用计算机的用户进行设置。

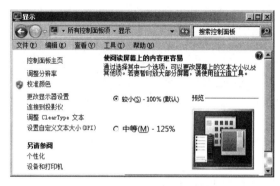

图 4-11　桌面设置

图 4-12　用户账户

3. 日期和时间设置

（1）设定日期/时间

在控制面板中双击"日期和时间"图标,打开"日期和时间"对话框,如图 4-13 所示。可根据需要调整计算机的当前日期和时间。

（2）区域和语言设置

在控制面板中双击"区域和语言"图标,打开"区域和语言"对话框,如图 4-14 所示。

不同国家和地区使用的语言、度量衡制以及日期/时间等均存在差异,利用"区域和语言选项"选项可以方便地将其更改为指定格式。

4. 键盘的设置

在"键盘"对话框中可对键盘的速度、语言等属性进行设置。

（1）"速度"选项卡：用于设置出现字符重复的延缓时间、重复速度和光标闪烁速度。

（2）"语言"选项卡：用于选择和安装键盘语言和布局。

5. 鼠标的设置

（1）鼠标的分类

两键鼠标、三键鼠标等。

（2）标签说明

①"按钮"选项卡：用于选择鼠标左手型或右手型,调整鼠标的双击速度。

②"指针"选项卡：用于改变鼠标指针的大小和形状。

③"移动"选项卡：用于设置鼠标的移动速度。

图 4-13　日期/时间

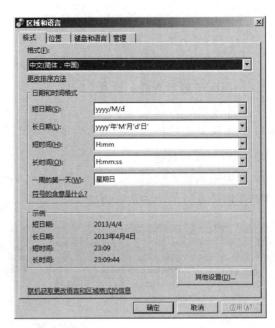

图 4-14　区域和语言设置

6. 程序和功能

在"控制面板"中双击"程序和功能"图标,即可打开"程序和功能"窗口,如图 4-15 所示。在该窗口中进行程序的安装和删除。

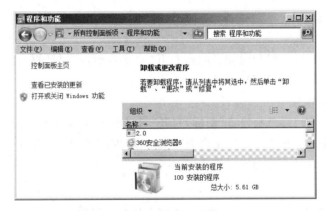

图 4-15　程序和功能

7. 系统维护工具

(1) 磁盘碎片整理程序

在磁盘使用了一段时间后,会出现磁盘碎片。如果磁盘碎片较多,会大大地降低磁盘的访问速度,也会浪费宝贵的磁盘空间。

启动磁盘碎片整理程序的方法是:单击"开始"|"程序"|"附件"|"系统工具"|"磁盘碎片整理程序",出现"磁盘碎片整理程序"窗口。

(2) 磁盘清理

利用 Windows 7 的磁盘清理程序可以清理在程序使用过程中生成的无用文件。"无用文件"指临时文件、Internet 缓存文件和可以安全删除的不需要的程序文件。

启动磁盘清理程序的方法是：单击"开始"|"程序"|"附件"|"系统工具"|"磁盘清理"，出现"磁盘清理"窗口。

（3）系统还原

Windows 7 中最具特色的系统维护功能，就是"系统还原"功能。其主要特点是恢复的是应用程序和注册表设置。使用这个工具，可以取消有损计算机系统的设置并还原其正确的设置和性能，还原对系统所做的修改。

4.2.5　附件的应用程序

（1）记事本

"记事本"是一个简单方便的、无格式文本文件编辑程序，可用它记录简单的信息，生成以.txt为扩展名的文档。

打开操作：单击"开始"|"程序"|"附件"|"记事本"。

（2）写字板

"写字板"是一个更完善的文字处理程序，可以用来编辑以.doc、.txt、.wri为扩展名的文档。在文档中可以输入文字、粘贴图片以及插入音频和视频对象等。

打开操作：单击"开始"|"程序"|"附件"|"写字板"。

（3）计算器

"计算器"程序有两种类型。

① 标准型计算器：用于简单的算术计算，只能进行简单的加、减、乘、除、开方和求倒数运算。

打开操作：单击"开始"|"程序"|"附件"|"计算器"。

② 科学型计算器：用于比较复杂的科学计算，它增加的功能有：进制数的转换、多种数学函数等，数值表示范围也增加到 $(-2^{31}-1) \sim (2^{31}-1)$。

打开科学型计算器的操作是：在"标准型计算器"窗口中，选择"查看"|"科学型"命令。

（4）媒体播放器

在 Windows 7 中，媒体播放工具 Windows Media Player 是最具特色的媒体支持工具，该工具可以说是真正的计算机和 Internet 上播放和管理多媒体的中心，它完全可以替代其他类型的多媒体播放工具。

4.3　命令行操作系统

Windows 命令如表 4-1 所示。

4.3.1　DOS 常用基本命令操作

1. DIR——显示磁盘目录

功能：显示磁盘目录的内容。

类型：内部命令。

格式：DIR［盘符：］［路径］［/P］［/W］。

使用说明如下。

（1）/P 的使用：当欲查看的目录太多，无法在一屏显示完，屏幕会一直往上卷，不容易看清，加上/P 参数后，屏幕上会分面一次显示 23 行的文件信息，然后暂停，并提示：Press any key to continue。

表 4-1　部分 DOS 常用命令

命　　令	备　　注	命　　令	备　　注
MD	创建子目录	DEFRAG	重整磁盘命令
CD	改变当前目录	SYS	系统复制命令
RD	删除子目录命令	COPY	文件复制命令
DIR	显示磁盘目录命令	XCOPY	目录复制命令
PATH	路径设置命令	TYPE	显示文件内容命令
TREE	显示磁盘目录结构命令	REN	文件改名命令
DELTREE	删除整个目录命令	FC	文件比较命令
FORMAT	磁盘格式化命令	ATTRIB	修改文件属性命令
CHKDSK	检查磁盘当前状态命令	DEL	删除文件命令
UNFORMAT	恢复格式化命令	UNDELETE	恢复删除命令
DISKCOPY	整盘复制命令	VER	查看系统版本号命令
VOL	显示磁盘卷标命令	DATE	查看日期命令
SCANDISK	检测、修复磁盘命令		

（2）/W 的使用：加上/W 只显示文件名，至于文件大小及建立的日期和时间则都省略。加上/W 参数后，每行可以显示五个文件名。

图 4-16 为显示的磁盘目录命令。

2. MD——建立子目录

功能：创建新的子目录。

类型：内部命令。

格式：MD［盘符：］［路径名］〈子目录名〉。

使用说明如下。

（1）"盘符"：指定要建立子目录的磁盘驱动器字母，若省略，则为当前驱动器；

（2）"路径名"：要建立的子目录的上级目录名，若缺省，则建在当前目录下。

例如：

（1）在 C 盘的根目录下创建名为 myfirst 的子目录。

C:\>md myfirst (在当前驱动器 C 盘下创建子目录 myfirst)

（2）在 MYFIRST 子目录下再创建 USER 子目录。

图 4-16　显示磁盘目录命令

C:\>md myfirst\myuser (在 myfirst 子目录下再创建 myuser 子目录)

操作如图 4-17 所示。

3. CD——改变当前目录

功能：显示当前目录。

类型：内部命令。

格式：CD［盘符：］［路径名］［子目录名］。

使用说明如下。

（1）如果省略路径和子目录名，则显示当前目录。

（2）如采用"CD\"格式，则退回到根目录。

（3）如采用"CD.."格式，则退回到上一级目录。

例如：

（1）进入到子目录。

```
C:\>cd myfirst                （进入 myfirst）
C:\>myfirst>cd myuser         （进入 myfirst 子目录下的 myuser 子目录）
```

（2）从 myuser 子目录退回到 myfirst 子目录。

```
C:\>myfirst>myuser>CD..       （退回上一级根目录）
```

（3）返回到根目录。

```
C:\>myfirst>CD\               （返回到根目录）
```

操作如图 4-18 所示。

图 4-17　建立子目录

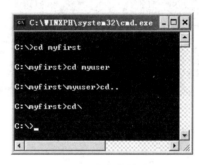

图 4-18　改变当前目录

4. RD——删除子目录

功能：从指定的磁盘删除目录。

类型：内部命令。

格式：RD［盘符：］［路径名］［子目录名］。

使用说明如下。

（1）子目录在删除前必须是空的，也就是说，需要先进入该子目录，使用 DEL（删除文件的命令）将其子目录下的文件删空，然后再退回到上一级目录，用 RD 命令删除该目录本身。

（2）不能删除根目录和当前目录。

例如，要把 C 盘 myfirst 子目录下的 myuser 子目录删除，操作如下。

（1）将 myuser 子目录下的文件删空。

```
C:\>DEL C:\myfirst\myuser\*.*
```

（2）删除 myuser 子目录。

```
C:\>RD C:\myfirst\myuser
```

操作如图 4-19 所示。

5. TREE——显示磁盘目录结构

功能：显示指定驱动器上所有目录路径和这些目录下的所有文件名。

类型：外部命令。

格式：TREE[盘符：][/F][PRN]。

使用说明如下。

（1）使用/F 参数时显示所有目录及目录下的所有文件，省略时，只显示目录，不显示目录下的文件。

（2）选用 PRN 参数时，则把所列目录及目录中的文件名打印输出。

例如，显示 C 盘目录结构的操作如下：

TREE C:

操作如图 4-20 所示。

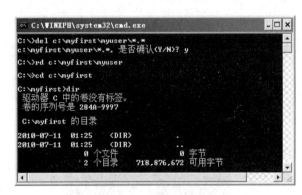

图 4-19 删除子目录

图 4-20 显示磁盘目录结构命令

6. TYPE——显示文件内容

功能：显示 ASCII 码文件的内容。

类型：内部命令。

格式：TYPE[盘符：][路径]<文件名>。

使用说明如下。

（1）显示由 ASCII 码组成的文本文件，对以.exe、.com 等为扩展名的文件，其显示的内容是无法阅读的，没有实际意义。

（2）该命令一次只可以显示一个文件的内容，不能使用通配符。

（3）如果文件有扩展名，则必须将扩展名写上。

（4）当文件较长，一屏显示不下时，可以按以下格式显示：

TYPE[盘符：][路径]<文件名>|MORE

MORE 为分屏显示命令，使用些参数后，当满屏时会暂停，按任意键会继续显示。

（5）若需将文件内容打印出来，可用如下格式：

TYPE[盘符：][路径]<文件名>>PRN (此时打印机应处于联机状态)

例如，显示 C 盘根目录下名为 test.txt 文件内容的操作如下：

C:\>type c:\test.txt

操作如图 4-21 所示。

7. REN——文件改名

功能：更改文件名称。

类型：内部命令。

格式：REN［盘符：］［路径］＜旧文件名＞＜新文
件名＞。

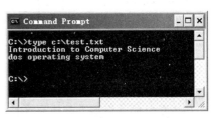

图 4-21　显示文件内容命令

使用说明如下。

（1）新文件名前不可以加上盘符和路径，因为该命令只能对同一盘上的文件更换文件名；

（2）允许使用通配符更改一组文件名或扩展名。

例如，把 C 盘根目录下名为 test.txt 文件名改为 newtest.txt 的操作如下：

C:\>ren c:\test.txt newtest.txt

操作如图 4-22 所示。

8. ATTRIB——修改文件属性命令

功能：修改指定文件的属性。

类型：外部命令。

格式：ATTRIB［文件名］［＋R］［－R］［＋A］［－A］［＋H］［－H］［＋S］［－S］。

使用说明如下。

（1）选用＋R 参数，将指定文件设为只读属性，使得该文件只能读取，无法写入数据或删
除；选用－R 参数，去除只读属性。

（2）选用＋A 参数，将文件设置为档案属性；选用－A 参数，去除档案属性。

（3）选用＋H 参数，将文件设置为隐含属性；选用－H 参数，去除隐含属性。

（4）选用＋S 参数，将文件设置为系统属性；选用－S 参数，去除系统属性。

（5）选用/S 参数，对当前目录下的所有子目录作设置。

例如，把 C 盘根目录下名为 newtest.txt 文件名的属性改为隐含的操作如下：

C:\>ren c:\test.txt newtest.txt

操作如图 4-23 所示。

图 4-22　文件改名命令

图 4-23　修改文件属性的命令

9. DEL——删除文件

功能：删除指定的文件。

类型：内部命令。

格式：DEL[盘符：][路径]<文件名>[/P]。

使用说明如下。

(1) 选用/P 参数，系统在删除前询问是否真要删除该文件，若不使用这个参数，则自动删除。

(2) 该命令不能删除属性为隐含或只读的文件。

(3) 在文件名称中可以使用通配符。

(4) 若要删除磁盘上的所有文件(DEL＊.＊或 DEL.)，则会提示："Arey ou sure?"(你确定吗?)若回答 Y，则进行删除；回答 N，则取消此次删除。

【例 4-1】 把 C 盘 myfirst 子目录下的 myuser 子目录下内容全部删除的操作如下：

```
C:\>DEL C:\myfirst\myuser\＊.＊
```

【例 4-2】 把 C 盘 myfirst 子目录下扩展名为.tmp 的文件删除的操作如下：

```
C:\>DEL C:\myfirst\＊.tmp
```

【例 4-3】 把 C 盘 myfirst 子目录下扩展名为 test1.txt 文件删除的操作如下：

```
C:\>DEL C:\myfirst\test1.txt
```

10. COPY——文件复制

功能：复制一个或多个文件到指定盘上。

类型：内部命令。

格式：COPY [源盘][路径]〈源文件名〉[目标盘][路径][目标文件名]。

使用说明如下。

(1) COPY 是文件对文件的方式复制数据，复制前目标盘必须已经格式化。

(2) 复制过程中，目标盘上相同文件名称的旧文件会被源文件取代。

(3) 复制文件时，必须先确定目标盘有足够的空间，否则会出现"insufficient"的出错信息，提示磁盘空间不够。

(4) 文件名中允许使用通配符"＊"和"?"，可同时复制多个文件。

(5) COPY 命令中源文件名必须指出，不可以省略。

(6) 复制时，目标文件名可以与源文件名相同，称作"同名复制"，此时目标文件名可以省略。

(7) 复制时，目标文件名也可以与源文件名不相同，称作"异名复制"，此时，目标文件名不能省略。

(8) 复制时，还可以将几个文件合并为一个文件，称为"合并复制"，格式如下：

```
COPY[源盘][路径]<源文件名 1><源文件名 2>…[目标盘][路径]<目标文件名>
```

(9) 利用 COPY 命令，还可以从键盘上输入数据建立文件，格式如下：

```
COPY CON [盘符:][路径]<文件名>
```

注意 COPY 命令的使用格式，源文件名与目标文件名之间必须有空格。

例如，把 C 盘根目录下名为 newtest.txt 的文件复制到 D 盘根目录下，操作如下：

```
C:\>copy c:\newtest.txt d:\
```

操作如图 4-24 所示。

图 4-24　复制文件命令

4.3.2　DOS 磁盘操作命令

1. LABEL——建立磁盘卷标

功能：建立、更改、删除磁盘卷标。

类型：外部命令。

格式：LABEL[盘符:][卷标名]。

使用说明如下。

(1) 卷标名为要建立的卷标名，若缺省此参数，则系统提示键入卷标名，或询问是否删除原有的卷标名。

(2) 卷标名由 1~11 个字符组成。

例如，原 C 盘没有卷标，通过 LABEL 命令为 C 盘加上 main 卷标，操作如图 4-25 所示。

2. VOL——显示磁盘卷标

功能：查看磁盘卷标号。

类型：内部命令。

格式：VOL[盘符:]。

使用说明：省略盘符，显示当前驱动器卷标。

操作如图 4-26 所示。

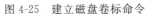

图 4-25　建立磁盘卷标命令　　　　　　图 4-26　显示磁盘卷标命令

3. SYS——系统复制

功能：将当前驱动器上的 DOS 系统文件 IO. SYS、MSDOS. SYS 和 COMMAND. COM 传送到指定的驱动器上。

类型：外部命令。

格式：SYS[盘符:]。

使用说明：如果磁盘剩余空间不足以存放系统文件，则提示"No room for on destination disk."。

4.3.3   DOS 其他命令

1. CLS——清屏幕

功能：清除屏幕上的所有显示，光标置于屏幕左上角。

类型：内部命令。

格式：CLS。

操作如图 4-27 所示。

2. VER——查看系统版本号

功能：显示当前系统版本号。

类型：内部命令。

格式：VER。

操作如图 4-28 所示。

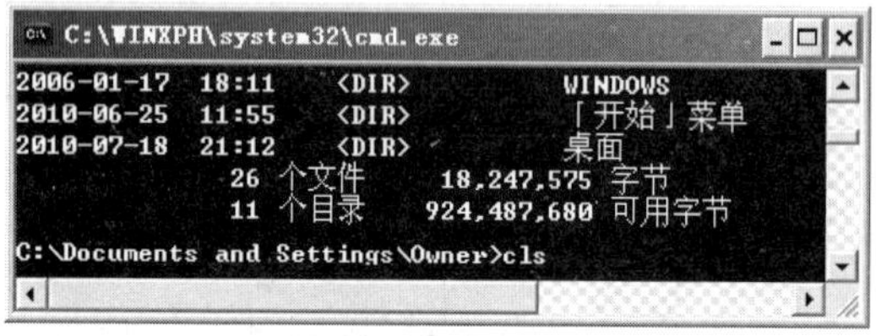

图 4-27   清屏幕命令

图 4-28   查看系统版本号命令

3. DATE——日期设置

功能：设置或显示系统日期。

类型：内部命令。

格式：DATE[mm-dd-yy]。

使用说明如下。

(1) 省略[mm-dd-yy]，显示系统日期并提示输入新的日期，不修改则可直接按 Enter 键，[mm-dd-yy]为"月-日-年"格式。

(2) 当机器开始启动时，如果有自动处理文件(AUTOEXEC.BAT)被执行，则系统不提示输入系统日期，否则，提示输入新日期和时间。

操作如图 4-29 所示。

4. TIME——系统时钟设置

功能：设置或显示系统时间。

类型：内部命令。

格式：TIME[hh:mm:ss:xx]。

使用说明如下。

(1) 省略[hh:mm:ss:xx]，显示系统时间并提示输入新的时间，不修改则可直接按 Enter 键。[hh:mm:ss:xx]为"小时:分钟:秒:百分之几秒"格式。

(2) 当机器开始启动时，如果有自动处理文件(AUTOEXEC.BAT)被执行，则系统不提示输入系统日期。否则,提示输入新日期和时间。

操作如图 4-30 所示。

图 4-29 日期设置命令

图 4-30 系统时钟设置命令

5. MEM——查看当前内存状况

功能:显示当前内存使用的情况。

类型:外部命令。

格式:MEM[/C][/F][/M][/P]。

使用说明如下。

(1) 选用/C 参数,会列出装入常规内存和 CMB 的各文件的长度,同时也显示内存空间的使用状况和最大的可用空间。

(2) 选用/F 参数将分别列出当前常规内存剩余的字节大小和 UMB 可用的区域及大小。

(3) 选用/M 参数会显示该模块的使用内存地址、大小及模块性质。

(4) 选用/P 参数,则会指定当输出超过一屏时,暂停供用户查看。

操作如图 4-31 所示。

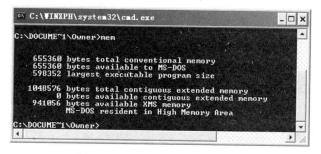

图 4-31 查看当前内存状况命令

思考题

1. 下列软件中( )是操作系统。

    A. Word   B. Excel   C. Windows XP   D. FoxPro

2. 关于启动应用程序的方法,不正确的是( )。

    A. 双击该应用程序的快捷图标

    B. 安装在 Windows 的所有程序的启动,都可从"开始"按钮开始

    C. 单击桌面上该程序的快捷图标

    D. 在"资源管理器"上

3. 在 Windows 某文件夹窗口有 50 个文件,已全部被选中。现按住 Ctrl 键,用鼠标的左键单击某个文件,则有( )个文件被选中。

　　A. 50　　　　　　B. 49　　　　　　C. 1　　　　　　D. 0

4. 创建新文件夹的操作过程中,不正确的操作是(　　)。

　　A. 打开拟建文件夹的驱动器的窗口或文件夹的窗口

　　B. 单击"文件"菜单上"新建"中的"文件夹"命令

　　C. 窗口内新增一个文件夹图标

　　D. 在新文件夹图标处输入文件夹名

5. 不能在 Windows 的剪贴板暂时存放的是(　　)。

　　A. DOS 环境下复制或剪切的内容　　B. 声音

　　C. 图像　　　　　　　　　　　　　D. 文字

6. Windows 是一种(　　)操作系统。

　　A. 单用户单任务　　B. 单用户多任务　　C. 多用户单任务　　D. 多用户多任务

7. 借助剪贴板在两个 Windows 应用程序之间传递信息时,在资源文件中选定要移动的信息后,在"编辑"菜单中选择(　　)命令,再将插入点置于目标文件的希望位置,然后从"编辑"菜单中选择"粘贴"命令即可。

　　A. 清除　　　　　　B. 复制　　　　　　C. 剪切　　　　　　D. 粘贴

8. 在 Windows 中,可以通过按快捷键(　　)激活程序中的菜单栏。

　　A. Shift　　　　　　B. Esc　　　　　　C. F10　　　　　　D. F4

9. 在软件系统中,文字处理软件属于(　　)。

　　A. 应用软件　　　　B. 工具软件　　　　C. 系统软件　　　　D. 数据库软件

10. 操作系统主要作用是(　　)。

　　A. 协调系统　　　　B. 操作系统　　　　C. 资源管理器　　　　D. ABC 都不是

第5章 常用工具软件

5.1 压缩/解压缩软件 WinRAR

压缩/解压缩软件 WinRAR 是一款能够对文件进行压缩和解压缩的软件。具体说来,压缩就是把一个较大的文件压缩(打包),产生另一个容量较小的文件,而这个容量较小的文件,就称它是这些较大容量的(一个或一个以上的文件)的压缩文件(压缩包)。要使用这些经过压缩的文件,就必须将压缩文件(压缩包)进行解压缩,解压缩就是把压缩包内的文件还原(释放)出来,还原(释放)成压缩前的文件格式。

在通过 E-mail 或 FTP 向远程计算机传送文件时,常常将多个文件或文件夹压缩成一个压缩文件,通过这种减少文件大小的方法来提高文件的网络传输速度。此外,为了减少占用的磁盘空间,对于计算机中某些需要备份的文件也常常需要进行压缩(打包),以减小文件占用存储空间的大小。当我们从 Internet 下载文件时,许多文件通常都是压缩文件(压缩包),要使用这些压缩文件,必须对其进行解压缩。无论是对文件进行压缩还是解压缩,都需要用到压缩/解压缩软件。

本节介绍的 WinRAR 就是常用的压缩/解压缩工具软件,WinRAR 是现在最好的压缩工具,界面友好、使用方便,在压缩率和速度方面都有很好的表现。WinRAR 的主要功能有两个:一个是压缩文件;另一个是解压缩文件。

下面以 WinRAR 3.9 简体中文版为例,介绍其使用方法。

5.1.1 压缩文件

用 WinRAR 压缩文件,采用的是右键压缩的方式。

单击要压缩的文件或文件夹,或者框选要压缩的多个文件或文件夹,或者按住键盘上的 Ctrl 键分别单击要压缩的多个文件或文件夹,选中后右击,弹出快捷菜单(见图 5-1)。

一般使用图 5-1 中用圆圈标注的部分的前面两个功能。

1. 添加到压缩文件

单击"添加到压缩文件(A)"后,会弹出"压缩文件名和参数"窗口,如图 5-2 所示。要进行的主要设置都在"常规"栏内。

图 5-1 "压缩"快捷菜单

（1）在"常规"选项卡中，单击"浏览"按钮，可以选择压缩后压缩文件保存在磁盘上的具体位置和名称。如果不选择，压缩文件就会自动存放在当前文件夹。

（2）单击"配置"按钮，就会在配置的下方出现一个扩展的画面（见图5-3方框内）。这个画面分两个部分，上面两个菜单选项用做配置的管理，下面5个不同的菜单选项分别是不同的配置。比较常用的是"默认配置"和"创建1.44MB压缩卷"。

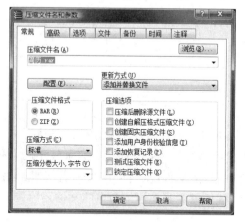

图5-2　"压缩文件名和参数"窗口

图5-3　"配置"窗口

（3）"压缩文件格式"选择生成的压缩文件是RAR格式（经WinRAR压缩形成的文件）。

（4）"压缩选项"组中，最常用的是"压缩后删除源文件"和"创建自解压格式压缩文件"。前者是在建立压缩文件后，删除原来的文件；后者是创建一个EXE可执行文件，以后解压缩时，可以脱离WinRAR软件自行解压缩。

（5）有时对压缩后的文件有保密的要求。那么只要选择图5-2中的"高级"这一栏，就出现如图5-4所示窗口。单击图5-4中"设置密码"按钮，弹出如图5-5所示的设置密码的窗口。设置完成后单击"确定"按钮退出。进行密码设置后的压缩文件，需要特定的保密才能解压缩。

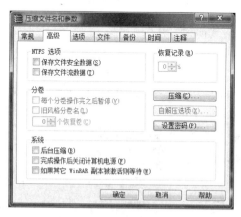

图5-4　"高级"选项卡

图5-5　带密码压缩

设置完成后，单击"确定"按钮即开始压缩。

2. 添加到"×××.rar"

单击如图5-1所示的"添加到'×××.rar'(T)"后，WinRAR会自动将用户选择的文件压缩成一个压缩文件保存在当前文件夹里。如果用户选择的是单个文件或文件夹，压缩后的压缩文件名称就会和这个文件或文件夹的名称相同;如果用户选择了多个文件和文件夹,压缩后的压缩文件的名称就会和这些文件和文件夹所在文件夹的名称相同。

5.1.2　解压缩文件

WinRAR 除了用来压缩文件之外,还有一个重要功能——解压缩文件。

用 WinRAR 解压缩文件有两种方式:右键解压和主窗口解压。

1. 右键解压

右键单击压缩文件,弹出如图 5-6 所示的快捷菜单。

(1) 选择"解压文件":选择"解压文件"后,就会弹出如图 5-7 所示的"解压缩路径和选项"窗口。其中,"目标路径"指的解压缩后的文件存放在磁盘上的位置,"更新方式"是在解压缩文件与目标路径中文件有同名时的一些处理选择。单击"显示"按钮后,会弹出"释放路径和选项"窗口。经过设置后,单击"确定"按钮即开始解压文件。如果希望将文件解压到自己新建的文件夹中,就选择这种方式。

图 5-6　"解压缩"快捷菜单　　　　图 5-7　"解压缩路径和选项"面板

(2) 选择"解压到当前文件夹":单击后,释放文件到压缩文件所在的文件夹。

(3) 选择"解压到×××\(E)":单击后,在压缩文件所在的文件夹里新建一个和压缩文件名相同的文件夹,然后将文件解压到这个文件夹里面。

2. 主窗口解压

可以通过双击压缩文件打开 WinRAR 主窗口(见图 5-8);或者在"开始"菜单中(单击屏幕

图 5-8　WinRAR 的主界面(1)

左下角的"开始"按钮），分别单击"程序"｜WinRAR｜WinRAR，在窗口中双击以选择要解压的压缩文件。

在打开主窗口后，可以直接双击主窗口中显示的压缩文件里的某个文件或文件夹，进行运行或浏览。图 5-9 中的矩形框内就是压缩文件中所包含的源文件（源文件的个数是两个，如果我们压缩时选择了 11 个文件，那么矩形框内显示的就是 11 个文件）。如果要将文件解压出来，就要应用到"工具栏"里的"解压到"按钮。单击"解压到"按钮后，接下来的操作步骤如同第一种方式。可以进行的其他操作还有很多，例如，单击"添加"按钮就可以向压缩包内增加需压缩的文件；单击"自解压格式"可生成 EXE 可执行文件（脱离 WinRAR 就可自行解压）。

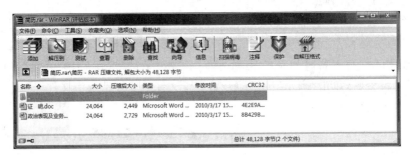

图 5-9　WinRAR 的主界面（2）

5.2　图像浏览/处理软件 ACDSee

图像浏览/处理软件是帮助用户获取、浏览和管理图片的实用工具。ACD Systems 公司开发的 ACDSee 软件是一款功能完善的图像浏览软件，它支持 50 多种多媒体文件格式的预览，可以在 BMP、GIF、JPG、PCX、PCD、TIF 等 10 多种图形文件格式之间进行相互转换，既能高速优质地显示图像、播放幻灯片和音乐，又能高效方便地查找和处理图像。

ACDSee 使用方便、简捷，既可使用菜单命令或工具按钮，也可使用剪贴板操作和鼠标拖曳操作。它可以高效地从数码相机和扫描仪获取图片，并对图片进行有效的组织和简单的处理。它能方便地查找、组织、浏览图片，能应用于图片的获取、管理、浏览、优化等方面，还具有对数字图像进行简单编辑功能。目前，ACDSee 的最新版本为 ACDSee 10.0，本节将以该版本为背景介绍其使用方法。

5.2.1　ACDSee 的用户界面

ACDSee 用户界面提供了便捷的途径来访问各种工具与功能，利用它们可以浏览、查看、编辑及管理图片或媒体文件。该软件主要由"浏览器窗口"、"查看器窗口"以及"编辑模式窗口"三个部分组成。

1. 浏览器窗口

ACDSee 启动后，默认打开如图 5-10 所示的"浏览器"用户界面。在浏览器窗口中，可以实现图像文件的浏览、排序以及共享文件与图像等，可以综合使用不同的工具与窗格执行复杂的搜索和过滤操作，并查看图像与媒体文件的缩略图预览。

更为方便的是，浏览器窗口的显示方式可以完全自定义，还可以移动、调整大小、隐藏或关闭。也可以将窗格层叠起来，以便最大化利用屏幕空间。

图 5-10　ACDSee 的"浏览器"用户界面

2. 查看器窗口

在浏览器界面中双击一个图像文件，ACDSee 将自动切换到查看器窗口显示该图像。需要返回浏览器窗口时，可按 Esc 键。查看器窗口包含 4 个主要区域，如图 5-11 所示。

图 5-11　ACDSee 的"查看器"用户界面

（1）查看器工具栏：位于查看器顶部菜单栏的下方，查看器工具栏提供常用工具与命令（如缩放与滚动工具）的快捷方式按钮。用户可以通过在工具栏上设置选项来显示或隐藏工具栏，并且可以使用大图标或小图标。

（2）编辑工具栏：位于查看器左侧，编辑工具栏提供了 ACDSee 编辑模式中各种编辑工具的快捷方式。

（3）查看器工作区：这是主要的查看器工作区域，用于显示当前图像或媒体文件。用户可以自定义查看器窗口，放大/缩小图像与媒体文件。

（4）查看器状态栏：位于查看器区域的底部，状态栏显示当前图像或媒体文件的信息与属性,如图像文件的名称、存储大小、图像尺寸和颜色数等。如本例中显示的图像尺寸为"800×600×24b",表示该图像大小为宽 800 像素、高 600 像素,颜色数为 24 位真彩色。

3. 编辑模式窗口

图 5-12 所示的是 ACDSee 的编辑模式窗口,它是 ACDSee 修改、处理图像的用户工作窗口。通过下列两种方法之一,可将图像显示到编辑模式窗口中。

图 5-12　ACDSee 的"编辑模式"用户界面

(1) 在浏览器窗口中选择某图像后,执行"工具"|"使用编辑器打开"|"编辑模式"命令。

(2) 在查看器窗口中执行"修改"|"编辑模式"命令。

在编辑模式窗口中单击工具栏下方的"完成编辑"或按 Esc 键,可返回到浏览器窗口。

编辑模式窗口左侧是 ACDSee 提供的各种图像编辑工具,如调整曝光度、调整阴影和高光部分、调整颜色、消除红眼现象、相片修复、清晰度调整等。单击某工具图标,可将图像切换到该工具的编辑界面。

在 ACDSee 中,不但可以使用自带的图片编辑工具对图片进行必要的修改,还可以与外部图片编辑软件结合,以实现在 ACDSee 中直接调用该软件对图像进行编辑处理。具体操作如下。

在浏览器窗口中执行"工具"|"使用编辑器打开"|"配置编辑器"命令。

在图 5-13 所示的"配置相片编辑器"对话框中单击"添加"按钮,选择外部应用程序(如本例选择了著名的图像处理软件 Photoshop)后单击"确定"按钮,如图 5-14 所示。

图 5-13　"配置相片编辑器"对话框

图 5-14　添加外部应用程序

设置完毕,在"使用编辑器打开"菜单下会多出一个显示有外部图像处理程序名称的菜单项,单击该菜单项,ACDSee 将调用该软件把用户选择的图像打开。

5.2.2　图像浏览与管理

ACDSee 具有很强的图片浏览和管理功能,使用这些功能可方便用户在计算机不同位置快速找到需要的图片文件。

1. 在文件列表窗格中浏览图像

文件列表窗格是占据浏览器窗口中心的大窗格,显示当前所选文件夹的内容、最新搜索的结果,或是与选择性浏览准则匹配的文件与文件夹。文件列表窗格总是处于可见状态,无法隐藏或关闭。

默认情况下,文件在文件列表窗格中显示为略图(小图像),当用户将鼠标指向某个图片略图时,系统将自动弹出该图像的放大效果。通过"查看"方式的选择,可以将文件列表窗格的查看模式从略图更改为"略图+详细信息"、"胶片"、"详细信息"、"列表"、"图标"或"平铺"。

使用工具栏中的工具按钮,可以根据文件名、大小、图像属性及其他信息给文件排序,还可以使用过滤器来控制在"文件列表"窗格中显示哪些类型的图像文件。

图 5-15 所示的是单击"查看"按钮右侧"▼"标记,在弹出的菜单中选择"略图+详细"的图片浏览效果。在这种方式中,可以看到图片的略图、文件名、图像类型、修改日期及图像属性等信息。

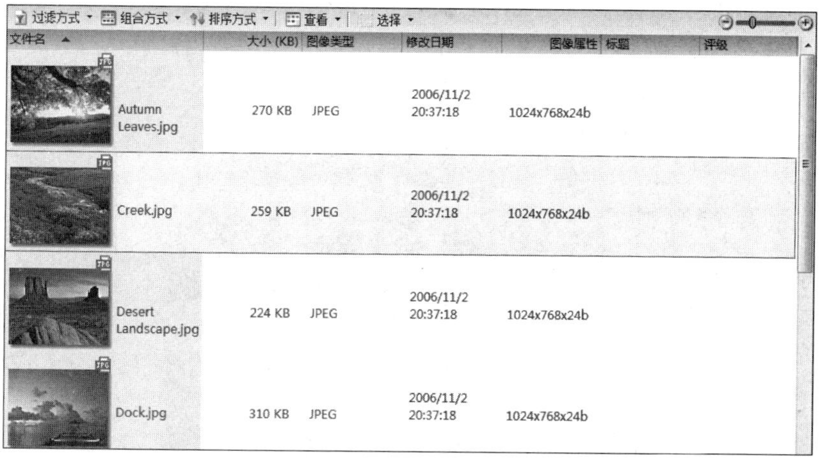

图 5-15　查看图片信息

图 5-16 所示的是单击"查看"按钮右侧"▼"标记,在弹出的菜单中选择"胶片"后得到的图片浏览效果。使用图片切换工具栏 中的按钮,可以实现切换到"上一个"、"下一个"、"向左旋转"、"向右旋转"等操作。单击工具栏中最后一个按钮 ,可从当前的浏览窗口切换到编辑模式窗口。拖动缩放工具 上的小滑块,可以改变图像的显示比例。

2. 在文件夹窗格中浏览图像

文件夹窗格显示在浏览器界面的左上角,其中显示当前计算机上全部文件夹的目录树结构,排列方式类似于 Windows 的资源管理器。

通过在文件夹窗格中选择一个或多个文件夹,可以在文件列表窗格中显示它们的内容。

图 5-17 所示的就是在文件夹窗格中选择文件夹"2"后按住 Ctrl 键再选择文件夹"示例图

图 5-16　"胶片"浏览效果

片"后得到的显示效果。可以看到,文件浏览窗口中除了显示有文件夹"1"和"示例图片"的图标外,两个文件夹中所有图片也同时显示到了窗格中。在文件浏览窗口中选择某图片,可以在文件夹窗格下方显示该图片的预览图。

图 5-17　将不同文件夹中的图片显示到同一窗口

　　单击文件夹窗格下方的"收藏夹"选项卡,将最喜欢的文件、文件夹或应用程序图标拖到"收藏夹"窗格中,以创建它们的快捷方式。如图 5-18 所示。然后就可以在"收藏夹"窗格中快速访问收藏的图片文件,而不必再去搜索。

　　如果在文件夹中保存了大量的图片快捷方式,为了管理方便,可以在收藏夹中创建分类文件夹,然后将不同的图片添加到不同的文件夹中。如图 5-18 所示,在收藏夹窗格中,右击"收

藏夹",在弹出的快捷菜单中选择"新建"|"文件夹"命令,为新文件夹指定名称后按 Enter 键即完成了文件夹的创建。

3. 比较图像

如果希望在多幅相近的图片中挑出自己需要的,可以使用 ACDSee 的"比较图像"功能来比较一组图像。此工具突出显示所选图像在属性、元数据及像素浓度水平等方面的相似性与差异。

图 5-18　在收藏夹中创建分类文件夹

用户可以将选中的图像保存到硬盘上新的位置,或在"浏览器"中给希望选择的图像作标记,然后再删除、移动、重命名或更改图像。要进入比较图像窗口,可在"文件浏览"窗口中选择参与比较的图像图标(配合 Ctrl 键可选择多个图片文件),执行"工具"|"比较图像"命令。如图 5-19 所示的是在比较图像窗口中显示的图片信息。

默认情况下,图片文件的属性数据并不显示到窗口中,希望了解这些数据时,可单击工具栏中的"属性"按钮。

4. 在图像筐中搜集图像

有时可能需要对存放在计算机不同目录下的若干图片文件进行统一的处理,如调整大小、调整颜色、使用特效等,由于文件存放在不同的位置,可能给操作带来诸多不便。在这种情况下,可以使用 ACDSee 的"图像筐"功能,收集与存放来自不同位置或文件夹的图像与媒体文件。将这些文件放入图像筐之后,可以使用 ACDSee 中的任何工具或功能来编辑、共享或查看它们。

执行"视图"|"图像筐"命令,图像筐默认显示在文件浏览窗口的下方,如图 5-20 所示。用户可将待处理的图像文件从文件浏览窗口中拖动到图像筐中。

图 5-19　显示在比较图像窗口中的文件

图 5-20　将图片添加到"图像筐"

双击图像筐中任何一个文件,即可将该文件显示到查看器窗口中,执行查看器"修改"|"编辑模式"命令,可将图像筐中的图像在编辑器中打开。在查看模式或编辑模式下,用户一次只能看到一幅图片,单击工具栏中"上一个"或"下一个"按钮可在图像筐的所有图片间切换。

5. 使用刻录筐

使用刻录筐能快速地将文件刻录到光盘上。在图片浏览窗口中,执行"视图"|"刻录筐"命令,如图 5-21 所示,刻录筐默认显示在窗口的下方。用户可将希望刻录到光盘上的图片文件

或文件夹从文件列表窗格中拖动到刻录筐中。

图 5-21 　使用刻录筐

ACDSee 能自动检测当前计算机中安装的刻录机型号,并根据设备状况在内容格式下拉列表框中提供可用的光盘数据格式供用户选择,默认为"数据光盘"格式。

设置完成后,单击刻录筐右下角的"刻录"按钮,ACDSee 将调用刻录程序将图片保存到光盘中。

5.2.3　图像处理

图像处理是 ACDSee 的一个主要功能。使用该功能,用户可以方便、快捷地对图片进行基本的编辑处理,如图片裁减、消除色偏、调整亮度/对比度、使用特效等。虽然 ACDSee 的图像处理能力较 Photoshop 等大型软件有一定的差距,但操作简单、易学易用的特点对普通用户来说是非常适合的。

在图片文件浏览窗口中选择某图片后,执行"工具"|"使用编辑模式打开"|"编辑模式"命令,即可进入 ACDSee 专门为编辑处理图像而设计的"编辑模式"用户窗口。在窗口的左侧列出了用于编辑处理图像的工具栏,单击其中某个按钮,即可进入使用该工具的参数设置、调整界面,用户通过简单的参数设置、调整,即可完成图像处理任务。

1. 使用选择范围工具

选择范围工具是其他图像处理功能的一个辅助工具,其作用是指定一个区域使其他操作(如颜色调整、曝光度调整、使用特效等)的效果限制在指定区域内。

如图 5-22 所示,在编辑模式窗口中单击工具栏中的"选择范围"工具,ACDSee 将切换到"选择范围"工具操作界面,该工具为用户提供了"自由套索"、"魔术棒"和"选取框"这 3 种模式。

(1) 自由套索:选择该项后,鼠标指针旁出现一个套索图标,用户可将鼠标当成一个"自由笔"在屏幕上画出选

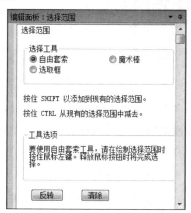

图 5-22 　"选择范围"工具

择区域。

　　(2) 魔术棒:该工具用于在图像中选择颜色接近的区域。选择该项后,可以通过设置"工具选项"栏中的阈值(默认为20),来指定选取内颜色的差距许可量。例如,使用魔术棒在图像上单击了某种颜色,则系统会将连续范围内所有颜色值相差±20的像素点组成一个选区。

　　(3) 选取框:选择该工具可在屏幕上画出一个矩形或椭圆形的选区。

　　对这 3 种工具,ACDSee 都提供了"反转"和"清除"功能:前者可以将选区和非选区互换;后者用于取消当前选区。

　　如果希望在屏幕上选择多个不连续的区域,可使用 Shift 键和 Ctrl 键配合:按住 Shift 键使用工具,可将新画定的区域添加到前面已创建的选区;按住 Ctrl 键使用工具,可从前面创建的选区中除去新画定的区域。

　　选择完毕后,单击工具栏最下方的"完成"按钮返回到编辑器窗口,然后进行的操作将仅对选区内的图像有效。

2. 调整图像曝光度

　　从数码相机、扫描仪等设备得到的图片,由于拍摄时的环境、人员技术等因素所致,可能会出现曝光不足、曝光过度等现象。使用 ACDSee 提供的曝光调整工具,可方便、直观地解决这一问题。

图 5-23　"曝光"工具操作界面

　　在编辑模式窗口中单击工具栏中的"曝光"工具按钮,ACDSee 将切换到"曝光"工具操作界面,如图 5-23 所示。该工具为用户提供了"曝光"、"色阶"、"自动色阶"和"曲线"4 种调整手段。图 5-23 所示的是图片曝光度调整设置选项,拖动"曝光"、"对比度"和"填充光线"滑竿上的滑块,可改变图片的曝光效果。例如,在阴暗环境中拍摄出来的照片经常会出现曝光不足的现象,在阳光充足的环境中拍摄出来的照片经常会出现曝光过度的现象,一般只要通过拖动"曝光"滑竿上的滑块,即可基本解决问题。

　　选择"色阶"调整选项界面,用户可以拖动色阶图下面代表"阴影"、"中间调"和"高光"的三角滑块,即可改变整个图片的光线布局。

　　选择"自动色阶"选项卡,可以改变图片光线布局的设置界面。在该模式下,用户仅需简单地选择光线是需要增强还是减弱,而相应的色阶调整工作则交给系统自动完成。

　　选择"曲线"选项卡,可以调整光线布局的设置界面。用户可通过拖动布局图中曲线形状改变光线布局。

　　无论使用哪种曝光调整方式,ACDSee 均会在用户进行调整的同时在预览中立即显示出相应的调整效果,以方便用户掌握调整的思路是否正确。

3. 调整颜色

　　在编辑模式窗口中单击"颜色"按钮,即进入颜色调整设置界面,如图 5-24 所示。ACDSee 提供了"HSL"、"RGB"、"色偏"和"自动颜色"4 种调整方式。

　　图像的颜色与"色调"(H)、"饱和度"(S)和"亮度"(L)这 3 个因素有密不可分的关系。选择"HSL"调整界面,ACDSee 提供了"色调"、"饱和度"和"亮度"三个滑竿,用户可通过拖动滑竿上的滑块来改变图像的颜色效果。简单地说,改变色调是改变颜色中R(红)、G(绿)、B(蓝)三色的含量,从而实现整个图片颜色的改变。改变饱和度可以改变颜色的艳丽程度,饱和度最低时图片呈灰度方式显示。改变亮度比较容易理解,就是改变图片的明亮程度,需要注意的是,过高的亮度会导致图片的层次降低,使图片失去质感。

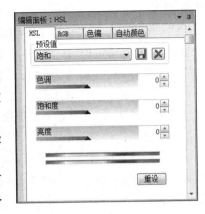

选择"RGB"调整界面,用户可以通过单独改变红、绿或蓝色值达到调整颜色的效果。

例如,在室内或其他阴暗处拍摄的照片因曝光不足可能导致绿色成分过多,而出现偏色。此时,仅需要将G滑竿上的滑块向左拖动若干(减少绿色值)即可纠正。

图 5-24　颜色调整设置界面

选择"色偏"调整设置界面,用户可用鼠标单击屏幕上应该是白色或灰色的地方,余下的工作由系统自动完成。

选择"自动颜色"设置界面,在这种方式下只能改变图片的色阶,但不改变图像的光强(亮度)。

4. 相片修复

相片修复工具实际上是一个图像复制工具,使用该工具可以将图像中某部分的图片复制到其他地方。例如,在某个游览区拍摄的照片由于其他游客意外出现在画面中而破坏了整个图像的效果。此时可以使用相片修复工具,用附近的图像覆盖其他游客图像来实现相片的修复。使用时,应首先在图像中右击取得复制源点,然后按住左键在需要覆盖的地方拖动鼠标即可。

相片修复工具在使用时可以设置"笔尖宽度"和"羽化"程度。"笔尖宽度"是指一次复制源图像区域的大小,而"羽化"是指复制的新图像和原区域叠加时的过渡值大小,羽化值过小会使新区域和被覆盖的区域间存在明显的边界。

选择"修复"选项时,相片修复工具将像素从相片的一个区域复制到另一个区域,但在复制它们之前,会对来源区域的像素进行分析。它也会分析目标区域的像素,然后混合来源与目标区域的像素,以匹配周围的区域。这可以确保替换像素的亮度与颜色能够与周围的区域相融合。该方式对于处理具有复杂纹理(如皮肤或毛发)的相片特别有效。

选择"克隆"选项时,相片修复工具将像素从相片的一个区域完全复制到另一个区域,从而创建一个完全相同的图像区域。在完成的相片中更难于识别所复制的像素,因此对于处理具有强烈的、简单纹理或统一颜色的相片而言,"克隆画笔"更加有效。

5. 调整图像大小和图像裁剪

使用"调整大小"工具,可通过调整图像的像素、百分比或实际打印尺寸,来调整图像的大小。调整大小时,也可以选择新的纵横比以及用于调整大小后图像外观的重新采样滤镜。而"裁剪"工具是用来删除图像上多余部分的,使用该工具也可以将图像画布缩减到特定的尺寸。

在编辑模式窗口中单击"裁剪"按钮,打开如图5-25所示的工作界面。在图片预览区中,出现一个四周带有8个控制点的矩形选择框,拖动这些控制点可调整矩形框的大小。将鼠标放在矩形框中间,当鼠标指针变成双十字箭头形状时,拖动鼠标可将矩形框整体移动到其他位置。

当矩形框正好覆盖在希望保留的图像区域时,单击"完成"按钮即可实现图片的裁剪。

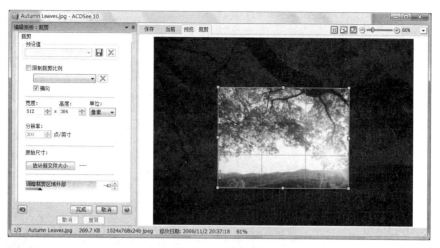

图 5-25　裁剪图像

6. 设置效果

为了方便用户使用艺术化手段处理图像,在 ACDSee 中提供了"效果"处理功能。在编辑模式窗口中,单击"效果"按钮,进入如图 5-26 所示的工作界面。

图 5-26　使用"效果"工作界面

在"效果类别"下拉列表框中选择"所有效果",在效果列表中显示出了共计 44 种特殊效果图标。双击某效果图标后,该效果将立即应用到当前图片上,并在预览窗口显示出应用后的实际样式。

效果应用后,屏幕上会显示该效果的进一步设置选项。通过调整这些选项,可达到优化效果的作用。

7. 添加文本

在编辑模式窗口中,单击"添加文本"按钮,进入如图 5-27 所示的工作界面。在文字输入框中输入文字后,可利用工作界面中提供的字体、字形、字号、效果等选项调整文字样式。文字输入后,将以一个矩形框的形式显示在预览窗口的图片上,拖动控制点可改变矩形区域(文字显示区域)的大小,也可将矩形框移到图片的任何位置。

图 5-27   向图片中添加文字

ACDSee 除了上述浏览图片和图像处理功能外,还具有创建 HTML 相册、创建 PDF 文档、文件格式转换等功能,这里不一一讲解,感兴趣的读者可以阅读相关书籍。

5.3   视频播放软件 Windows Media Player

Windows Media Player 是微软公司出品的一款播放器,通常简称 WMP。Windows Media Player 是一款 Windows 系统自带的播放器,支持通过插件增强功能,在 7.0 及以后的版本支持换肤。绑定在 Windows Me 中的 Windows Media Player 7.0,可以算是微软在 Windows Media Player 改革史上转折性的一步。该版本的 Windows Media Player 首次增加了媒体库、CD 刻录功能、Internet 广播电台和基于网页的媒体指南;而新版本则对用户界面进行了很大的调整,在统一界面风格的同时力求使其更为简练易用。

多媒体播放器 Windows Media Player 11 是 Microsoft 公司基于 DirectShow 基础之上开发的媒体播放软件。它作为 Microsoft 最新版本的播放器软件,相对于前几个版本提供了一些新的特性,可以播放更多的文件类型: Windows Media、ASF、MPEG-1、MPEG-2、WAV 、MIDI、VOD、AU、MP3,甚至是 QuickTime 文件。所有这些,都仅用这个操作简单的应用程序来完成。

5.3.1   使用 Windows Media Player 播放器

运行 Windows Media Player 11,如图 5-28 所示,Windows Media Player 11 播放器主界面由上到下分为四个部分:标题栏、选项卡栏、播放区和最下面的播放按钮栏。

由于 Windows Media Player 11 播放器取消了传统的经典菜单界面,所以在要使用菜单的时候需要在标题栏上通过右击打开快捷菜单来完成选择。也可以通过此菜单选择"显示经典菜单"来恢复经典的菜单界面,如图 5-29 所示。

Windows Media Player 提供了直观易用的界面,可以播放数字媒体文件、组织数字媒体收藏集、刻录喜爱的音乐 CD、从 CD 翻录音乐、将数字媒体文件同步到便携式音乐播放机,并可从在线商店购买数字媒体内容。

图 5-28　Windows Media Player 11 播放器界面

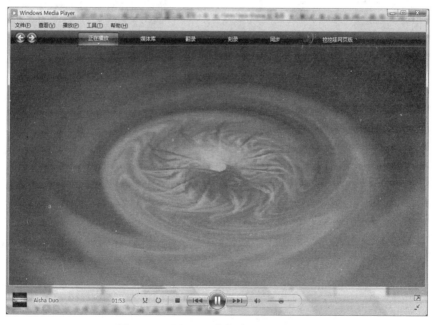

图 5-29　开启了经典菜单的播放器界面

使用选项卡可以使操作更加简单,播放机的选项卡栏方便用户关注某一特定任务。切换到相应的选项卡,利用选项卡下面的箭头可以快速访问与此任务相关的选项和设置。例如,通过单击"翻录"选项卡下面的箭头,可轻松更改正在翻录的文件格式。在播放机中不同的选项卡和视图之间切换时,可以使用任务栏左侧的"后退"和"前进"按钮 ←→ 返回所操作的步骤。

在播放机中执行的许多任务都可以设置一个列表。通过使用 Windows Media Player 播放器播放区右侧的播放列表栏,可以方便地创建音视频文件的播放列表。如果播放列表栏在窗口中不可见,则单击"正在播放"选项卡下的箭头,然后单击"显示列表窗格"。

使用 Windows Media Player 播放器,可以播放位于媒体库、计算机、网络文件夹或者网站上的音视频媒体文件。

在 Windows Media Player 播放器的播放按钮栏中有几个按钮,从左到右依次为:"无序播放"按钮、"重复播放"按钮、"停止"按钮、"上一个"按钮、"播放"按钮、"下一个"按钮、"静音"按钮、"音量"调节滑块。

5.3.2　使用 Windows Media Player 播放器的高级功能

Windows Media Player 播放器在播放音频文件方面有一些特别的功能,如可以减少同一首歌曲内音量差别的功能。这一功能通过减少一个文件中最高音和最低音之间的差别来避免音量在一段音乐内有较大起伏。但此功能仅可用于 Windows Media Audio 9 Lossless 编解码器或 Windows Media Audio 9 Professional 编解码器进行编码的文件。该功能的启动是通过单击"正在播放"选项卡下的箭头,指向"增强功能",然后单击"安静模式",单击"启用"链接来完成的,如图 5-30 所示。

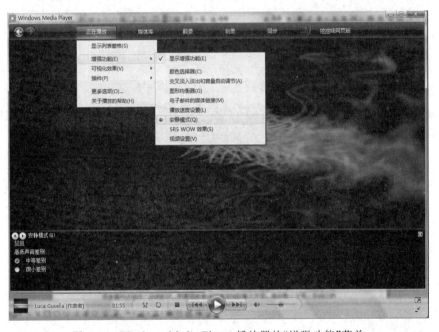

图 5-30　Windows Media Player 播放器的"增强功能"菜单

Windows Media Player 播放器具有减少多首歌曲间音量差别的功能。这一功能通过读取文件中的音量调节值,然后相应地调整播放时的音量来执行此操作。音量调节只可用于 Windows Media 或 MP3 格式,并且包含了音量调节值的文件。该值自动添加到利用 Windows Media Player 播放器翻录 CD 唱片过程中创建的文件中。此外,也可以将该值合并到那些已添加到 Windows Media Player 播放机媒体库的文件中。启用该功能,只需单击"正在播放"选项卡下的箭头,指向"增强功能",然后单击"交叉淡入淡出和音量自动调节",再单击"打开音量自动调节"链接即可。若要将音量调节值添加到某个文件,则播放整个文件,那么无论以后何时播放该文件,播放机都会调节此文件的音量。若要隐藏该设置,请单击增强功能窗格中的"关闭"按钮。若要将音量调节值添加到所有文件,执行下列操作:单击"媒体库"选项卡下的箭头,然后单击"添加到媒体库",单击"高级选项",然后再选中"为所有文件添加音量调节值(慢)"框,如图 5-31 所示。

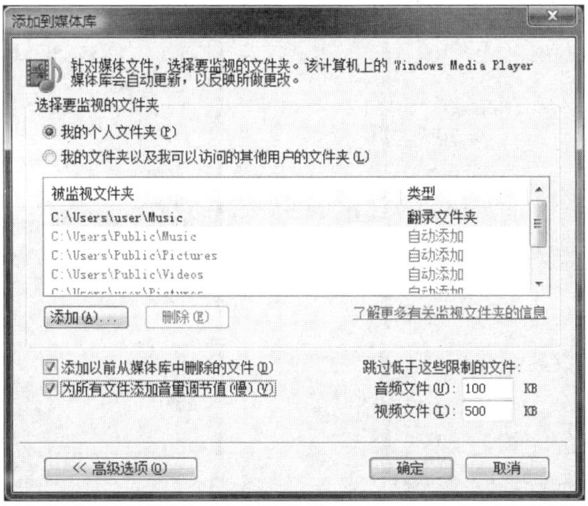

图 5-31　"添加到媒体库"对话框

5.3.3　设置 Windows Media Player 播放器

打开 Windows Media Player 11 播放器菜单,选择"工具"菜单中的"选项",弹出"选项"对话框,在这个对话框内可以对"选项"的大部分功能进行设置,如图 5-32 所示。

1."翻录音乐"选项卡

在"翻录音乐"选项卡中,如图 5-32 所示,可以设置将 CD 光盘中的音乐复制到计算机中的一些功能选项:设置复制文件的保存路径、文件名命名规则,设置复制文件的格式,以及设置转换音频文件时的音频质量等信息。

在"性能"选项卡中,可以设置一些关于播放器性能的选项:对连接速度的设置,最好依据自己实际情况进行选择,选择过高或过低都会造成不良影响;对播放流媒体文件时缓冲区大小的设置,一般保持默认缓冲选项;设置播放视频时硬件加速的级别。

2."媒体库"选项卡

在"媒体库"选项卡中,可以设置播放器媒体库的选项:配置共享媒体,跟新媒体库所依据什么位置的文件夹以及自动更新媒体信息的设置。

3."网络"选项卡

在"网络"选项卡中,如图 5-33 所示,可以设置播放器从 Internet 中下载的流媒体资源的网络选项:使用 Windows Media Player 播放器下载流媒体时的传输协议,是否启用播放器对多播流的支持,以及流媒体协议的代理设置。

多播流是指 Windows Media 服务器和接收流媒体的客户端之间的一对多关系。利用多播流,服务器向网络上的一个多播 IP 地址传输流,用户的 Windows Media Player 播放器通过向该 IP 地址订阅来接收该多播流。所有的客户端都接收相同的多播流。无论有多少个客户端接收流,服务器只向多播地址传输一个流。使用多播流会节省网络带宽,对于带宽较低的网络非常有用,非常适合于跨互联网的大型视频会议。

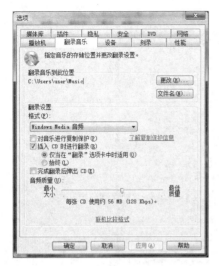

图 5-32 "翻录音乐"选项卡

图 5-33 "网络"选项卡

4. "隐私"选项卡

在"隐私"选项卡中,可以设置一些关于播放器使用记录的选项:选中"通过检索 Internet 的媒体信息来更新音乐文件"前的复选框后,播放器就会在播放音频文件时时,从互联网上自动下载相关信息,方便用户了解该音频文件的详细情况。如果用户不希望别人在使用自己的计算机时窥探到个人隐私,可以不选"历史记录"栏内的"在播放机中保存文件和 URL 历史记录"前的复选框,如果已经在播放器菜单栏中记录了用户的播放记录,可以单击"清除历史记录"按钮将其清除,如图 5-34 所示。

5. "文件类型"选项卡

在"文件类型"选项卡中,可以重新设定 Windows Media Player 11 播放器的媒体文件关联,可以单击"全选"按钮将所有的音视频媒体文件进行关联。在"插件"选项卡中,可以查看和设置各类播放器插件的功能,也可以选中相应的插件类型,再单击下方的"在网上查找"在网上查找可视化效果链接,从 Internet 上获得相关资源。

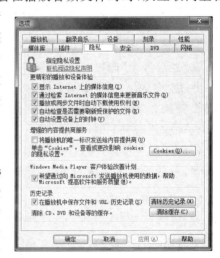

图 5-34 "隐私"选项卡

已经与 Windows Media Player 播放器相关联的多媒体文件类型,只需双击该文件即可启动播放器进行播放。对于没有文件关联的媒体文件,则可以通过打开播放器的菜单,选择"文件"|"打开",在弹出的"打开"对话框中进行媒体文件的选取。选定要播放的媒体文件后,单击"播放"按钮,播放器就会开始播放。也可以采用拖曳的方式,直接将多媒体文件拖到播放器窗口内进行播放。

在光驱插入 CD/DVD 以及其他任何包含多媒体文件的光盘、优盘、移动硬盘后,Windows XP 系统都会弹出对话框,询问是否需要自动播放光盘或移动存储设备中的多媒体文件。

如果在 Internet 上直接打开与 Windows Media Player 播放器相关联的媒体文件,

Internet Explorer 浏览器会自动调用 Windows Media Player 播放器播放媒体文件。

在播放非标准媒体文件时,Windows Media Player 播放器会查看是否安装了媒体所需的相应解码器插件,如果播放器中没有安装,就会自动下载对应的解码器,然后再播放文件。

插件就是由第三方软件开发集成、可以加入播放器用以扩展播放器功能的应用程序接口(API),它们是透明的,是作为播放器自身的增强和补充。无论安装了什么插件,播放器的窗口保持相对不变,只是增强其播放功能,而不会对软件造成任何影响。

Windows Media Player 播放器提供了更多的功能,例如,对双声道文件左右声道的选择可以通过对"播放"菜单中"音频和语音音轨"的设置来改变;还可以通过更改菜单中"播放速度"的设置来改变播放多媒体文件的速度。

5.4　屏幕抓图软件 HyperSnap-DX

屏幕抓图软件是用来帮助用户截取计算机屏幕图像的实用工具软件。通过使用截图软件,用户可随时随地、快速方便地"抓拍"屏幕上生动、有趣的图像,而不必通过 Print Screen 键进行烦琐复杂的剪贴板操作。另外,用户使用截图软件还可对截取到的图像进行编辑和保存。

HyperSnap-DX 是 Greg Kochaniak 公司开发的一种 32 位截图软件,可在 Windows 95/98/Me/NT 4. x/2000/XP 操作系统下运行。

在众多的截图软件中,HyperSnap-DX 是佼佼者,该软件以功能丰富、使用方便和性能稳定著称,既能满足专业工作者的特殊要求,又容易被初学者所接受,因而成为许多用户手头不可或缺的实用工具。

用户可以将截取的图像存储为 GIF、BMP、JPEG、TIFF 等多种流行格式的文件,同时还提供对 Progressive JPEG(主要用于 Internet 网页)的支持。可自动将截取到的图像保存为文件,或打印输出,或复制到剪贴板。

5.5　PDF 文档阅读软件 Adobe Reader

Adobe 公司推出的 PDF 格式是一种全新的电子文档阅读格式。Acrobat Reader 就是一款由 Adobe 公司开发的 PDF 文件阅读软件。借助于 Acrobat Reader,用户可以在 Microsoft Windows、Mac OS 和 UNIX 等不同平台上十分方便地查阅采用 PDF 格式出版的所有文档。

PDF 是 Portable Document Format(可移植文档格式)的英文缩写,所谓"可移植",是指该文档格式不依赖于特定的硬件、操作系统或创建 PDF 文档的应用程序,它可以在不同的计算机平台上直接进行查阅,不必作任何修改或转换,因而成为在 Internet、企业内部网、CD-ROM 上发行和传播电子书刊、产品广告和技术资料等电子文档的标准格式。

用户可以访问 Adobe 公司的主页 http://www. adobe. com,下载 Acrobat Reader 试用版软件以及其他相关资料。

5.6　防毒软件

使用计算机系统,很重要的一项工作是对病毒的防范。选择好的防病毒软件,是使计算系统能安全工作的保证。防范病毒的软件很多,这里简单介绍两种常用病毒防范软件的功能和网站。

　　Norton AntiVirus 是 Symantec 公司推出的一种防毒软件,它可以帮助用户侦测上万种已知和未知的病毒,并且每当开机时,自动防护墙会常驻在 System Tray,当用户从磁盘、网络、E-mail 文档中打开文件时便会自动侦测文件的安全性,若文件内含病毒,便会立即警告,并作适当的处理。另外它还附有 LiveUpdate 的功能,可帮用户自动连上 Symantec 的 FTP Server,下载最新的病毒码,下载完后会自动完成安装更新。

　　Symantec 公司透露,Norton AntiVirus 2008 将在恶意软件进入计算机系统接口之前对其封杀,并且自动对电子邮件、即时信息(IM)附件进行监控。

　　Norton AntiVirus 2008 也会对 Windows 2000/XP 操作系统提供额外的保护,它能够扫描压缩文件中的病毒,这些病毒通常经过点对点网络或者 IM 工具进行传播。同时,Norton AntiVirus 2008 还包括了能够侦查间谍软件的程序和对家用网络进行监控的功能。

　　关于 Norton AntiVirus 软件的具体内容,可以访问网站 http://www. symantec. com/region/cn/。

　　另外一个功能较强、使用比较普遍的防毒软件是金山毒霸,这是金山公司立足网络信息安全领域发布的防毒安全软件产品,其嵌入式反病毒技术、双引擎杀毒、启发式查毒功能受到业界的好评。

　　金山公司的反病毒应急处理中心曾以国内最快的反应速度发布了红色代码 2(CodeRed2)、齿轮先生(Sircam)、尼姆达(Nimda)、求职信(Wantjob,Klez)、蠕虫王(SQL Slammer)等众多恶性病毒的有效解决方案,体现了金山毒霸系列产品的技术实力。

　　金山公司推出的反病毒产品金山毒霸 2008 除继承了以往产品的特点外,在软件的易用性方面进行了改进,进一步加强了对病毒、木马程序的防杀能力以及对网络攻击的防护功能。金山毒霸 2008 两次通过国际权威认证 VB100。

　　金山毒霸网址为 http://www. duba. net/。

思考题

　　1. WinRAR 创建的压缩文件的常用扩展名是什么?

　　2. 如何使用 WinRAR 进行文件的压缩?

　　3. 如何用 Windows Media Player 播放视频?

　　4. 简述 Norton AntiVirus 的防御功能。

　　5. 如何用 ACDSee 浏览图像?

　　6. 简述 Adobe Reader 的主要功能。

Chapter 6
第6章
Office 2010 应用

Office 2010 办公系列软件,是美国 Microsoft(微软)公司最新推出的,全面支持简繁体中文的新一代办公信息化、自动化的套装软件包。Office 2010 的办公和管理平台可以更好地提高工作人员的工作效率和决策能力。Office 2010 不仅是办公软件和工具软件的集合体,还融合了最先进的 Internet 技术,具有更强大的功能,是微软公司在中国市场应用最广泛的软件。

Office 2010 包括了文字处理软件 Word 2010、电子表格处理软件 Excel 2010、电子幻灯片演示软件 PowerPoint 2010、数据库管理软件 Access 2010、日程及邮件信息管理软件 Outlook 2010,以及设计动态表单软件 InfoPath 2010、填写动态表单 InfoPath 2010、创建出版物软件 Publisher 2010、数字笔记本软件 OneNote 2010。

6.1 Word 2010

6.1.1 Word 2010 概述

1. Word 2010 的功能及新增功能

(1) Word 2010 的功能

Word 2010 是 Office 2010 的核心组件,能够创建多种类型的文件,如书信、文章、计划、备忘录等。使用它,不但可以在文档中加入图片、图形、表格等,还可以对文档内容进行修饰和美化,同时还具有自动排版、自动更正、自动套用格式、自动创建样式和自动编写摘要等功能。

(2) Word 2010 的新增功能

Office 2010 与早期版本相比,新增了部分功能,使用起来更加方便。新增的功能包括:自定义功能区、更加完美的图片格式设置功能、快速查看文档的"导航"窗格、随用随抓的屏幕截图、更多的 SmartArt 图形类型。

2. Word 2010 的启动和退出

(1) Word 2010 的启动

Word 2010 的启动常用方法有 3 种。

方法一:单击"开始"|"所有程序"|Microsoft Office|Microsoft Office Word 2010 命令。

方法二:双击 Microsoft Office Word 2010 的快捷方式图标。

方法三:双击一个已创建好的 Word 2010 文档的图标。

(2) Word 2010 的退出

Word 2010 的退出常用方法有 3 种。

方法一:单击"文件"|"退出"命令。

方法二：按 Alt+F4 组合键。

方法三：单击 Word 2010 编辑窗口中标题栏的"关闭"按钮。

3. Word 2010 的窗口组成

Word 2010 的窗口主要包括标题栏、选项卡、功能区、文本编辑区、导航窗格、快速访问工具栏、按钮、滚动条和状态栏、标尺等,如图 6-1 所示。

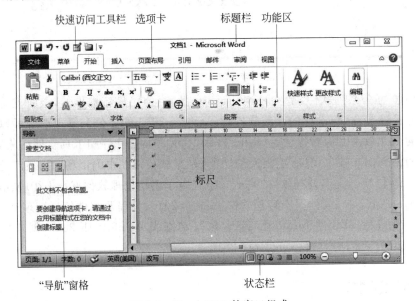

图 6-1　Word 2010 的窗口组成

(1) 标题栏

标题栏位于 Word 2010 窗口的顶端。标题栏上显示的是正在使用的应用程序名 Microsoft Word 和当前正在编辑的文档名。标题栏最左侧的 █ 是 Word 2010 的应用程序控制图标,单击该图标会显示一个下拉式菜单,包括最大化、最小化、关闭等常用窗口控制命令。标题栏最右侧的是控制按钮 █，从左至右依次为最小化、最大化(还原)和关闭。

(2) 选项卡

选项卡位于标题栏的下面。选项卡中包括"文件"、"开始"、"插入"、"页面布局"、"引用"、"邮件"、"审阅"、"视图"八个选项卡。下面简单介绍"文件"选项卡,以及自定义选项卡的添加和选项卡上的重命名。

单击"文件"选项卡后,会看到 Microsoft Office Backstage 视图。可以在 Backstage 视图中管理文件及其相关数据:创建、保存、检查隐藏的源数据或个人信息以及设置选项。简而言之,可通过该视图对文件执行所有无法在文件内部完成的操作,如图 6-2 所示。

添加自定义选项卡的操作步骤如下。

① 单击"文件"选项卡。

② 单击"帮助"下的"选项"命令,弹出"Word 选项"对话框。

③ 在该对话框中单击"自定义功能区"的选项。

④ 单击"新建选项卡"的命令。

⑤ 之后查看和保存自定义设置,单击"确定"按钮。

重命名选项卡的操作步骤如下。

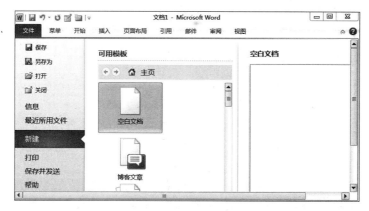

图 6-2　"文件"选项窗口

① 单击"文件"选项卡。

② 单击"帮助"下的"选项"命令,弹出"Word 选项"对话框。

③ 单击"自定义功能区"的选项。

④ 在右侧的"自定义功能区"列表下,单击要重命名的选项卡。

⑤ 单击"重命名"按钮,然后键入新名称。

（3）功能区

功能区是 Microsoft Office Fluent 用户界面的一部分,旨在帮助用户快速找到完成某一任务所需的命令。命令按逻辑组的形式组织,逻辑组集中在选项卡下。每个选项卡都与一种类型的活动(如编写页面或布局页面)相关,为了使屏幕更为整洁,某些选项卡只在需要时显示。在最小功能区时,用户只能看到选项卡。

自定义功能区的操作步骤如下。

① 单击"文件"选项卡。

② 单击"帮助"下的"选项"命令,弹出"Word 选项"对话框。

③ 单击"自定义功能区"选项。

④ 在右侧的"自定义功能区"列表框中设置显示的选项卡及组。

最小化功能区的操作步骤如下。

在"功能区"中右击,在弹出的快捷菜单中单击"功能区最小化"选项或按 Ctrl＋F1 键,还可以单击位于程序窗口的右上角"功能区最小化"按钮。

（4）"导航"窗格

用 Word 编辑文档,有时会遇到长达几十页甚至上百页的超长文档。在以往的 Word 版中浏览这种超长的文档很麻烦,要查看特定的内容,必须双眼盯住屏幕,然后不断滚动鼠标轮,或者拖动编辑窗口上的垂直滚动条查阅。用关键字定位或用键盘上的翻页键查找,既不方便,也不精确,有时为了查找文档中的特定内容,会浪费很多时间。Word 2010 的"导航窗格"会为用户精确"导航"。

打开导航窗格的操作步骤如下。

① 单击菜单栏中的"视图"按钮,切换到"视图"功能区。

② 在"显示"功能区中选中"导航窗格"复选框,如图 6-3 所示,即可在 Word 2010 编辑窗口的左侧打开"导航"窗格。

Word 2010 新增的文档导航功能的导航方式有 4 种：文档标题导航、页面导航、关键字（词）导航和特定对象导航，让用户轻松查找、定位到想查阅的段落或特定的对象。如图 6-4 所示。

图 6-3 "导航"窗格的打开

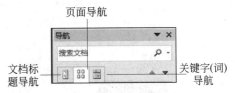

图 6-4 "导航"方式

① 文档标题导航。文档标题导航是最简单的导航方式，使用方法也最简单，打开"导航"窗格后，单击"浏览你的文档中的标题"按钮，将文档导航方式切换到"文档标题导航"，Word 2010 会对文档进行智能分析，并将文档标题在"导航"窗格中列出，只要单击标题，就会定位到相关段落。

② 页面导航。用 Word 编辑文档会自动分页，文档页面导航就是根据 Word 文档的默认分页进行导航的，单击"导航"窗格上的"浏览你的文档中的页面"按钮，将文档导航方式切换到"文档页面导航"，Word 2010 会在"导航"窗格上以缩略图形式列出文档分页，只要单击"分页"缩略图，就可以定位到相关页面查阅。

③ 关键字（词）导航。Word 2010 可以通过关键（词）导航，单击"导航"窗格上的"浏览你当前搜索的结果"按钮，然后在文本框中输入关键（词），"导航"窗格上就会列出包含关键字（词）的导航链接，单击这些导航链接，就可以快速定位到文档的相关位置。

④ 特定对象导航。一篇完整的文档，往往包含有图形、表格、公式、批注等对象，Word 2010 的导航功能可以快速查找文档中的这些特定对象，单击搜索框右侧放大镜后面的"▼"，选择"查找"栏中的相关选项，就可以快速查找文档中的图形、表格、公式和批注。

（5）快速访问工具栏

在 Word 2010 左上方有一个浮动的工具栏，被称为快速访问工具栏。快速访问工具栏允许用户将最常使用的命令或按钮添加到此处，同时也是 Word 2010 窗口中唯一允许用户自定义的窗口元素。在 Word 2010 快速访问工具栏中已经集成了多个常用命令，默认情况下并没有显示出来。

① 快速访问工具栏的自定义。打开 Word 2010 窗口，单击快速访问工具栏右侧的下拉三角按钮 ▼，打开"自定义快速访问工具栏"菜单，选中需要显示的命令即可，如图 6-5 所示。操作步骤如下。

打开 Word 2010 窗口，并打开准备添加的命令或按钮所在的功能区（如"插入"功能区的"图片"按钮）。

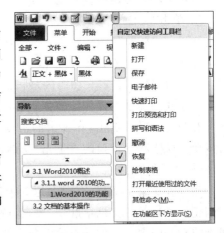

图 6-5 自定义快速访问工具栏

右击准备放置到快速访问工具栏的命令或按钮，在弹出的快捷菜单中选择"添加到快速访问工具栏"命令。

② 快速访问工具栏的移动。如果不希望快速访问工具栏显示在当前的位置，可以将其移到其他位置。如果发现程序图标旁的默认位置离用户的工作区太远而不方便，可以将其移到

靠近工作区的位置。如果该位置处于功能区下方,则会超出工作区。因此,如果要最大化工作区,可能需要将快速访问工具栏保留在其默认位置。操作步骤如下。

右击工具栏空白处,在弹出的快捷菜单中单击"自定义快速访问工具栏"命令。在列表中,单击"在功能区下方显示"命令或"在功能区上方显示"命令。

6.1.2　文档的基本操作

1. 文档的建立

在 Word 2010 启动后,系统自动创建了一个新空白文档,用户也可以通过 Word 2010 提供的文档模板来创建固定格式的文档,如简历、报告、出版物、书信和传真等。

（1）空白文档的建立

要编辑一篇文档,首先应新建一篇空白文档。除了每次启动 Word 2010 后,系统将自动新建一篇空白的 Word 文档外,在编辑文档过程中也可随时创建新的空白文档。空白文档的创建,主要有以下三种方法。

方法一：单击"快速访问工具"中的"新建"按钮。

方法二：按 Ctrl＋N 组合键。

方法三：单击"文件"按钮,在展开的菜单中单击"新建"命令,单击"创建"按钮,如图 6-6 所示。

（2）使用标准模板建立新文档

Office.com 中的模板网站为许多类型的文档提供模板,包括简历、求职信、商务计划、名片和 APA 样式的论文。

通过使用模板,用户可以快速获得具有固定文字和格式的规范文档,也可以根据现有的模板创建自己的模板,再利用自己创建的模板建立新文档。

图 6-6　通过"文件"按钮创建空白文档

使用现有模板创建新文档的操作步骤如下。

① 单击"文件"选项卡。

② 单击"新建"命令。

在"可用模板"下,执行下列操作之一。

① 单击"样本模板"以选择计算机上的可用模板。

② 单击 Office.com 下的链接之一。

③ 双击所需的模板,如图 6-7 所示。

 提示　若要下载 Office.com 下列出的模板,必须已连接到 Internet。

2. 文档的输入

（1）文本的输入

创建了一个空白的文档后,就可以输入文档内容了。文档编辑区插入点处的"|"状光标,指示当前文本输入的位置,当输入文本时,文字就显示在插入点处,即闪烁光标所在的位置上。

默认输入状态一般是英文输入状态,允许输入英文字符。当要在文档中输入中文时,首先要将输入法切换到中文输入状态,操作步骤如下。

① 单击 Windows 任务栏上的输入法指示器图标,弹出输入法菜单。

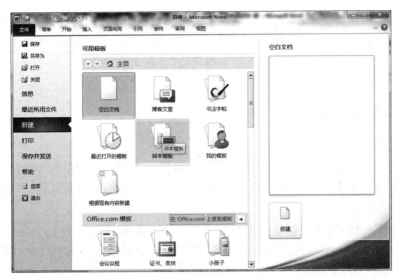

图 6-7　利用模板创建文档

② 在输入法菜单中选择一种习惯的中文输入法。

选择了一种中文输入法后，就可以输入中文了。此后，可以随时使用输入法菜单或按 Ctrl＋Space 组合键在中英文状态间切换。默认状态下，中文字符为"宋体五号"，英文字符为"Times New Roman 五号"。

（2）系统日期和时间的插入

插入当前系统日期的操作步骤如下。

单击"插入"选项卡，在功能区中单击"日期与时间"命令，弹出"日期和时间"对话框，如图 6-8 所示。在对话框中设置"可用格式"、"语言（国家/地区）"等选项，单击"确定"按钮。

（3）符号或特殊符号的插入

在文档中，还可以输入罗马数字、数学运算符、各种箭头和小图标等。操作步骤如下。

① 单击"插入"选项卡，在功能区中单击"符号"组中的"符号"按钮，在展开的下拉式列表中选择"其他符号"选项，弹出"符号"对话框，如图 6-9 所示。

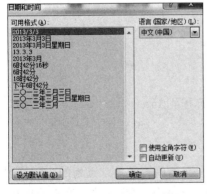

图 6-8　"日期和时间"对话框

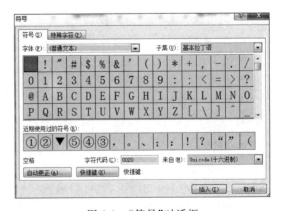

图 6-9　"符号"对话框

② 单击"符号"选项卡，在"子集"下拉式列表框中选择符号所在的子集，即可快速找到所要的符号。

③ 选定符号,之后单击"插入"按钮。

3. 文档的保存

（1）文档的保存

操作步骤如下。

① 单击"文件"按钮,在展开的菜单中单击"保存"命令或单击快速访问工具栏中的"保存"按钮。如果是第一次保存文件,将弹出"另存为"对话框,如图 6-10 所示。

图 6-10　"另存为"对话框

② 在"保存位置"下拉式列表框中选择文件要保存的位置,在"文件名"文本框中输入文件的名字,单击"保存"按钮。

（2）文档副本的保存

操作步骤如下。

单击"文件"按钮,在展开的菜单中单击"另存为"命令,在弹出的"另存为"对话框中的"文件名"输入框中,输入文件的新名称,单击"保存"按钮。

提示　若要将副本保存在其他文件夹中,则单击"保存位置"下拉式列表中的其他驱动器或选择文件夹列表中的其他文件夹,或者先后进行这两种操作。若要将副本保存在新文件夹中,则单击"新建文件夹"命令。

（3）将文档以另一种格式保存

操作步骤如下。

单击"文件"按钮,在展开的菜单中单击"另存为"命令,则弹出"另存为"对话框,在"文件名"文本框中,输入文件的新名称,在"保存类型"下拉式列表中选择保存文件的文件格式,之后单击"保存"按钮。

（4）在工作时文件自动保存

操作步骤如下。

① 单击"工具"下的"保存选项"命令,在弹出"Word 选项"对话框中,单击"保存"选项卡。

② 选中"保存自动恢复信息时间间隔"复选框。

③ 在"分钟"输入框中,输入保存文件的时间间隔。

提示　　"自动恢复"不是对文件进行有规律保存的替代方式。如果选择不在打开后保存恢复文件,则该文件将被删除,并且所有未保存的更改将丢失。如果保存了该恢复文件,它将替换原始文件(除非指定了新文件名)。

（5）将文件保存为早期版本

通过以适当格式保存文件,可与使用早期版本 Microsoft Office 的用户共享该文件。例如,可以将 Word 2010 文档(.docx)另存为 97-2003 文档(.doc),以便使用 Microsoft Office Word 2000 的用户可以打开该文档,但不支持将文件保存为 Microsoft Office 95 及更早版本。

4. 文档的打开与关闭

（1）文档的打开

操作步骤如下。

① 在 Word 2010 程序中,单击"文件"按钮,在展开的菜单中单击"打开"命令,则弹出"打开"对话框,如图 6-11 所示。

图 6-11　"打开"对话框

② 在"查找范围"下拉式列表中,选择驱动器、文件夹或包含要打开文件的 Internet 位置。在"文件夹"列表中,找到并打开包含此文件的文件夹。

③ 如果以常规方式打开文档,则直接单击"打开"按钮;若以副本方式打开文档,则单击"打开"按钮旁边的箭头,选择"以副本方式打开"选项;若以只读方式打开文档,则单击"打开"按钮旁的向下箭头,选择"以只读方式打开"选项。

（2）文档的关闭

将正在编辑的文档关闭,通常使用以下三种方法。

方法一：单击"文件"按钮,在展开的菜单中单击"退出"命令。

方法二：按 Alt＋F 组合键。

方法三：单击标题栏中的"关闭"按钮。

5. 文档的编辑

（1）文本的插入与删除

插入文本时,首先将光标定位在要插入的文本处,输入要插入的文本内容。需注意的是,文档的编辑状态为插入状态(在状态栏中目标的编辑状态为"插入")。

删除文本时,首先将光标定位在要删除的文本处,按 Delete 键删除光标后面的字符,按 Backspace 键删除光标前面的字符。也可以将需要删除的文本内容全部选定后,按 Delete 键删除全部选定的文本内容。

(2) 文本的选定

选定一个单词:双击该单词。

选定一行文本:将鼠标指针移动到该行的左侧,直到指针变为指向右边的箭头,然后单击。

选定一个句子:按住 Ctrl 键,然后单击该句中的任何位置。

选定一个段落:将鼠标指针移动到段落的左侧,直到指针变为指向右边的箭头,然后双击,或者在该段落的任意位置三击。

选定多个段落:将鼠标指针移动到段落的左侧,直到指针变为指向右边的箭头,再单击并向上或向下拖动鼠标。

选定一大块文本:单击要选定内容的起始处,然后滚动要选定内容的结尾处,在按住 Shift 键的同时单击鼠标。

选定矩形区域文本:按住 Alt 键,拖动鼠标。

选定整篇文档:将鼠标指针移动到文档中任意正文的左侧,直到指针变为指向右边的箭头,然后三击。

(3) 文本的移动

文本的移动有两种常用方法:一种是利用剪贴板技术;另一种是用鼠标拖动来移动文本。

利用剪贴板技术移动文本,操作步骤如下。

① 选定需要移动的文本。

② 在"开始"选项卡下的"剪贴板"组中,单击"剪切"按钮。

③ 将光标定位到需要插入该段文本的位置。

④ 在"开始"选项卡下的"剪贴板"组中,单击"粘贴"按钮。

小知识 "剪贴板"可以看成是 Word 的临时记录区域,当使用"复制"或"剪切"命令时,被选中的文本将被自动记录到"剪贴板"上,这与 Windows 系统中的"剪贴板"有相似的功能。但是 Word 中"剪贴板"的功能更强大。它最多可以记录 24 项内容,同时还可以进行有选择的"粘贴"操作。

利用鼠标拖动快速移动文本,操作步骤如下。

① 选定需要移动的文本。

② 将鼠标指针指向所选取的文本,当鼠标指针变为反向的空心箭头时,按下鼠标左键,此时箭头左方出现一条竖虚线,箭柄处有一个虚方框,然后拖动鼠标,直到竖虚线定位到需要插入所选定文本的位置,此时松开鼠标左键,于是所选定的文本就移动到了这个新位置。

(4) 文本的复制

文本复制有两种常用方法:一种是利用剪贴板技术;另一种是利用鼠标拖动来复制文本。

利用剪贴板技术复制文本,操作步骤如下。

① 选定需要复制的文本。

② 单击"开始"选项卡下的"剪贴板"组中的"复制"按钮,将选定的文本复制到剪贴板中。

③ 将光标定位到需要插入的位置。

④ 单击"开始"选项卡下的"剪贴板"组中的"粘贴"按钮，粘贴剪贴板中的文本。

利用鼠标拖动复制文本，操作步骤如下。

① 选定需要复制的文本。

② 将鼠标指针指向所选取的文本，当鼠标指针变为反向的空心箭头时，按住 Ctrl 键不放，并按下鼠标左键，此时箭头左方出现一条竖虚线，箭柄处有一个虚方框，虚方框上有一个加号"＋"，然后仍按住 Ctrl 键，并拖动鼠标，直到竖虚线定位到需要插入所选定文本的位置，此时松开鼠标左键，于是所选定的文本就复制到了这个新位置。

提示　　"选择性粘贴"功能可以帮助用户在 Word 2010 文档中有选择地粘贴剪贴板中的内容。在"开始"选项卡的"剪贴板"组中，选择"粘贴"按钮下方的下拉三角按钮，并单击下拉菜单中的"选择性粘贴"命令，在打开的"选择性粘贴"对话框中选中"粘贴"单选框，然后在"形式"列表中选中一种粘贴格式，如选中"图片（Windows 图元文件）"选项，并单击"确定"按钮。

（5）撤销、重复和恢复操作

在编辑 Word 2010 文档时，如果所做的操作不合适，需要返回到当前结果前面的状态，则可以通过"撤销键入"或"恢复键入"功能实现；如果想重复同一步骤，则可以通过"重复键入"功能实现。

① 撤销操作。"撤销键入"功能可以按照从后到前的顺序撤销若干步骤，但不能有选择地撤销不连续的操作。一种方法是按下 Alt＋Backspace 组合键执行撤销操作；另一种方法是单击"快速访问工具栏"中的"撤销键入"按钮 ，单击按钮旁边的向下箭头。

② 恢复操作。执行撤销操作后，还可以将 Word 2010 文档恢复到最新编辑的状态。一种方法是按下 Ctrl＋Y 组合键执行恢复操作，另一种方法是单击"快速访问工具栏"中已经变成可用状态的"恢复键入"按钮 。

③ 重复操作。"重复键入"功能可以在文档中重复执行最后的编辑操作，如重复输入文本、设置格式或重复插入图片、符号等。一种方法是按下 Ctrl＋Y 组合键执行重复操作，另一种方法是单击"快速访问工具栏"中的"重复键入"按钮 。

（6）查找和替换

"查找和替换"功能可以定位到文档中指定的文本，并替换成其他文本。在整个文档范围进行这种操作，可以使文档修改工作十分迅速和有效。

查找文本。选中要查找的文本，单击"开始"选项卡，在"编辑"组中单击"查找"按钮，文档中的该文本全部呈反显状态。

Word 2010 还具有"高级查找"功能，操作步骤如下。

① 单击"开始"选项卡，在"编辑"组中单击"查找"按钮下的"高级查找"按钮，弹出"查找和替换"对话框。

② 在"查找和替换"对话框中的"查找内容"下拉式列表内键入要查找的文本，如输入"智慧"，如图 6-12 所示。

图 6-12　"查找和替换"对话框

③ 单击"查找下一处"按钮。Word 2010 开始查找,此时对话框并不消失,光标定位到查找的内容并呈反显状态。如果再次单击"查找下一处"按钮,则符合查找条件的下一个内容呈反显状态。如果要结束查找操作,可单击"取消"按钮。如果找不到查找内容,系统将显示相关的提示信息。

> **提示**　如果要一次选中指定单词或词组的所有实例,选中"阅读突出显示"按钮,则文档中的该文本全部呈反显状态,按 Esc 键可取消正在执行的搜索。

查找并替换文本。要替换文本,操作步骤如下。

① 选中要查找的文本,单击"开始"选项卡,在"编辑"组中,单击"替换"按钮。

② 在"查找内容"下拉式列表内输入要查找的文本。

③ 在"替换为"下拉式列表内输入替换的文本。

④ 单击"查找下一处"按钮,Word 2010 将从当前光标处开始向下查找,查找到输入的查找内容后,定位并呈反显状态。

⑤ 如果需要替换,单击"替换"按钮,完成替换;如果不想替换,单击"查找下一处"按钮,将继续查找下一处;如果需要全部替换,单击"全部替换"按钮。

⑥ 按 Esc 键可取消正在执行的查找。

格式的替换。可以将选定文本的当前格式替换为其他格式,例如,字体、段落、制表位、样式等。操作步骤如下。

① 单击"开始"选项卡,在"编辑"组中,单击"替换"按钮。

② 将光标定位在"查找内容"下拉式列表中。

③ 单击"更多"按钮,展开"搜索选项"。

④ 单击"格式"按钮,弹出下拉式列表,"查找和替换"对话框如图 6-13 所示。

⑤ 单击"字体"命令,弹出"查找字体"对话框,如图 6-14 所示。

图 6-13　"替换"选项高级设置的格式菜单

图 6-14　"查找字体"对话框

⑥ 在"中文字体"列表框中单击"宋体",单击"确定"按钮。

⑦ 将插入点定位到"替换为"下拉式列表框中。

⑧ 重复步骤④和⑤,在"中文字体"列表框中单击"楷体",再单击"确定"按钮。

⑨ 根据所需,单击"查找下一处"、"替换"或者"全部替换"按钮。

（7）自动更正

在 Word 2010 中，可以使用"自动更正"功能将词组、字符等文本或图形替换成特定的词组、字符或图形，从而提高输入和拼写的检查效率。用户也可以根据实际需要设置自动更正选项，以便更好地使用自动更正功能。例如，输入"teh"后按空格键，"自动更正"会将输入的内容替换为"the"。如果输入"This is theh ouse"后按空格键，"自动更正"会将输入的内容替换为"This is the house"。也可使用"自动更正"，插入在内置的"自动更正"词条中列出的符号。例如，用户输入"(c)"，可插入符号 ₵ 。

"自动更正"选项的打开或关闭，操作步骤如下。

① 单击"文件"按钮，在展开的菜单中单击"选项"命令，在打开的"Word 选项"对话框中切换到"校对"选项卡，然后单击"自动更正选项"按钮，弹出"自动更正"对话框，如图 6-15 所示。

② 在"自动更正"对话框中，单击"自动更正"选项卡，选中"键入时自动替换"复选框。

③ 单击"确定"按钮。

提示　在"自动更正"对话框中，可以根据自己的需要，选择下列"自动更正"选项。

① 若要显示或隐藏"自动更正选项"按钮，选中或清空"显示'自动更正选项'按钮"。

② 若要设置与大小写更正有关的选项，选中或清空对话框中的后五个复选框。

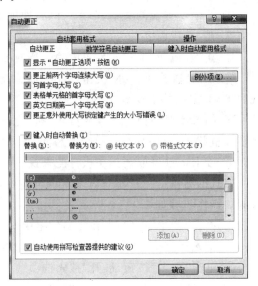

图 6-15　"自动更正"对话框

"拼写检查"的打开或关闭，操作步骤如下。

① 在"自动更正"对话框中，选中或清空"隐藏拼写错误"复选框；如果要选中此复选框，还必须选中"键入时检查拼写"复选框。

② 单击"确定"按钮。

"自动更正"词条的添加。如果内置词条列表不包含所需的更正内容，可以添加词条。

例如：当输入"上海"而自动替换为"上海应用技术学院"的操作步骤如下。

① 在"自动更正"对话框中，在"替换"文本框中输入"上海"，在"替换为"文本框中输入"上海应用技术学院"，单击"添加"按钮。

② 单击"确定"按钮。

"自动更正"词条的删除，操作步骤如下。

① 单击"工具"下的"自动更正选项"命令，在弹出的"自动更正"对话框中的"替换"下拉式列表中，选择要删除的词条，单击"删除"按钮。

② 单击"确定"按钮。

（8）自动图文集

小知识　自动图文集，即存储要使用的文字或图形的位置，如存储标准合同条款或较长的通信组列表。每个所选的文字或图形录制为一个"自动图文集"词条，并为其指定唯一的名称。

自动图文集词条的插入。词条被分成若干类别，检查"常规"类别，以查看所创建的词条。插入自动图文集词条的操作步骤如下。

①　单击"插入"选项卡，之后单击"文本"功能组，选择"文档部件"，从下拉菜单中选择"自动图文集"选项。

②　单击所需的自动图文集词条名称。例如，输入"Dear"按 F3 键，即出现"Dear sir or Madam："。

自动图文集词条的创建，操作步骤如下。

①　选择所需要的文本或图片，切换到"插入"选项卡。

②　在"文本"功能组中选择"文档部件"选项，从下拉菜单中选择"自动图文集"选项，选择"将所选内容自动保存到自动图文集库"按钮。

③　在弹出的"新建构建基块"对话框中，输入相应的名称。

④　单击"确定"按钮。

提示　　用快捷键插入自动图文集词条。首先，启用记忆式输入功能。在文档中输入自动图文集词条名称的前四个字符。当 Word 2010 提示完整的自动图文集词条时，按下 Enter 或 F3 键可接受该词条。如果自动图文集词条包含没有文本的图形，按 F3 键可接受该词条。如果要拒绝该自动图文集词条，继续输入。

自动图文集的案例制作。将"上海应用技术学院"校徽图标创建为自动图文集，操作步骤如下。

①　选中"上海应用技术学院"校徽图片，切换到"插入"选项卡。

②　在"文本"功能组中选择"文档部件"选项，从下拉菜单中选择"自动图文集"选项，选择"将所选内容自动保存到自动图文集库"按钮。

③　在弹出的"新建构建基块"对话框中，输入词条名称"上海应用技术学院校徽"，如图 6-16 所示。

④　单击"确定"按钮。

图 6-16　创建自动图文集案例

自动图文集词条的删除，操作步骤如下。

①　在"文本"功能组中选择"文档部件"选项，从下拉菜单中选择"自动图文集"选项，选择"构建基块管理器"选项。

②　在弹出的"构建基块管理器"对话框中，单击要删除的自动图文集词条名称。

③　单击"删除"按钮。

（9）校对或修订文本

拼写和语法检查。在 Word 2010 文档中，经常会看到在某些单词或短语的下方标有红色、蓝色或绿色的波浪线，这是由 Word 2010 中提供的"拼写和语法"检查工具，根据 Word 2010 的内置字典标示出的含有拼写或语法错误的单词或短语。其中，红色或蓝色波浪线表示单词或短语含有拼写错误，而绿色下画线表示语法错误（当然这种错标识仅仅是一种修改建议）。

要在键入时自动检查拼写和语法错误，操作步骤如下。

①　切换到"审阅"功能区，在"校对"组中单击"拼写和语法"按钮，打开"拼写和语法"对话框。

②　选中"检查语法"复选框。

③　单击"确定"按钮。

可以集中检查拼写和语法错误。如果希望在完成编辑后再进行文档校对，操作步骤如下。

①　切换到"审阅"功能区，在"校对"组中单击"拼写和语法"按钮，弹出"拼写和语法"对话框，按 F7 键也可弹出此对话框。

②　选中"检查语法"复选框。在"输入错误或特殊用法"文本框中,将以红色、绿色或蓝色字体标识出存在拼写或语法错误的单词或短语。如果确实存在错误,在"输入错误或特殊用法"文本框中进行更改,并单击"更改"按钮。如果标识出的单词或短语没有错误,可以单击按"忽略一次"或"全部忽略"按钮忽略关于此单词或词组的修改建议。可以单击"词典"按钮,将标示出的单词或词组加入 Word 2010 内置的词典中,单击"忽略一次"按钮。

③　完成拼写和语法检查,在"拼写和语法"对话框中单击"关闭"或"取消"按钮。

自动拼写和语法检查功能的关闭,操作步骤如下。

①　切换到"审阅"功能区。在"校对"组中单击"拼写和语法"按钮,弹出"拼写和语法"对话框。

②　选中"检查语法"复选框。

③　执行下列一项或两项操作。

方法一:要关闭自动拼写检查功能。清空"键入时检查拼写"复选框选项。

方法二:要关闭自动语法检查功能,清空"键入时检查语法"复选框选项。

6. 文档显示

(1) 视图

文档文窗口中不同的显示方式,称为视图。在编辑过程中,常常因不同的编辑目的而突出文档中的部分内容,以便有效地对文档进行编辑。

(2) 视图的分类

Word 2010 中提供了多种视图模式供用户选择。这些视图模式包括"页面视图"、"阅读版式视图"、"Web 版式视图"、"大纲视图"和"草稿视图"。

①　"页面视图"就是以页面显示文档,从而使文档看上去就像是在纸上一样,可以查看到整个文档的版面设计效果,几乎与打印输出没有区别,可以起到预览文档的作用。在页面视图可以看到包括正文及正文区之外版面上的所有内容。

②　"阅读版式视图"以图书的分栏样式显示 Word 2010 文档,"文件"按钮、功能区等窗口元素被隐藏起来。在阅读版式视图中,用户还可以单击"工具"按钮选择各种阅读工具。

③　"Web 版式视图"以网页的形式显示 Word 2010 文档,Web 版式视图适用于发送电子邮件和创建网页。

④　"大纲视图"主要用于设置 Word 2010 文档的标题和显示标题的层级结构,并可以方便地折叠和展开各种层级的文档。大纲视图广泛用于 Word 2010 长文档的快速浏览和设置中,如图 6-17 所示。

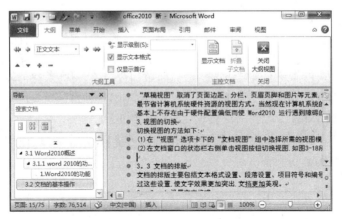

图 6-17　"大纲视图"显示方式

⑤ "草稿视图"取消了页面边距、分栏、页眉页脚和图片等元素,仅显示标题和正文,是最节省计算机系统硬件资源的视图方式。当然现在计算机系统的硬件配置都比较高,基本上不存在由于硬件配置偏低而使 Word 2010 运行遇到障碍的问题。

(3) 视图的切换

切换视图的方法如下。

① 在"视图"选项卡下的"文档视图"组中,选择所需的视图模式。

② 在文档窗口的状态栏右侧,单击"视图"按钮切换视图,如图 6-18所示。

图 6-18　视图按钮

6.1.3　文档的排版

文档的排版主要包括设置文本格式、段落的格式化、边框和底纹的设置、项目符号和编号的设置、使用样式等。通过这些设置,可使文字效果更加突出、文档更加美观。

1. 设置文本格式

一个文档中的文字可由多种字体组成,字体通常又有字形、字号及修饰作用的成分(如下划线、字符边框等)所构成。

(1) 利用"字体"对话框设置

利用"字体"对话框设置字体格式,操作步骤如下。

① 选定文本。

② 单击"开始"选项卡下"字体"组中的下三角按钮,弹出"字体"对话框,如图 6-19 所示。

③ 通过对"字体"显示在对话框中的各选项的配置,可以指定显示文本的方式。设置效果会显示在"预览"框中。

④ 在"字体"选项卡下,可以对已选定的文本设置中文字体、西文字体、字形、字号、下划线及下划线线型、下划线颜色、字符颜色、着重号,还可以为选定的文本设置显示效果,如删除线、空心、阴影等。

⑤ 在"高级"选项卡下的"字符间距"区和"OpenType 功能"区中进行相应的设置,如图 6-20所示。

图 6-19　"字体"对话框

图 6-20　"字体"的"高级"选项卡

⑥ 单击"文字效果"按钮,弹出"设置文本效果格式"对话框,如图 6-21 所示。可以进行文字填充、文本边框、轮廓样式阴影等设置。

提示　"字体"对话框,也可通过右键快捷菜单中的"字体"选项弹出。

(2) 利用快速工具栏设置

利用"开始"选项卡下"字体"组工具栏,也可以设置字体格式,如图 6-22 所示。

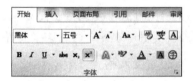

图 6-21　"设置文本效果格式"对话框　　　　图 6-22　"字体组"快速工具栏

(3) 利用"格式刷"按钮设置

利用"开始"选项卡下的"剪贴板"组下的"格式刷"按钮,可以快速将指定段落或文本的格式沿用到其他段落或文本上,以避免重复操作,提高排版效率。操作步骤如下。

① 选择设置好格式的文本。

② 在功能区的"开始"选项卡下的"剪贴板"组中,单击"格式刷"按钮,这时指针变为画笔图标。

③ 将鼠标移至要改变格式的文本的开始位置,拖动鼠标完成设置。

提示　单击"格式刷"按钮,使用一次后,按钮将自动弹起,不能继续使用;如要连续多次使用,可双击"格式刷"按钮。如要停止使用,可按键盘上的 Esc 键,或再次单击"格式刷"按钮。

下面将对"杂志封面"案例进行格式设置。操作步骤如下。

① 参照图 6-23 输入文档内容。

② 选中文档的第一行,将字体设置为"华文宋体",字号设置为"三号",对文字添加"粗下划线"。

③ 选中"读者珍藏本"文本,将字体设置为"黑体",字号设置为"二号",字体颜色设为"黄色"。

④ 选中"卷首语精品",将字体设置为"隶书",字号设置为"72",字体颜色为"红色"。

⑤ 选中"张绍民曾辉/主编",将字体设置为"仿宋",字号设置为"四号"。

⑥ 选中如图 6-24 所示的文档内容,字体设置为"仿宋",字号设置为"四号",居中显示。

⑦ 选中"才能从中得到滴水藏海的力量……"文本,添加"单下划线"。

⑧ 选中最后三行文本。

⑨ 将字体设置为"宋体",字号设置为"小四号",居中显示,最终效果如图 6-25 所示。

(4) 设置中文字符的特殊效果

中文字符的特殊效果主要包括:带圈字符和拼音指南。下面以"拼音指南"为例介绍特殊效果的设置方法。操作步骤如下。

① 选择要设置拼音指南的文本。

② 单击"开始"选项卡"字体"组中的"拼音指南"按钮,弹出"拼音指南"对话框,如图 6-26 所示。

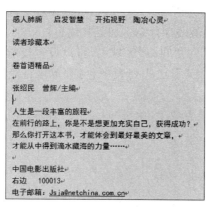

图 6-23 "杂志封面"文档内容

图 6-24 "封面"案例文档的内容被选中

图 6-25 "杂志封面"案例

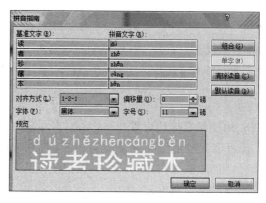

图 6-26 "拼音指南"对话框

③ 在"拼音指南"对话框中的基准文字和拼音文字自动出现,如果拼音有误可以修改。

④ 通过"对齐方式"、"偏移量"、"字体"以及"字号"下拉式列表中的选项,进行相应的设置。

⑤ 单击"确定"按钮。

2. 段落的格式化

设置段落格式主要包括三个方面:一是段落的对齐方式;二是段落的缩进设置;三是段落的间距设置。可以用"段落"对话框设置,也可用"段落"组的快速工具栏设置。

(1) 利用"段落"对话框设置段落格式

操作步骤如下。

① 选定内容,单击"开始"选项卡下的"段落"组中的下三角按钮,弹出"段落"对话框,如图 6-27 所示。

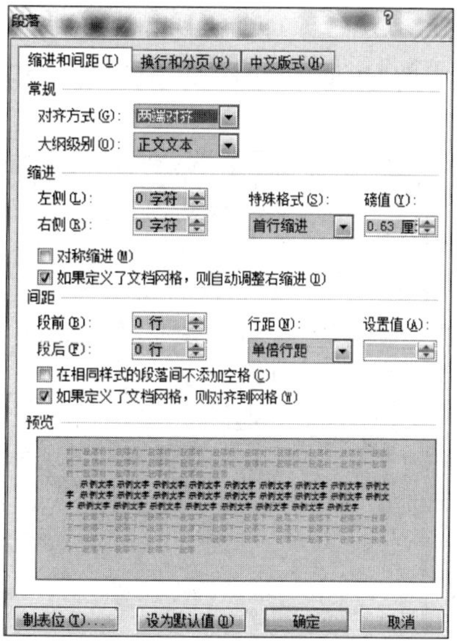

② 对齐方式设置。在"缩进和间距"选项卡下的

图 6-27 "段落"对话框

"常规"区域内可以进行"对齐方式"和"大纲级别"的设置。

③ 段落的缩进设置。在"缩进和间距"选项卡下的"缩进"区域内,可以设置左侧、右侧缩进的字符数及特殊格式设置。特殊格式设置包括段落的首行缩进和悬挂缩进。

④ 段落的间距设置。在"缩进和间距"选项卡下的"间距"区域内,可以设置段前、段后间距及行距。行距设置文本行之间的垂直间距。"行距"下拉式列表中包括"单倍行距"、"最小值"、"固定值"等选项,根据需要选择相应行距类型。

⑤ 预览。设置完毕后,在"预览"框中可以查看设置效果,单击"确定"按钮即可完成段落的设置。

(2) 利用格式工具栏设置段落格式

使用格式对齐方式工具栏设置段落格式,如图 6-28 所示。

(3) 利用标尺设置段落格式

用文档窗口中的水平标尺上的段落缩进标记,可以设置段落左缩进、右缩进、首行缩进、悬挂缩进等,方法简单,但不够精确。标尺显示如图 6-29 所示。

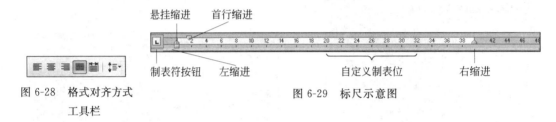

图 6-28　格式对齐方式　　　　　　　图 6-29　标尺示意图
　　　　　工具栏

3. 边框和底纹的设置

边框和底纹能增加读者对文档不同部分的兴趣、注意程度,还可以提高文档的美观度。

可以把边框加到页面、文本、图形及图片中。可以为段落和文本添加底纹,可以为图形对象应用颜色或纹理填充。

方法一:单击"开始"选项卡下的"段落"组中的"边框和底纹"按钮,弹出"边框和底纹"对话框,如图 6-30 所示。

方法二:单击"边框和底纹"右侧的下三角按钮,弹出如图 6-31 所示的下拉式列表。单击其中的"边框和底纹"选项,可弹出相应的对话框。该对话框中有"边框"、"页面边框"、"底纹"

图 6-30　"边框和底纹"对话框　　　　　图 6-31　"段落组"的边框和底纹

三个选项卡。

(1) 边框的设置

操作步骤如下。

① 选定文本内容,在"边框和底纹"对话框中选择"边框"选项卡。

② 在"设置"区选择所需的边框样式,如方框等。

③ 在"样式"列表中选择线型,在"颜色"下拉式列表中定义边框颜色,在"宽度"下拉式列表中定义边框宽度。

④ 在"应用于"下拉式列表中,选定"段落"或"文字"选项。

⑤ 此时预览区会显示边框的预览效果。

⑥ 单击"确定"按钮,即可完成边框设置。

应用于段落的双线型边框添加边框效果对比图,如图 6-32 所示。

应用于行的双线型边框添加边框效果对比图,如图 6-33 所示。

图 6-32　应用于段落的文字边框

图 6-33　应用于文字的文字边框

 提示　如果要对选定的段落附加简单的边框(框线宽度为 0.5 磅)和底纹(15% 灰色),可以在选定段落后,单击"字体"组下的"字符边框"和"字符底纹"按钮,即可完成。

(2) 页面边框的设置

在 Word 2010 中,不仅可以对文字添加边框,还可以对整个页面添加边框。操作步骤如下。

① 在"边框和底纹"对话框中,单击"页面边框"选项卡,如图 6-34 所示。

② 利用与边框设置相同的方法,设置页面边框的边框样式、线型、颜色和宽度。

③ 在"艺术型"下拉式列表中选择艺术型边框。

④ 在"应用于"下拉式列表中选择"整篇文档"或"本节"等选项。

⑤ 单击"确定"按钮,效果如图 6-35 所示。

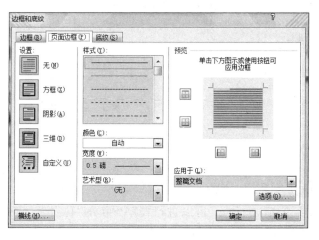
图 6-34　"页面边框"选项卡

图 6-35　带页面边框的"自传"案例

（3）底纹的设置

操作步骤如下。

① 在"边框和底纹"对话框中，单击"底纹"选项卡，如图6-36所示。

② 在"填充"区设置底纹颜色，在"图案"区的"样式"下拉式列表中设置图案样式；在"应用于"下拉式列表，选择"文字"或"段落"选项。

③ 单击"确定"按钮完成。

应用于段落添加底纹效果对比图，如图6-37所示。

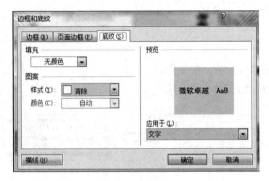　　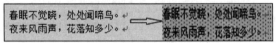

图6-36　"底纹"选项卡　　　　　　　　图6-37　应用于文字的底纹图

（4）边框和底纹的清除

在"边框和底纹"对话框中，在"边框"和"页面边框"选项卡下的"设置"区中单击"无"按钮，之后单击"确定"按钮，即可完成文本边框及页面边框的清除操作。

在"底纹"选项卡中，选择"填充"下拉式列表中的"无颜色"清除选项可清除颜色填充，选择"图案"下拉式列表中的"清除"选项可清除图案填充，之后单击"确定"按钮完成。

（5）首字下沉效果的设置

首字下沉有两种效果："下沉"和"悬挂"。其中：使用"下沉"效果时首字下沉后将和段落其他文字在一起；使用"悬挂"效果时，首字下沉后将悬挂在段落其他文字的左侧。图6-38为设置首字下沉效果的案例，操作步骤如下。

> 　道德是人们为了我们群体的利益而约定俗成的我们应该做什么和不应该做什么的行为规范。公德一般是指存在于社会群体中间的道德，是生活于社会中的人们为了我们群体的利益而约定俗成的我们应该做什么我们应该做什么和不应该做什么的行为规范。私德是指存在于小于社会大众的小群体或个人中间的道德。

图6-38　首字下沉原文

① 把光标放在要设置首字下沉的段落上，单击"插入"选项卡，在"文本"组中单击"首字下沉"按钮，弹出下拉菜单，如图6-39所示。

"无"：取消段落的首字下沉。

"下沉"：首字下沉后首字将和段落其他文字在一起。

"悬挂"：首字下沉后将悬挂在段落其他文字的左侧。

② 单击"首字下沉选项"，弹出"首字下沉"对话框，可以进行首字下沉的"位置"、"字体"、"下沉行数"、"距正文"等设置。在"选项"区域中，在"宋体"的下拉式列表框中选择"宋体"，在"下沉行数"下拉式列表框中设置下沉行数为"3"，"距正文"为"0厘米"，如图6-40所示。

图 6-39　"首字下沉"下拉菜单

图 6-40　"首字下沉"对话框

③ 单击"确定"按钮。设置后的效果如图 6-41 所示。

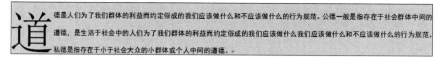

图 6-41　首字下沉效果图

(6) 中文版式的设置

中文版式主要包括：纵横混排、合并字符、双行合一和字符缩放。下面我们以"合并字符"为例介绍。操作步骤如下。

① 选择要进行合并的文本(至多 6 个字符)。

② 在"开始"选项卡下的"段落"组中单击"中文版式"按钮,弹出如图 6-42 所示的下拉菜单。

③ 单击"合并字符"选项,弹出"合并字符"对话框,如图 6-43 所示。

图 6-42　"中文版式"下拉菜单

图 6-43　"合并字符"对话框

④ 在"文字"文本框中显示已选择的文本,如"电子信箱"。用户可以根据需要对文本进行修改。

⑤ 通过"字体"、"字号"下拉式列表进行相应的设置。

⑥ 单击"确定"按钮。

4. 项目符号和编号的设置

在 Word 2010 文档中,适当采用项目符号和编号可使文档内容层次分明,重点突出。创建项目符号和编号,可以在输入文档时自动创建,也可以先输入文档内容,再为其添加项目符号和编号。

(1) 项目符号

在 Word 2010 中内置有多种项目符号,用户可以在 Word 2010 中选择合适的项目符号,也可以根据实际需要定义新的项目符号。

项目符号的添加,操作步骤如下。

① 选中要添加项目符号的段落。

② 在"开始"选项卡的"段落"组中,单击"项目符号"按钮,完成添加操作。也可以单击"项目符号"下三角按钮,在展开的"项目符号"下拉式列表(见图 6-44)中选择所需的项目符号样式。

项目符号的新建。如果已有的项目符号不能满足需求时,用户可新建项目符号。操作步骤如下。

① 在"开始"选项卡的"段落"组中单击"项目符号"下三角按钮。在展开的"项目符号"下拉式列表中,选择"定义新项目符号"选项,弹出"定义新项目符号"对话框,如图 6-45 所示。

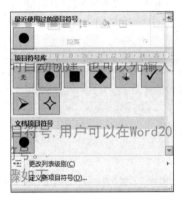

图 6-44 "定义新项目符号"按钮

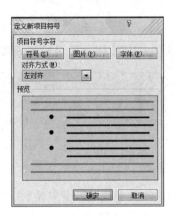

图 6-45 "定义新项目符号"对话框

② 可以通过单击"符号"、"图片"和"字体"按钮,创建新的项目符号。

③ 单击"确定"按钮。

(2)项目编号

项目编号的添加。操作步骤如下。

① 选中要添加项目编号的段落。

② 在"开始"选项卡的"段落"组中单击"项目编号"按钮,完成添加操作。也可以单击"项目编号"下三角按钮,在展开的"项目编号"下拉式列表(见图 6-46)中选择所需的项目编号样式。

项目编号的新建。操作步骤如下。

① 在"开始"选项卡的"段落"组中,单击"项目编号"下三角按钮。在展开的"项目编号"下拉式列表中,选择"定义新编号格式"选项,弹出"定义新编号格式"对话框,如图 6-47 所示。

② 可以通过设置"编号样式"、"编号格式"、"对齐方式"和"字体",创建新的项目编号。

③ 单击"确定"按钮。

多级列表的添加。多级列表是指 Word 文档中项目编号列表的嵌套,以实现层次效果。操作步骤如下。

① 选中要添加多级列表的段落。

② 在"开始"选项卡的"段落"组中单击"多级列表"按钮,在展开的"多级列表"下拉式列表中选择所需的多级列表样式。

5. 使用样式

样式是多个格式排版命令的集合。使用样式,可以通过一次操作完成多种格式的设置,从而简化排版操作,节省排版时间。

（1）样式的使用

操作步骤如下。

① 选定要设置样式的文本。

② 单击"开始"选项卡下的"样式"组中的"样式"按钮 。也可以单击"样式"组的展开按钮，在弹出的"样式"下拉式列表中选择更多的样式，如图 6-48 所示。

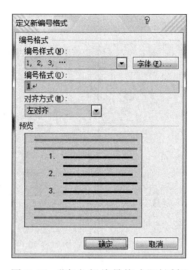

图 6-46 "编号"组的下拉式列表　　图 6-47 "定义新编号格式"对话框　　图 6-48 "样式"下拉式列表

（2）样式的创建

将常用的文字格式定义为样式，以方便使用，可以采用"新建样式"方法。操作步骤如下。

① 在"样式"下拉式列表中单击"新建样式"按钮，弹出"根据格式设置创建新样式"对话框，如图 6-49 所示。

② 在属性区域的"名称"文本框中，输入新定义的样式名称，通过"样式类型"、"样式基准"和"后续段落样式"下拉式列表进行相应的设置。例如，在"名称"文本框中输入"目录标题 2"，在"样式类型"下拉式列表框中选择"段落"。在"样式基准"下拉式列表中选择"标题 2"，在"后续段落样式"下拉式列表中选择"目录标题 2"。

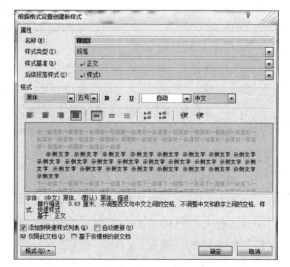

图 6-49 "根据格式设置创建新样式"对话框

③ 在格式区域中的"字体"、"字号"、"字体颜色"等下拉式列表中进行相应的格式设置。例如，设置字体为"黑体"，字号为"三号"，选择

字体"加粗",字体颜色为"自动",如图 6-50 所示。

④ 可以单击"格式"按钮进行更多格式的设置。也可以通过选择"添加到快速样式列表"复选框,将创建的样式添加到快速样式列表中。

⑤ 单击"确定"按钮。

(3) 样式的修改

在编辑文档时,已有的样式不一定能完全满足要求,需要在原有的样式基础上进行修改,使其符合要求。操作步骤如下。

① 单击"开始"选项卡下"样式"组的展开按钮,在弹出的"样式"下拉式列表中单击"管理样式"按钮,弹出"管理样式"对话框,单击其中的"修改"按钮,弹出"修改样式"对话框,如图 6-51 所示。

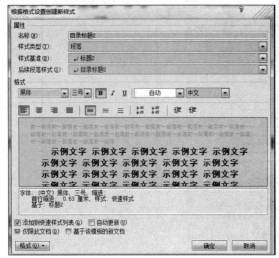
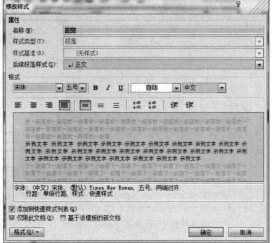

图 6-50　新建样式案例　　　　　　图 6-51　"修改样式"对话框

② 在"修改样式"对话框中进行相应的设置,设置方法可参照"样式的创建"。

③ 单击"确定"按钮。

(4) 删除样式

操作步骤如下。

① 在"管理样式"对话框的"选择要编辑的样式"列表中,选中要删除的样式。

② 单击"删除"按钮,弹出确认是否删除的对话框。

③ 单击"是"按钮,完成删除操作。

6. 模板的使用

模板是一种预先设置好的特殊文档。使用模板创建文档时,由于模板内的格式都已确定,用户只需输入自己的信息就可以了。因此,使用模板不仅可以节省格式化编排的时间,还能够保持文档格式的一致性。

Word 2010 提供了多种不同功能的模板。实际上,前面创建的空白文档,也是 Word 2010 提供的一种称为"普通(Normal)"的模板。与其他模板不同的是,在这个模板中未预先定义任何格式。

(1) 模板的新建

在 Word 2010 中创建模板,可以根据原有模板创建新模板,也可以根据原有文档创建模板。

新建模板的操作步骤如下。

① 打开 Word 2010 文档窗口,在当前文档中设计自定义模板所需要的元素,如文本、图片、样式等。

② 完成模板的设计后,在"快速访问工具栏"中单击"保存"按钮。在打开的"另存为"对话框中,在"保存位置"中选择 C：\Documents and setting\Administrator\Application Data\Microsoft\Templates 文件夹。

③ 单击"保存类型"下三角按钮,并在下拉式列表中选择"Word 模板"选项。

④ 在"文件名"文本框中输入模板名称。

⑤ 单击"保存"按钮。

（2）模板的修改

模板创建完成后,可以随时对其中的设置内容进行修改。修改模板的操作步骤如下。

① 单击"文件"选项卡的"打开"命令,然后找到并打开要修改的模板。如果"打开"对话框中没有列出任何模板,单击"文件类型"下拉式列表中"Word 模板"选项。

② 更改模板中的文本和图形、样式、格式等设置。

③ 单击"快速访问"工具栏中的"保存"按钮。

7. 页面设置和打印

为了打印一份令人赏心悦目的文档,必须在打印前进行页面设置,以使文档的布局更加合理,同时为了突出文档的特征,有必要进行页眉和页脚的插入,而且在打印前要充分利用打印设置和打印预览等功能。

（1）分栏排版

所谓分栏,就是将 Word 2010 文档的全部页面或选中的内容设置为多栏。Word 2010 提供多种分栏方法。分栏的创建操作步骤如下。

① 选中需要设置分栏的内容,如果不选中特定文本,则为整篇文档或当前节设置分栏。

② 在"页面布局"选项卡的"页面设置"组中单击"分栏"按钮,在展开的"分栏"下拉式列表（见图 6-52）中选择所需的分栏类型,如一栏、两栏等。

图 6-53 所示的是文档利用"分栏"按钮建立两栏的效果图。

图 6-52　"分栏"按钮的下拉式菜单

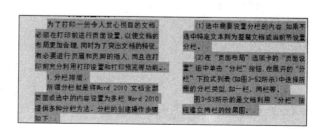

图 6-53　两栏效果图

（2）分隔符的设置

分页符、分节符、换行符和分栏符,统称为分隔符。分隔符与制表符、大纲符号、段落标记等,称为编辑标记。分页符始终在普通视图和页面视图中显示。若看不到编辑标记,单击"常用"工具栏中的"显示/隐藏编辑标记"按钮。

分页符的插入,操作步骤如下。

① 单击要开始新页的位置。

② 在"插入"选项卡下的"页"组中,单击"分页"按钮。将光标移至要删除的分页符前,按 Delete 键。

分节符,可以将文档分为若干节,对每一节分别进行页面格式设置。

分节符的插入,操作步骤如下。

① 将光标放在要分页的位置,确定插入点位置。

② 在"页面布局"选项卡下的"页面设置"组中,单击"分页符"按钮,弹出下拉式列表,如图 6-54 所示。

③ 单击要使用的分节符类型。

选中"下一页",插入一个分节符,并在下一页上开始新节。

选中"连续",插入一个分节符,新节从同一页开始。

选中"奇数页",插入一个分节符,新节从奇数页开始。

选中"偶数页",插入一个分节符,新节从偶数页开始。

分节符的删除,操作步骤如下。

① 单击"草稿"视图,以便可以看到双虚线分节符。

② 选择要删除的分节符。

③ 按 Delete 键。

(3) 页眉和页脚

页眉和页脚分别位于文档页面的顶部和底部。在页眉和页脚中,可以插入页码、日期、图片、文档标题和文件名,也可以输入其他信息。双击已有的页眉和页脚,可激活页眉和页脚。

图 6-54　"分页符"按钮
下拉式列表

添加页眉和页脚的操作步骤如下。

① 单击"插入"选项卡,在"页眉和页脚"组中单击"页眉"或"页脚"按钮。

② 在打开的"页眉"或"页脚"下拉式列表中,单击"编辑页眉"或"编辑页脚"按钮,自动进入"页眉"或"页脚"编辑区域,系统自动切换到了"页眉和页脚工具"下的"设计"选项卡(见图 6-55)。

③ 在"页眉"或"页脚"编辑区域内输入文本内容,还可以在打开的"设计"选项卡中选择插入页码、日期和时间等对象。

④ 单击"关闭页眉和页脚"按钮。

奇偶页上添加不同页眉和页脚的操作步骤如下。

① 双击页眉区域或页脚区域(靠近页面顶部或页面底部),打开"页眉和页脚工具"下的"设计"选项卡。

② 在"页眉和页脚工具"选项卡的"选项"组中,选中"奇偶页不同"复选框,如图 6-56 所示。

图 6-55　"页眉和页脚工具"选项工作组

图 6-56　设计不同的页面
和页脚复选框

③ 在其中一个奇数页上,添加要在奇数页上显示的页眉、页脚或页码编号。

④ 在其中一个偶数页上,添加要在偶数页上显示的页眉、页脚或页码编号。

删除页眉和页脚的操作步骤如下。

① 双击页眉、页脚或页码。

② 选择页眉、页脚或页码。

③ 按 Delete 键。

④ 对具有不同页眉、页脚或页码的每个分区,重复步骤①～③。

(4) 页面设置

页面设置主要包括页面大小、页边距、边框效果以及页眉版式等。合理地设置页面,将使整个文档的编排清晰、美观。

页边距的设置。页边距是页面四周的空白区,默认页边距符合标准文档的要求。通常插入的文字和图形在页边距内,某些项目可以伸出页边距。

调整文档页边距的操作步骤如下。

① 打开文档,单击"页面布局"选项卡下的"页面设置"组中的"页边距"下三角按钮,在展开的下拉式列表中,选择一种页边距样式,也可以单击"自定义页边距"选项,弹出"页面设置"对话框,如图 6-57 所示。

② 在"页边距"选项卡下,可以对"页边距"、"方向"和"页码范围"等进行设置。

③ 单击"确定"按钮。

设置纸张大小的操作步骤如下。

① 打开文档,单击"页面布局"选项卡下的"页面设置"组中的"纸张大小"下三角按钮。在展开下拉式列表中,选择一种纸张样式,也可以单击"其他页面大小"选项,弹出"页面设置"对话框,如图 6-58 所示。

图 6-57　"页边距"选项卡

图 6-58　"纸张"选项卡

② 在"纸张"选项卡下可以对"纸张大小"、"纸张来源"和"打印选项"等进行设置。

③ 单击"确定"按钮。

在文档排版时,有时需要对文字方向进行重新设置。设置文字方向的操作步骤如下。

① 单击"页面布局"选项卡下的"页面设置"组中的"文字方向"下三角按钮。

② 在展开的下拉式列表中,可选择所需的文字方向,或单击"文字方向选项……"弹出"文字方向-主文档"对话框(见图 6-59)。

③ 在打开的对话框中进行相应的文字方向的设置。

④ 单击"确定"按钮。

(5) 页面背景

页面颜色的设置,操作步骤如下。

① 打开需要添加背景的 Word 文档。

② 单击"页面布局"选项卡下的"页面背景"组中的"页面颜色"下三角按钮,展开下拉式列表。

③ 在展开的"页面颜色"下拉式列表中,选择所需的背景颜色。

④ 弹出"颜色"对话框,选择所需的颜色。

⑤ 如单击"填充效果"选项,弹出"填充效果"对话框,如图 6-60 所示。背景主题可以设置成渐变、纹理、图案或图片。

⑥ 单击"确定"按钮。

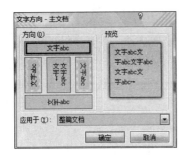

图 6-59　"文字方向-主文档"对话框

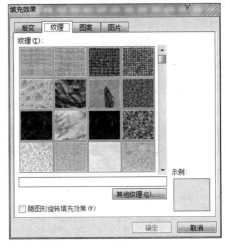

图 6-60　"填充效果"下的"纹理"选项卡

设置水印的操作步骤如下。

① 单击"页面布局"选项卡下的"页面背景"组中的"水印"下三角按钮,在展开的下拉式列表中选择一种内置的水印效果。

② 水印通常是用文字作为背景的。若想用图片作为水印背景,选择"自定义水印"选项,弹出"水印"对话框。

③ 在"水印"对话框中,可以设置图片水印或文字水印,如图 6-61 所示,左图选择的是"图片水印",右图选择的是"文字水印"。

④ 若要取消水印,单击"无水印"按钮。

⑤ 单击"确定"按钮。

(6) 文档打印

文档编辑完成并设置好页面版式后,就可以打印。在打印前,应先预览打印的整体效果。如果对效果不满意,可以对文档再次进行修改。操作步骤如下。

图 6-61　"水印"对话框

① 打开 Word 2010 文档窗口,单击"文件"选项卡下的"打印"命令,弹出"打印"窗口,如图 6-62 所示。

② 在打开的"打印"窗口右侧预览区域,可以查看 Word 2010 文档打印预览效果。

③ 单击"打印"按钮。

6.1.4　表格的基本操作

在日常的学习和工作中,经常会看到或用到各种各样的表格,如成绩单、课程表、销售统计表等。一般情况下,表格是由许多行和列组成的,而这些行和列交叉部分所组成的网格就是单元格。在单元格中输入文字、数据或图形后,就应形成了一张表格。

图 6-63 是 Word 2010 制作的一张学生成绩表。完成这样的表格,涉及的知识点有:表格的创建、表格数据的输入、表格的编辑、表格的格式化等。

图 6-62　"文件"下的"打印"窗口

1. 表格的创建

Word 2010 通过以下四种方法来插入表格。

方法一:使用表格模板插入表格。

方法二:使用"表格"菜单指定需要的行数和列数插入表格。

方法三:使用"插入表格"对话框插入表格。

方法四:手工绘制插入表格。

(1) 使用表格模板插入表格

操作步骤如下。

① 在要插入表格的位置单击。

② 在"插入"选项卡下的"表格"组中,单击"表格"下三角按钮,在展开的下拉式列表中(见图 6-64)选中"快速表格",在弹出的右侧菜单中,选择所需要的模板。

③ 使用所需的数据替换模板中的数据。

(2) 使用"表格"菜单插入表格

操作步骤如下。

① 在要插入表格的位置单击。

报考专业	考试科目4	考生编号	科目1成绩	科目2成绩	科目3成绩	科目4成绩	总分	报名数
机械工程	控制理论基础		75	71	146	147	439	643
机械工程	控制理论基础		69	69	140	145	423	643
机械工程	控制理论基础		70	68	140	145	423	643
机械工程	控制理论基础		74	72	124	145	415	643
机械工程	机械原理与设计		74	69	140	132	415	643
机械工程	控制理论基础		71	68	131	145	415	643
机械工程	控制理论基础		79	67	139	130	415	643
机械工程	机械原理与设计		82	64	133	135	414	643
机械工程	机械原理与设计		80	63	132	139	414	643
机械工程	控制理论基础		73	77	123	140	413	643

图 6-63　表格案例　　　　　　　　　　　图 6-64　"表格"下拉式列表

② 在"插入"选项卡下的"表格"组中,单击"表格"按钮,在展开的下拉式列表中的"插入表格"区域下,拖动鼠标,以选择需要的行数和列数(最大为 8 行 10 列)。

(3) 使用"插入表格"对话框插入表格

操作步骤如下。

① 在要插入表格的位置单击。

② 在"插入"选项卡下的"表格"组中,单击"表格"按钮,在展开的下拉式列表中单击"插入表格"选项,弹出"插入表格"对话框,如图 6-65 所示。

③ 在"插入表格"对话框中,可以对表格尺寸、自定义套用格式等进行设置。

④ 单击"确定"按钮。

(4) 手工绘制表格

操作步骤如下。

① 在要创建表格的位置单击。

② 在"插入"选项卡下的"表格"组中,单击"表格"按钮,在展开的下拉式列表中单击"绘制表格"选项。此时,光标会变为铅笔状。

③ 在要定义表格的外边界,绘制一个矩形,然后在该矩形内绘制列线和行线。

④ 要擦除一条线或多条线,在"表格工具"下"设计"选项卡的"绘制边框"组中,如图 6-66 所示,单击"擦除",此时光标会变为橡皮状。

图 6-65　"插入表格"对话框

图 6-66　"表格工具"下的"设计"选项卡

⑤ 单击要擦除的线条,删除此线条。

2. 表格的编辑

创建空白表格后,可以根据需要对表格进行编辑与修改。

(1) 表格的选定

利用鼠标或键盘可以选定表格中的某一单元格、一组单元格、连续一行、连续一列的单元格,选定方法见表 6-1 所示。

表 6-1　选定表格的操作方法

选 定 区 域	鼠标或菜单操作
单元格	移至单元格左下角,当光标变为黑色实心箭头时单击
一组相邻的单元格	选中起始单元格,并拖动鼠标
一行	在文档中该行的左页边距处单击,或在右键快捷菜单中执行"选择"|"行"命令
多行	在文档的左页边距处单击并拖动鼠标
一列	光标放在该列的最上方,当光标变为向下的实心箭头时单击,或在右键快捷菜单中执行"选择"|"列"命令
多列	选中一列后,拖动到要选定的各列
整张表格	光标放在表格左上角的移动控制柄处单击,或在右键快捷菜单中执行"选择"|"表格"命令

(2) 表格的移动与缩放

将光标指向表格左上角的移动控制柄上,如图 6-67 所示,按住鼠标左键并拖动,即可将表格移动到文档的其他位置。将光标指向表格右下角的表格大小控制柄上,按住左键并拖动,可缩放表格。

(3) 行、列或单元格的删除

若要删除表格中的文字,可以使用在文档中删除文本的方法。如果要删除行、列或单元格,操作步骤如下。

① 选择要删除的行、列或单元格。

② 右击,在弹出的快捷菜单中单击"删除行"、"删除列"或"删除单元格"命令。删除单元格时,会弹出如图 6-68 所示的"删除单元格"对话框,选择相应的方式后,单击"确定"按钮。

(4) 表格行、列和单元格的插入

可以在表格的任意位置插入行、列或单元格。插入操作可以利用快捷菜单,也可以使用"表格工具"下的"布局"选项卡,如图 6-69 所示。

移动控制手柄　表格大小控制柄

图 6-67　表格的控制柄

图 6-68　"删除单元格"对话框

行插入的操作步骤如下。

① 在要添加行处的上方或下方的单元格内右击。

② 在快捷菜单上,指向"插入",在级联菜单中,单击"在上方插入行"或"在下方插入行"命令。

列插入的操作步骤如下。

图 6-69 "表格工具"下的"布局"选项卡

① 在要添加列处的左侧或右侧的单元格内右击。

② 在快捷菜单上,指向"插入",在级联菜单中,单击"在左侧插入列"或"在右侧插入列"命令。

单元格插入的操作步骤如下。

① 将光标定位到要插入的位置,右击。

② 在快捷菜单上,指向"插入",在级联菜单中,单击"插入单元格"命令,弹出"插入单元格"对话框,如图 6-70 所示,选择相应的方式后,单击"确定"按钮。

（5）表格单元格的合并和拆分

单元格的合并,是指将相邻的几个单元格合并成一个单元格。操作步骤如下。

① 选定要合并的单元格。

② 单击"表格工具"下的"布局"选项卡下的"合并单元格"按钮,或者右击,在弹出的快捷菜单中选择"合并单元格"命令。图 6-71 所示为合并单元格前后的效果。

图 6-70 "插入单元格"对话框

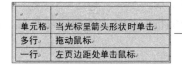

图 6-71 合并单元格前后的效果

单元格的拆分,是指将一个单元格拆分成多个单元格。操作步骤如下。

① 选定单元格,右击。

② 在弹出的快捷菜单中选择"拆分单元格"命令,弹出"拆分单元格"对话框,如图 6-72 所示。

③ 在"拆分单元格"对话框中输入需要拆分后的列数与行数,单击"确定"按钮。

表格的拆分。拆分表格是把一张表格从指定的位置拆分成两张表格。操作步骤如下。将插入点移动到表格的拆分位置上,单击"表格工具"下的"布局"选项的"拆分表格"命令。拆分后的表格效果如图 6-73 所示。

图 6-72 "拆分单元格"对话框

图 6-73 表格拆分后的效果图

（6）单元格、行、列的移动和复制

在表格的单元格中移动或复制文本,与普通文本的移动或复制基本相同,可以采用使用工具栏的按钮、使用鼠标拖动、使用文件菜单命令等方法。

3. 表格的格式化

为了使表格更加规范和美观,在完成表格的创建后,可以对表格进行格式化的设置,如

图 6-63 所示,涉及的知识点包括表格边框与底纹的设置、表格的位置、环绕方式和文本的对齐方式等。

(1) 表格边框和底纹的设置

在 Word 2010 中,不仅可以在"表格工具"选项卡中设置表格边框,还可以在"边框和底纹"对话框中设置表格边框。设置表格边框的操作步骤如下。

① 在 Word 表格中,选中需要设置边框的单元格或整个表格。在"表格工具"下的"设计"选项卡下的"表格样式"组中,单击"边框"下三角按钮,在展开的菜单中选择"边框和底纹"命令,弹出"边框和底纹"对话框,切换到"边框"选项卡,如图 6-74 所示。

② 可以设置"样式"、"颜色"、"宽度"等。

③ 单击"确定"按钮。

设置表格底纹的操作步骤如下。

① 在"边框和底纹"对话框中,切换到"底纹"选项卡,如图 6-75 所示。

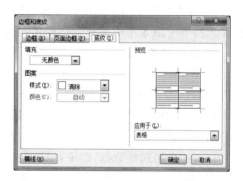

图 6-74　"边框"选项卡　　　　　　　图 6-75　"底纹"选项卡

② 分别在"填充"、"图案"的下拉式列表中进行底纹的颜色和图案的设置。

③ 单击"确定"按钮。

(2) 套用表格样式

表格样式是一组事先设置了表格边框、底纹、对齐方式等格式的表格模板。Word 2010 中提供了多种适用于不同用途的表格样式。

用户可以单击表格中的任意单元格,在"表格工具"下的"设计"选项卡中,将鼠标指向"表格样式"组中的表格样式列表,即可选择表格样式。

(3) 表格单元格的文本对齐方式和表格对齐方式

① 表格的文字对齐

在 Word 2010 表格中,用户主要可以通过三种方法设置单元格中文本的对齐方式,即在"表格工具"功能区设置、在"表格属性"对话框中设置和在快捷菜单中设置。

利用"表格工具"功能区设置对齐方式的操作步骤如下。

a. 打开 Word 2010 文档窗口,在 Word 表格中选中需要设置对齐方式的单元格或整张表格。

b. 在"表格工具"功能区中,切换到"布局"选项卡,然后在"对齐方式"组中选择所需的对齐方式,如"靠上两端对齐"、"靠上居中对齐"、"靠上右对齐"、"中部两端对齐"、"水平居中"、"中部右对齐"、"靠下两端对齐"、"靠下居中对齐"和"靠下右对齐"对齐方式,如图 6-76 所示。

利用"表格属性"对话框设置对齐方式的操作步骤如下。

a. 打开 Word 2010 文档窗口,在 Word 表格中选中需要设置对齐方式的单元格或整张表格。

b. 在"表格工具"功能区中,切换到"布局"选项卡,在"表"组中单击"属性"按钮(见图 6-77),弹出"表格属性"对话框。在打开的"表格属性"对话框中单击"单元格"选项卡,然后在"垂直对齐方式"区域选择合适的垂直对齐方式,并单击"确定"按钮。

图 6-76　"布局"选项卡

图 6-77　"表格工具—
布局—表"组

利用快捷菜单设置对齐方式的操作步骤如下。

a. 打开 Word 2010 文档窗口,在 Word 表格中选中需要设置对齐方式的单元格或整张表格。

b. 右击被选中的单元格或整张表格,在弹出的快捷菜单中指向"单元格对齐方式"选项,在弹出的下一级菜单中选择合适的单元格对齐方式即可。

② 表格对齐方式

在 Word 2010 文档中,用户可以为表格设置相对于页面的对齐方式,如左对齐、居中、右对齐。操作步骤如下。

a. 单击 Word 表格中的任意单元格。在"表格工具"功能区切换到"布局"选项卡,并在"表"组中单击"属性"按钮,弹出"表格属性"对话框,如图 6-78 所示。

b. 在"表格属性"对话框中,单击"表格"选项卡,在"对齐方式"区域中,选择所需的对齐方式选项,如"左对齐"、"居中"或"右对齐"选项。如果选择"左对齐"选项,并将文字环绕设为"无"选项,可以设置"左缩进"数值(与段落缩进的作用相同),如图 6-79 所示。

图 6-78　"表格属性"下的"单元格"选项卡

图 6-79　"表格属性"下的"表格"选项卡

c. 单击"确定"按钮。

4. 表格的处理

在表格制作的案例中,其中"总分"与"平均分"两列的内容,可以通过计算求得,还可以对表格中的数据按一定的条件加以重新排序。

（1）表格的计算

使用"公式"对话框可以对表格中的数据进行多种运算，如数学运算、统计运算、条件运算等。

利用公式可以求得案例表格中每个人的平均分，操作步骤如下。

① 将光标定位在"平均分"下的第一个单元格（即 H2 单元格）。

② 切换到"表格工具"功能区的"页面布局"选项卡下，单击"数据"组的"fx 公式"命令，弹出"公式"对话框。

③ 在"公式"对话框的"公式"文本框中，输入"＝AVERAGE（B2:F2）"，或者在"粘贴函数"下拉式列表框中选择"AVERAGE"，在"AVERAGE"后的括号中填入"B2:F2"，如图 6-80 所示。

④ 单击"确定"按钮。

其他行的"平均分"同样按以上方法计算。图 6-81 为表格案例已求得总分和平均分的效果图。

图 6-80　"公式"对话框

	数学	英语	物理	计算机	化学	总分	平均
黎明	98	99	97	75	87	456	91.2
刘明	88	87	87	79	90	431	86.2
王华	99	98	83	91	87	458	91.6
刘洋	99	87	98	65	89	438	87.6
王菲	76	54	44	61	67	302	60.4

图 6-81　表格案例的效果图

（2）表格的数据排序

表格排序案例制作的操作步骤如下。

① 选择案例表格的第 2 行到第 6 行。

② 在"表格工具"功能区，切换到"布局"选项卡，并单击"数据"组中的"排序"按钮，弹出"排序"对话框。

③ 在"排序"对话框的"列表"选项区域中，选择"有标题行"单选按钮，在"主要关键字"下拉式列表中选择排序的依据"总分"，在"类型"下拉式列表框中选择用于指定排序依据的值的类型"数字"，再选择"降序"单选按钮。

④ 如果"总分"相同，按"数学"的数值降序排列。在"次要关键字"的下拉式列表框中选择"数学"，"类型"选择"数字"，并选中"降序"单选按钮。如图 6-82 所示。

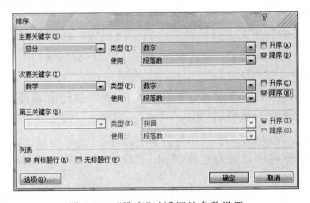

图 6-82　"排序"对话框的参数设置

⑤ 单击"确定"按钮。排序效果如图 6-83 所示。

5. 由表生成图

由表格中的数据生成图表的操作步骤如下。

(1) 切换到"插入"功能区,在"插图"组中单击"图表"按钮。

(2) 打开"插入图表"对话框,在左侧的图表类型列表中选择需要创建的图表类型,在右侧的图表子类型列表中选择合适的图表,并单击"确定"按钮。

(3) 在并排打开的 Word 窗口和 Excel 窗口中,首先需要在 Excel 窗口中编辑图表数据。例如,修改系列名称和类别名称,并编辑具体数值。在编辑 Excel 表格数据的同时,Word 窗口将同步显示图表结果。

(4) 完成 Excel 表格数据的编辑后,关闭 Excel 窗口。在 Word 窗口中,可以看到创建完成的图表,如图 6-84 所示。

	数学	英语	物理	计算机	化学	总分	平均分
王华	99	98	83	91	87	458	91.6
黎明	98	99	97	75	87	456	91.2
刘洋	99	87	98	65	89	438	87.6
刘明	88	87	80	79	90	431	86.2
王菲	76	54	44	61	67	302	60.4

图 6-83　排序后的表格案例

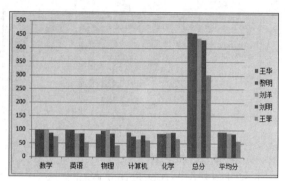

图 6-84　由案例表格生成的图表

6.1.5　图文混排

1. 图片的使用

Word 2010 不仅有强大的文字和表格处理功能,同时也具有强大的图形处理功能。

Word 2010 可以将其他软件的图形、数据等插入 Word 2010 文档内,制作图文并茂的文档。

图 6-85 是"杂志封面"案例的进一步美化的效果图。若要制作带有图片背景的"杂志封面"文档,涉及的知识有:图片的插入、图片的编辑、图片位置及图片格式的设置。

(1) 剪贴画的插入

Word 2010 提供了内容丰富的剪贴画库。我们使用剪贴画制作"杂志封面"案例。

① 插入剪贴画:在"插入"功能区的"插图"组中,单击"剪贴画"按钮,屏幕右侧出现了"剪贴画"的任务窗格,如图 6-86 所示。

② 在"剪贴画"任务窗格的"搜索文字"文本框中,输入描述所需剪贴画的单词或词组,或输入剪贴画文件的全部或部分文件名。

③ 若要修改搜索范围,执行下列两项操作或其中之一。

方法一:若要将搜索范围扩展为包括 Web 上的剪贴画,单击"包括 Office.com 内容"复选框。

方法二:若要将搜索结果限制于特定媒体类型,单击"结果类型"框中的箭头,并选中"插图"、"照片"、"视频"或"音频"旁边的复选框。

④ 单击"搜索",如图 6-87 所示。图中显示的是在"搜索文字"的文本框中输入"自然"的搜索结果。

图 6-85　"杂志封面"案例美化后的效果图

图 6-86　"剪贴画"的任务窗格

⑤ 在结果列表中,单击所选剪贴画,即可将其插入。

(2) 来自文件图片的插入

文档中不仅可以插入 Word 2010 自身剪贴画库中的剪贴画,还可以插入其他程序所创建的图片文件。操作步骤如下。

① 将插入点定位在要插入图片的位置。

② 在"插入"功能区的"插图"组中,单击"图片"按钮,弹出"插入图片"对话框,如图 6-88 所示。

图 6-87　输入"自然"后显示
　　　　的搜索结果

图 6-88　"插入图片"对话框

③ 在"插入图片"对话框的"查找范围"下拉式列表框中,选择图片文件所在的位置,在"文件类型"下拉式列表框中,选择插入图片的文件类型。

④ 单击要插入文档的图片名称。

⑤ 单击"插入"按钮。

（3）图片的编辑

在文档中插入图片后，根据需要可以对文件进行编辑，如图片大小、位置、环绕方式、裁剪图片等。编辑图片使用"图片工具格式"功能区的"调整"、"图片样式"、"排列"和"大小"组进行修改，如图 6-89 所示。

图 6-89 "图片工具"下的"格式"选项卡

可以调整图片的颜色浓度和色调、对图片重新着色或者更改图片中某个颜色的透明度，可以将多个颜色效果应用于图片。

① 图片颜色浓度的更改

操作步骤如下。

a. 单击要更改颜色浓度的图片。

b. 在"图片工具"功能区的"格式"选项卡下的"调整"组中，单击"颜色"按钮。弹出下拉式列表，如图 6-90 所示。

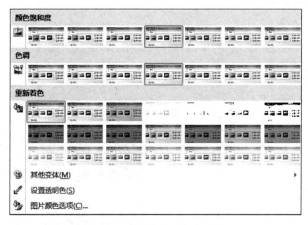

图 6-90 "颜色"下拉式列表

c. 若要选择其中一个最常用的"颜色饱和度"调整，单击"预设"按钮，单击所需的缩略图。

d. 若要微调浓度，单击"图片颜色选项"按钮。

② 图片色调的更改

操作步骤如下。

a. 单击要为其更改色调的图片。

b. 在"图片工具"功能区的"格式"选项卡下的"调整"组中，单击"颜色"按钮。

c. 若要选择其中一个最常用的"色调"调整，单击"预设"按钮，单击所需的缩略图。

d. 若要微调浓度，单击"图片颜色选项"按钮。

③ 图片的重新着色

可以将一种内置的风格效果（如灰度或褐色色调）快速应用于图片，操作步骤如下。

a. 单击要重新着色的图片。

b. 在"图片工具"功能区中的"格式"选项卡下的"调整"组中，单击"颜色"按钮。

c. 若要选择其中一个最常用的"重新着色"调整，单击"预设"按钮，单击所需的缩略图。

d. 若要使用更多的颜色，包括主题颜色的变体、"标准"选项卡下的颜色或自定义颜色单击"其他变体"按钮。

④ 颜色透明度的更改

操作步骤如下。

a. 单击要创建透明区域的图片。

b. 在"图片工具"功能区的"格式"选项卡下的"调整"组中，单击"颜色"按钮。

c. 单击"设置透明色"按钮，然后单击图片或图像中要使之变透明的颜色。

⑤ 图片效果的添加或更改

操作步骤如下。

a. 单击要添加效果的图片。

b. 在"图片工具"功能区的"格式"选项卡下的"图片样式"组中，单击"图片效果"按钮，弹出下拉式列表，如图 6-91 所示。

c. 根据需要，可选择"阴影"、"映像"、"发光"、"柔化边缘"、"棱台"、"三维旋转"等效果的缩略图。

⑥ 图片亮度和对比度的更改

操作步骤如下。

a. 单击要更改亮度的图片。

b. 在"图片工具"功能区的"格式"选项卡下的"调整"组中，单击"更正"按钮。弹出"更正"下拉式列表，如图 6-92 所示。

c. 在"亮度和对比度"区域中，单击所需的缩略图。

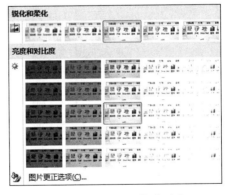

图 6-91　"图片效果"下拉式列表　　　　图 6-92　"更正"下拉式列表

⑦ 将艺术效果应用于图片

操作步骤如下。

a. 单击要应用艺术效果的图片。

b. 在"图片工具"功能区的"格式"选项卡下的"调整"组中，单击"艺术效果"下三角按钮。弹出"艺术效果"下拉式列表，如图 6-93 所示。

c. 单击所需的艺术效果。

⑧ 图片的裁剪

操作步骤如下。

a. 选择要裁剪的图片。

b. 在"图片工具"功能区的"格式"选项卡下的"大小"组中,单击"裁剪"按钮。

c. 执行下列操作之一。

方法一:若要裁剪某一侧,将该侧的中心裁剪控点向里拖动。

方法二:若要同时均匀地裁剪两侧,在按住 Ctrl 键的同时将任一侧的中心裁剪控点向里拖动。

方法三:若要同时均匀地裁剪全部四侧,在按住 Ctrl 键的同时将一个角部裁剪控点向里拖动。

方法四:若要放置裁剪,移动裁剪区域(通过拖动裁剪方框的边缘)或图片。

d. 按 Esc 键,完成裁剪。

⑨ 文字环绕方式的设置

操作步骤如下。

a. 选中图片。

b. 在"图片工具"功能区的"格式"选项卡的"排列"组中,单击"位置"按钮,在弹出菜单中单击"其他布局选项"命令,弹出"布局"对话框。

c. 在"布局"对话框中,切换到"文字环绕"选项卡,如图 6-94 所示。在"环绕方式"区域,选中所需文字环绕方式(如"嵌入型")。

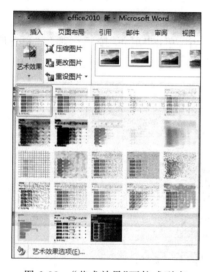

图 6-93 "艺术效果"下拉式列表

图 6-94 "布局"对话框

d. 单击"确定"按钮。如果用户希望在 Word 2010 文档中设置更丰富的文字环绕方式,可以在"排列"组中单击"自动换行"按钮,在弹出的菜单中选择合适的文字环绕方式。

在本案例中,将插入的剪贴画的"文字环绕"设置为"衬于文字下方",作为文档的背景。

⑩ 图片大小和位置的设置

方法一:选中图片,将鼠标指针移到图片对角的某个控制点上。当鼠标指针变化为双向箭头形状"↗"或"↘"时,拖动控制点,然后根据缩放图片虚线框的大小,在适当的位置松开鼠标。如果移动图片,选中图片,当指针变化为"✛"形状时,拖动鼠标,也可以按住 Alt 键进行微调。

方法二:在"格式"功能区指定自选图形尺寸。

如果对 Word 2010 自选图形的尺寸有精确要求,可以指定自选图形的尺寸。选中自选图形,在自动打开的"绘图工具/格式"功能区中,设置"大小"组中的高度和宽度数值即可。

方法三:在"布局"对话框指定自选图形尺寸。操作步骤如下。

a. 右击自选图形,在弹出的快捷菜单中选择"其他布局选项"命令,弹出"布局"对话框。

b. 在"布局"对话框中,切换到"大小"选项卡。在"高度"和"宽度"区域分别设置绝对值数值。

c. 单击"确定"按钮。

方法四:还可以利用"设置图片格式"对话框,对图片进行相应的设置。操作步骤如下。

a. 选中图片。

b. 右击,在快捷菜单中选择"设置图片格式"命令,弹出"设置图片格式"对话框,如图 6-95 所示。

c. 根据所需,单击所对应的选项卡,完成各项设置。

图 6-96 所示的是一个"多媒体技术培训中心优秀学生"印章的案例,完成印章案例制作,涉及的知识点有文本框、艺术字的使用及图形的绘制操作。

图 6-95　"设置图片格式"对话框

图 6-96　印章案例

2. 文本框的使用

通过使用文本框,用户可以将 Word 文本很方便地放置到 Word 2010 文档页面的指定位置,而不必受到段落格式、页面设置等因素的影响。Word 2010 内置有多种样式的文本框,供用户选择使用。

(1) 文本框的插入

操作步骤如下。

① 在"插入"功能区的"文本"组中,单击"文本框"命令。

② 在弹出的内置文本框面板中,选择合适的文本框类型。

③ 在插入的文本框的编辑区内输入内容。

(2) 文本框格式的设置

尺寸的改变。单击文本框,将鼠标移动到边框线上任意位置的尺寸控点,光标变为双箭头光标,按住左键拖曳至所需大小即可。

边框的改变。操作步骤如下。

① 单击以选中文本框。

② 在"格式"功能区中的"形状样式"组中,单击"形状轮廓"下三角按钮,弹出"形状轮廓"

下拉式列表,如图 6-97 所示。

③ 在"主题颜色"和"标准色"区域中设置文本框的边框颜色;选择"无轮廓"命令可以取消文本框的边框;将鼠标指向"粗细"选项,在弹出的下一级菜单中可以选择文本框的边框宽度;将鼠标指向"虚线"选项,在弹出的下一级菜单中可以选择文本框虚线边框形状。

背景的设置。操作步骤如下。

① 选中文本框。

② 在"绘图工具"下的"格式"功能区中的"形状样式"组中,单击"形状填充"下三角按钮,弹出"形状填充"下拉式列表,如图 6-98 所示。

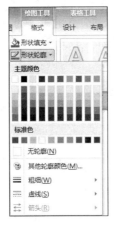

图 6-97　形状轮廓

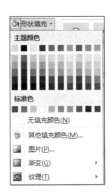

图 6-98　形状填充

③ 在"主题颜色"和"标准色"区域可以设置文本框的填充颜色;单击"其他填充颜色"按钮,可以在弹出的"颜色"对话框中选择更多的填充颜色。

④ 如果希望为文本框填充渐变颜色,在"形状填充"下拉式列表中,将鼠标指向"渐变"选项,并在弹出的下一级菜单中选择"其他渐变"命令。在弹出的"设置形状格式"对话框中,自动切换到"填充"选项卡,选中"渐变填充"单选按钮,可以选择"预设颜色"、"渐变类型"、"渐变方向"和"渐变角度",并且还可以自定义渐变颜色。设置完毕,单击"关闭"按钮。"填充"选项卡如图 6-99 所示。

⑤ 要想为文本框设置纹理填充,可以在"填充"选项卡中选中"图片或纹理填充"单选按钮,如图 6-100 所示。单击"纹理"下拉三角按钮,在纹理列表中选择合适的纹理。

⑥ 如果希望为文本框填充来自其他文件、剪贴板、剪贴画等的图片或纹理,在"填充"选项卡中选中"图片或纹理填充"单选按钮,单击"文件"按钮,选中合适的图片,返回"填充"选项卡。

⑦ 如果想为文本框填充图案,在"填充"选项卡中选中"图案填充"单选按钮,选中图案样式。设置背景色。

⑧ 单击"关闭"按钮。

(3) 文本框文字环绕方式的设置

文字环绕方式,就是指 Word 2010 文档文本框周围的文字,以何种方式环绕文本框。默认设置为"浮于文字上方"环绕方式。用户可以根据 Word 2010 文档版式的需要设置文本框文字环绕方式。操作步骤如下。

① 选中文本框,在"文本框工具"下的"格式"功能区的"排列"组中,单击"位置"按钮。

图 6-99　"填充"选项卡

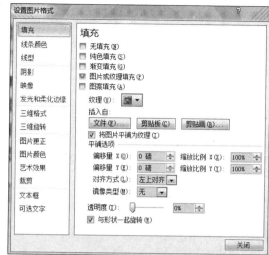

图 6-100　设置纹理填充

② 在打开的位置列表中,提供了嵌入型和多种位置的四周型文字环绕方式,如果这些文字环绕方式不能满足用户的需要,单击"其他布局选项"命令,弹出"布局"对话框。

③ 在"布局"对话框中,切换到"文字环绕"选项卡,可以看到 Word 2010 提供了"四周型"、"紧密型"、"衬于文字下方"、"浮于文字上方"、"上下型"、"穿越型"等多种文字环绕方式,选择合适的环绕方式。

④ 单击"确定"按钮。

在图 6-96 所示的案例中,创建文本框,输入"优秀学生",设置字体为"华文行楷"、字号为"四号"、颜色为"红色",在"线条"栏下的"颜色"下拉式列表框中选择"无"。

3. 艺术字的使用

Office 中的艺术字(英文名称为 WordArt)结合了文本和图形的特点,能够使文本具有图形的某些属性,如设置旋转、三维、映像等效果,在 Word、Excel、PowerPoint 等 Office 组件中,都可以使用艺术字功能。

(1) 艺术字的插入

操作步骤如下。

① 将插入点移动到准备插入艺术字的位置。在"插入"功能区中,单击"文本"组中"艺术字"下三角按钮,在打开的艺术字预设样式列表中选择合适的艺术字样式,如图 6-101 示。

② 打开艺术字文字编辑框,直接输入艺术字文本即可。用户可以对输入的艺术字分别设置字体和字号。

设计图 6-96 的印章案例。在"插入"功能区中,单击"文本"组中的"艺术字"下三角按钮,在打开的艺术字预设样式列表中选择第 5 行第 3 列的艺术字样式,在弹出的"艺术字编辑"框中输入"多媒体技术培训中心",字体为"华文新魏"、字号为"16"号。

(2) 艺术字的编辑

① 艺术字形状的设置

Word 2010 提供的多种艺术字形状,使得可以在 Word 2010 文档中实现丰富多彩的艺术字效果,如三角形、V 形、弧形、圆形、波形、梯形等。操作步骤如下。

a. 单击需要设置形状的艺术字,使其处于编辑状态。

b. 在"绘图工具"下的"格式"功能区中,单击"艺术字样式"组中的"文本效果"下三角按钮。

c. 在打开的文本效果列表中,指向"转换"选项,在弹出的艺术字形状列表中选择需要的形状。当鼠标指向某一种形状时,Word 文档中的艺术字将即时呈现实际效果,如图 6-102 所示。

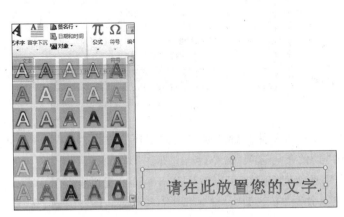

图 6-101 插入"艺术字"样式及艺术字编辑框

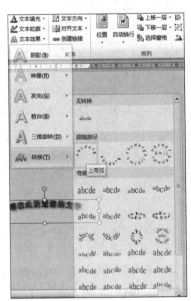

图 6-102 "艺术字"形状转换的下拉式列表

在图 6-96 案例的制作中,选定艺术字,在"绘图工具"下的"格式"功能区中,单击"艺术字"字样式组中的"文本效果"下三角按钮。打开文本效果列表,指向"转换"选项,在打开的艺术字形状列表中选择"上弯弧"形状。效果如图 6-103 所示。

多媒体技术培训

图 6-103 案例艺术字效果图

② 艺术字文字环绕的设置

因为艺术字具有图片和图形的很多属性,所以可以为艺术字设置文字环绕方式。默认情况下,Word 2010 中的艺术字文字环绕为"浮于文字上方"方式。操作步骤如下。

a. 选中需要设置文字环绕方式的艺术字。

b. 在"绘图工具"下的"格式"功能区中,单击"排列"组中的"位置"下三角按钮。

c. 在打开的位置列表中,用户可以选择"嵌入文本行中"选项,使艺术字作为 Word 文档文本的一部分参与排版,也可以选择"文字环绕"组中的一种环绕方式,使其作为一个独立的对象参与排版。在位置列表中显示的文字环绕,只有"嵌入型"和"四周型"两种方式,如果用户还有更高的版式要求,则可以在"位置"列表中单击"其他布局选项"命令,以进行更高级的设置。

d. 打开"布局"对话框,切换到"文字环绕"选项卡。在"环绕方式"区域显示出"嵌入型"、"四周型"、"紧密性"、"穿越型"、"上下型"、"衬于文字下方"和"衬于文字上方"等 Word 2010 文档支持的几种环绕方式。其中,"四周型"、"紧密性"、"穿越型"、"上下型"这四种环绕方式,可以分别设置自动换行方式和与正文之间的距离。选择合适的文字环绕方式。

e. 单击"确定"按钮。

③ 艺术字背景的设置

艺术字的背景设置可参照"文本框"的背景设置,可以设为纯色、渐变、图片或纹理、图形等各种背景填充效果。

4．绘制自选图形

Word 2010 中的自选图形是指用户自行绘制的线条和形状,还可以直接使用 Word 2010 提供的线条、箭头、流程图、星星等形状组合成更加复杂的形状。

（1）自选图形的绘制

操作步骤如下。

① 在"插入"的"插图"组中,单击"形状"下三角按钮,在打开的形状面板中单击需要绘制的形状。

② 将鼠标指针移动到文档的相应位置,按下左键拖动鼠标,即可绘制相应的图形。如果在释放左键以前按下 Shift 键,则可以成比例绘制形状;如果按住 Ctrl 键,则可以在两个相反方向同时改变形状大小。将图形大小调整至合适的大小后,释放左键,即完成了自选图形的绘制。

（2）自选图形的编辑

① 自选图形中文字的添加

单击以选取绘制的自选图形,在该图形内右击,在弹出的快捷菜单中选择"添加文字"命令,随时自选图形中会出现一个插入点,输入需要添加的文字即可。

② 自选图形的自由旋转

单击以选取需要旋转的自选图形,用鼠标指向图形中的绿色旋转控制点,当鼠标指针变成形状 时,按住鼠标左键并拖动,将以图形中央为中心进行旋转。旋转效果如图 6-104 所示。

③ 自选图形的 90°旋转

如果进行 90°旋转,则可以在"绘图工具"下的"格式"功能区进行设置。选中自选图形,在自动打开的"绘图工具"|"格式"功能区,单击"排列"组中的"旋转按钮",在打开的菜单中选择"向右旋转 90°"或"向左旋转 90°"命令。

图形向左旋转 90°的效果如图 6-105 所示。

④ 自选图形的精确旋转

如果需要精确旋转自选图形,则可以在"布局"对话框中指定旋转角度,操作步骤如下。

a．右击自选图形,在弹出的快捷菜单中单击"其他布局选项"命令,弹出"布局"对话框,如图 6-106 所示。

图 6-104　以图形单元为中心进行旋转效果

图 6-106　自选图形

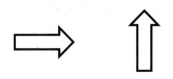

图 6-105　左翻转 90°效果图

b. 在"布局"对话框中，切换到"大小"选项卡，在"旋转"区域设置旋转角度。

c. 单击"确定"按钮。

⑤ 多个图形的叠放次序

在 Word 2010 中插入或绘制多个对象时，用户可以设置对象的叠放次序，以决定哪个对象在上层、哪个对象在下层。操作步骤如下。

a. 选择要叠放的对象。

b. 在"绘图工具"下的"格式"功能区的"排列"组中，选择相应的操作。

"上移一层"：可以将对象上移一层。

"置于顶层"：可以将对象置于最前面。

"浮于文字之上"：可以将对象置于文字的前面，挡住文字。

"下移一层"：可以将对象下移一层。

"置于底层"：可以将对象置于最后面，很可能会被前面的对象挡住。

"浮于文字之下"：可以将对象置于文字的后面。

还可以利用快捷菜单来进行设置，即右击已选中的文本，在弹出的快捷菜单中选择"上移一层"或"下移一层"，然后再选择相应的子菜单。叠放效果如图 6-107 所示。

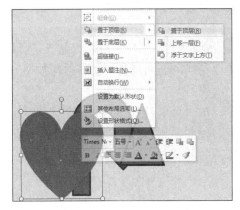 

图 6-107　图形的叠放效果

⑥ 多个图形的组合

将多个图形组合成一个图形，以便进行统一的设置或编辑操作。操作步骤如下。组合时先按住 Shift 键，然后依次单击需要组合的图形，再右击，在弹出的快捷菜单中执行"组合"命令。组合后的效果如图 6-108 所示。

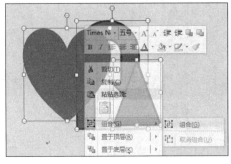 

图 6-108　图形的组合效果

⑦ 印章案例的制作

图 6-96 所示的印章案例的制作，其操作步骤如下。

a. 单击"插入"功能区"插图"组中的"形状"按钮，并在打开的形状列表中单击"基本形状"下的"椭圆"图形。按住 Shift 键，同时在文档编辑处按住鼠标左键，绘制出一个圆形。

b. 选中图形，右击，在弹出的快捷菜单中执行"设置形状格式"命令，弹出"设置形状格式"对话框，单击"填充"选项卡，选择"无填充"。

c. 单击"线条颜色"选项，选择"实线"单选按钮，在"颜色"下拉式列表中选择"红色"；单击"线型"选项，选择"复合类型"下的"双线"型，"宽度"设为"3 磅"，效果如图 6-109 所示。

d. 单击"星与旗帜"下的"五角星"。

e. 将鼠标光标移到红色圆形中心的位置，按住 Shift＋Ctrl 组合键，按住鼠标左键，画出正五角星图形。

f. 选中五角星图形，将其宽度和高度均设为 1.41 厘米，将线条颜色和填充颜色均设成红色，效果如图 6-110 所示。

图 6-109　双线圆形效果图

g. 先选中五角星图形，按住 Shift 键，单击红色圆形，在选中的图形上右击，在弹出的快捷菜单中执行"组合"命令。

h. 将创建的艺术字"多媒体技术培训中心"拖到圆形和五角星组合图形的相应位置，将光标置于艺术字左下角的黄色菱形控制块上，按住左键向下拖动。此时，艺术字呈现出一条弧线的状态，向下拖动可以改变弧线的长度，使艺术字沿圆形增长，如图 6-111 所示。

i. 将创建的文本框"优秀学生"，拖到五角星的下方，效果如图 6-112 所示。

j. 选定所有图形，右击，在弹出的快捷菜单中执行"组合"命令。

图 6-110　效果图 1

图 6-111　效果图 2

图 6-112　最终效果图

5. 公式编辑器的使用

在文档的编辑中，经常会遇到一些数学公式或化学公式，运用基本的编辑方法是无法完成的。Word 2010 提供了"公式编辑器"，通过公式编辑器，用户可以像输入文字一样完成烦琐的公式编辑。

Word 2010 对访问公式的方法进行了大的修改。要访问公式功能，单击"插入"功能区中"公式"工具右侧的箭头。"公式"按钮有两种用法：一是单击"公式"按钮，会直接转到"公式设计"模式，单击箭头会显示"公式库"和其他选项。二是单击"插入新公式"选项，也会转到"公式设计"模式。

（1）公式的插入

若要编写公式，可使用 Unicode 字符代码和"数学自动更正"项将文本替换为符号。在输入公式时，Word 可以将该公式自动转换为具有专业格式的公式。操作步骤如下。

① 在"插入"功能区的"符号"组中，单击"公式"下三角按钮，弹出下拉式列表，如图 6-113 所示。

② 在下拉式列表中的"内置"区域，找到所需公式，直接单击。公式插入完成以后，功能区中将会随机打开"公式工具"下的"设计"功能区，如图 6-114 所示。用户可以根据需求来选择相应的符号类型。

③ 建立新公式，单击下拉式列表中的"插入新公式"按钮，进入公式设计模式。

④ 在打开的"公式工具"下的"设计"功能区中，选择所需的符号输入。

（2）公式的显示方式

Word 2010 提供了两种方法来显示公式："专业型"和"线型"，默认为专业型，如图 6-115 所示。

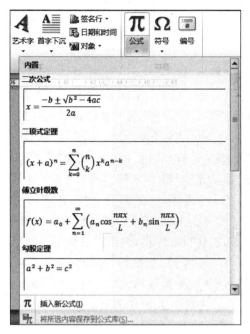

图 6-113　公式

图 6-114　"公式工具"下的"设计"功能区

（3）案例制作

在 Word 2010 中，编辑如图 6-116 所示的公式。操作步骤如下。

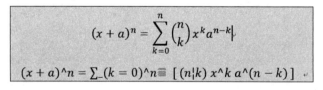

图 6-115　公式的"专业型"和"线型"显示方式　　　　图 6-116　公式案例

① 在"插入"功能区的"符号"组中，单击"公式"下三角按钮，在弹出的下拉式列表中单击"插入新公式"命令，进入公式设计模式。

② 在"公式工具"功能区的"结构"组中，单击"积分"按钮，在弹出的下拉式列表中单击按钮，在相应的位置输入公式的表达式 0、1 及 dx。

③ 重复步骤②，输入 x、1 和 y。

④ 输入 sin 后，单击"分式"按钮，在弹出的下拉式列表中单击 ▦ 按钮。

⑤ 在分子上输入 x，在分母上输入 y。

⑥ 输入 dy，完成公式的输入。

如果制作完公式后想对其进行修改，直接双击公式，即可返回到"公式编辑器"窗口重新编辑公式。

6. SmartArt 的使用

（1）SmartArt 图形的使用

Word 2010 提供的 SmartArt 图形有全部、列表、流程、循环、关系、矩阵等多种类型，用于制作各种类型的图示内容，以增强视觉效果、更清晰地表达相关信息。

（2）创建 SmartArt 图形并向其中添加文字

操作步骤如下。

① 在"插入"功能区的"插图"组中，单击 SmartArt 按钮，之后弹出"选择 SmartArt 图形"对话框，如图 6-117 所示。

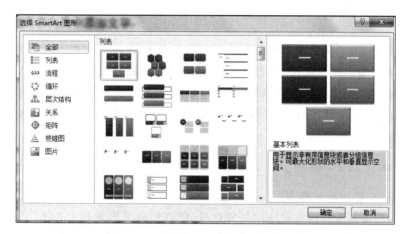

图 6-117 "选择 SmartArt 图形"对话框

② 在"选择 SmartArt 图形"对话框中，单击所需的类型和布局。

③ 为图形添加文字，使用以下方法。

方法一：单击"文本"窗格中的"文本"，然后输入文字。

方法二：从其他位置或程序复制文本，单击"文本"窗格中的"文本"，然后粘贴文本。

方法三：单击 SmartArt 图形中的一个框，然后输入文本。

（3）SmartArt 图形中形状的添加或删除

操作步骤如下。

① 单击要向其中添加另一个形状的 SmartArt 图形。

② 单击最接近新形状添加位置的现有形状。

③ 在"SmartArt 工具"下的"设计"功能区的"创建图形"组中，单击"添加形状"下三角按钮。

④ 在弹出的下拉菜单中选择"在后面添加形状"或"在前面添加形状"。

（4）整个 SmartArt 图形颜色的更改

更改整个 SmartArt 有两种方法。

方法一：可以将来自主题颜色的颜色变体应用于 SmartArt 图形中的形状。操作步骤如下。

① 单击 SmartArt 图形。

② 在"SmartArt 工具"下的"设计"功能区的"SmartArt 样式"组中，单击"更改颜色"按钮。

③ 单击所需的颜色变体。

方法二：将 SmartArt 样式应用于 SmartArt 图形。操作步骤如下。

① 单击 SmartArt 图形。

② 在"SmartArt 工具"下的"设计"功能区的"SmartArt 样式"组中,单击所需的 SmartArt 样式。

(5) 形状颜色的更改

操作步骤如下。

① 单击 SmartArt 图形中要更改的形状。

② 在"SmartArt 工具"下的"格式"功能区的"形状样式"组中,单击"形状填充"下三角按钮,然后单击所需的颜色;若要选择无颜色,单击"无填充"按钮。

6.2　Excel 2010

Excel 2010 是 Microsoft 公司推出的办公室软件组 Office 2010 的一个重要成员,是当今最流行的电子表格综合处理软件,具有强大的表格处理功能。它主要用于制作各种表格,进行数据处理、表格修饰、创建图表,进行数据统计和分析等,解决了利用文字无法对数据进行清楚描述等问题,可以缩短处理时间、保证数据处理的准确性和精确性,还可以对数据进行进一步的分析和再利用。

6.2.1　Excel 2010 概述

1. Excel 2010 的功能和特点

Excel 作为当前最流行的电子表格处理软件,能够创建工作簿和工作表,进行多工作表间计算,利用公式和函数进行数据处理、表格修饰、创建图表,进行数据统计和分析等。Excel 2010 在继承了前一版本(Excel 2007)传统基础上,又增加了许多实用功能。Excel 2010 拥有新的外观、新的用户界面,用简单明了的单一机制取代了 Excel 早期版本中的菜单、工具栏和大部分任务窗格。新的用户界面旨在帮助用户在 Excel 中更高效、更容易地找到完成各种任务的合适功能、发现新功能并且效率更高;新增的迷你图、Excel 表格增强功能、图表增强功能、数据透视表增强功能、条件格式设置增强功能、数学公式、Office 自动修订等功能,使计算及显示都更加便捷、直观,真正实现了数据的可视化,大大提高了工作效率。

2. Excel 2010 的启动与退出

(1) Excel 2010 的启动

启动 Excel 2010 的方法很多,常用方法有三种。

方法一:双击 Excel 快捷图标。如果 Windows 桌面上有"Microsoft Excel 2010"的快捷方式图标,双击该图标即可启动 Excel 2010,如图 6-118 所示。

方法二:双击已创建好的 Excel 文件。双击一个已创建好的 Excel 2010 文件,进入 Excel 2010 编辑窗口。

方法三:利用"开始"菜单。单击"开始"按钮,鼠标指向"程序"下的 Microsoft Office,在级联菜单中单击 Microsoft Office Excel 2010 命令,如图 6-119 所示。

图 6-118　Excel 快捷图标

(2) Excel 2010 的退出

退出 Excel 2010 的常用方法有三种。

方法一：单击 Excel 窗口标题栏右上角的"关闭"按钮。

方法二：单击"文件"选项卡下的"退出"命令。

方法三：按 Alt＋F4 组合键。

小窍门　退出 Excel 的其他方法

双击 Excel 2010 窗口左上角的控制菜单图标 ，单击 Excel 2010 窗口左上角的菜单控制图标，出现窗口控制菜单，选择"关闭"命令。

3. Excel 2010 的窗口组成

Excel 2010 窗口主要由标题栏、选项卡、功能区、编辑栏、状态栏和 Excel 文档窗口等组成，如图 6-120 所示。

在 Excel 2010 的窗口中，标题栏、选项卡、状态栏等部分的作用已在前面相关章节中详细讲解了，这里不再赘述。在工作表编辑区域的下部，标有 A、B、C 等字母的是列标签，如 | A | B | C | D |（只截取了其中部分列）；工作表左部标有 1、2、3 等数字的是行标签，如 1 2 3；工作表中的一个个小方格，称为单元格，单元格均用列标和行号表示，如 A1、B3、C10 等，可通过列标或行号间的边线调节列宽或行高。下面详细介绍 Excel 2010 特有的几个部分。

图 6-119　从"开始"菜单启动 Excel 2010

（1）编辑栏

工具栏下方是编辑栏，编辑栏用于对单元格内容进行编辑操作，包括名称框、确认区和公式区，如图 6-121 所示。

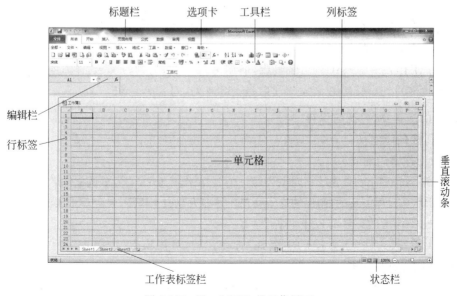

图 6-120　Excel 2010 的工作界面

名称框：显示活动单元格的地址。

图 6-121　编辑栏

确认区：当用户进行编辑时，确认区会显示 ✘✔ 两个按钮。✘ 按钮为取消按钮，✔ 按钮为检查按钮。编辑完成单击按钮或按 Enter 键，就可确认输入内容。

公式区：用来输入或修改数据，可直接输入数据，该数据直接被填入当前光标所在单元格中，也可输入公式，公式计算的结果填入单元格中，同时当选中某个单元格时，该单元格中的数据或公式会相应地显示在公式区。

（2）工作表标签

工作表标签位于工作表区的底端，用于显示工作表的名称。在 Excel 2010 中，一个工作簿默认有三个工作表，其默认名称为 Sheet1、Sheet2、Sheet3。单击工作表标签，将激活相应的工作表。使之成为当前的工作表。当工作表很多时，可以通过工作表标签左边的一排 ▮◀ ▶ ▮按钮进行标签队列的切换，各按钮（从左至右）功能如下。

▮◀：激活工作表队列中的第一张工作表为当前工作表。

◀：激活当前工作表的前一个工作表为当前工作表。

▶：激活当前工作表的后一个工作表为当前工作表。

▶▮：激活工作表队列中的最后一张工作表为当前工作表。

Excel 2010 在工作表标签处新增了一个插入工作表按钮 ，单击此按钮即可快速新增一张工作表。

（3）工作簿、工作表和单元格的概念和关系

在 Excel 2010 中，单元格是其中最小的单位，工作表是由单元格构成的，一个或多个工作表又构成了工作簿。

工作簿：新建的一个 Excel 2010 文件就是一个工作簿，扩展名为".xlsx"，一个工作簿可以由多个工作表组成，默认有三个工作表。

工作表：工作表由一系列单元格组成，横向为行、纵向为列，Excel 2010 允许最大行数是 1048576 行，行号 1～1048576，最大的列数是 16384 列，列名 A～XFD 列。

4. 工作簿的建立、打开与保存

（1）工作簿的建立

① 空白工作簿的建立

每次启动 Excel 2010 时，系统将自动创建一个以"工作簿 1.xlsx"为默认文件名的新工作簿。新工作簿是基于默认模板创建的，创建的这个新工作簿即为空白工作簿，是创建报表的第一步。

创建空白工作簿的方法有以下两种。

方法一：单击"文件"选项卡下的"新建"命令。在"可用模板"中单击"空白工作簿"按钮，然后单击"创建"按钮，如图 6-122 所示。

方法二：按 Ctrl＋N 组合键。

② 用模板建立工作簿

Excel 2010 已建立了众多类型的内置模板工作簿，用户可通过这些模板快速建立与之类似的工作簿。

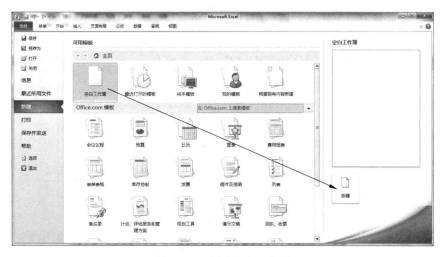

图 6-122　新建空白工作簿

在如图 6-122 所示的"可用模板"下，单击"样本模板"按钮，会弹出"模板"页面，如图 6-123 所示，选择所需工作簿类型的模板，系统会在右侧显示所选模板的预览效果。单击"创建"按钮即完成了创建工作。如图 6-124 所示为选择"个人月预算"模板的最终效果。

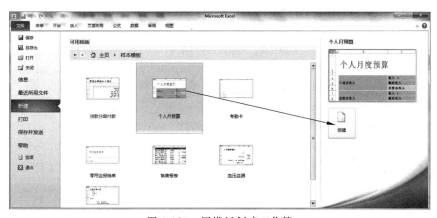

图 6-123　用模板创建工作簿

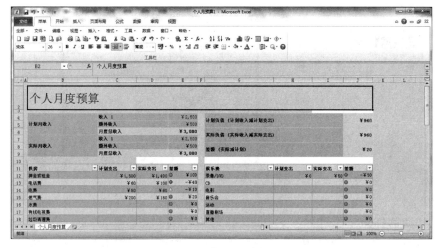

图 6-124　基于"个人月预算"模板的工作簿效果图

对于自己经常使用的工作簿,可以将其做成模板,日后要建立类似工作簿时就可以用模板来建立,而不必每次都重复相同的工作,可大大提高工作效率。

模板的建立方法与工作簿的建立方法相似,唯一不同的是,它们文件的保存方法不同。将一个工作簿保存为模板的步骤如下。

a. 单击"文件"选项卡下的"另存为"命令,弹出"另存为"对话框,如图 6-125 所示。

图 6-125　保存自己的模板

b. 在"保存类型"下拉式列表中选择"Excel 模板(＊.xltx)"。在"保存位置"下拉式列表中自动出现"Templates"文件夹,用于存放模板文件。

c. 在"文件名"下拉式列表中自定义一个模板名称。

d. 单击"保存"按钮,原工作簿文件将以模板格式保存,文件的扩展名为".xltx"。

模板创建完成后,系统将其自动添加到"可用模板"下的"我的模板"中,如图 6-126 所示。

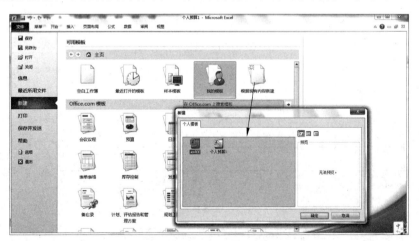

图 6-126　自定义模板文件

(2) 工作簿的打开

打开工作簿的方法与打开 Word 文档相似。单击"文件"|"打开"命令,会弹出如图 6-127

所示的"打开"对话框。单击"查找范围"右侧的下拉式列表选择文件位置,选择需要打开的工作簿文件名,单击"打开"按钮,即可打开该文件。用户也可以单击"打开"按钮旁边的向下按钮▼,在弹出的下拉菜单中选择一种打开方式,以指定的打开方式打开工作簿,如图 6-127 所示。

（3）工作簿的保存

在进行 Excel 2010 电子表格处理时,随时保存是非常重要的。保存方法有如下 4 种。

方法一:单击"文件"选项卡下的"保存"命令。

方法二:单击标题栏左侧"快速访问"工具栏中"保存"按钮。

方法三:按 Ctrl+S 组合键保存文件。

方法四:若更改文件名或路径,需要另存文件,单击"文件"选项卡下的"另存为"命令。

以上四种方法会弹出如图 6-128 所示的"另存为"对话框,在"保存位置"下拉式列表中选择存放文件的驱动器和目录,在"文件名"文本框中输入新名字,之后单击"保存"按钮。

图 6-127　"打开"对话框　　　　　　　　图 6-128　"另存为"对话框

保存工作簿的同时可以为工作簿加密,通过单击"另存为"对话框左下角"工具"按钮旁边的向下按钮▼,弹出一个下拉菜单,如图 6-128 所示。选择"常规选项",会弹出如图 6-129 所示的"常规选项"对话框,可以设置打开文件、修改文件的密码,以及是否只读和备份。清除"打开权限密码"和"修改权限密码"文本框中的密码,可以取消对文件设置的读/写权限。

图 6-129　"常规选项"对话框

6.2.2　工作表的编辑和管理

图 6-130 所示的是学生基本信息表。本案例主要学习工作表中数据的编辑、工作表的编辑以及工作簿窗口的管理,熟练掌握数据的各种常用输入方法及如何对单元格进行编辑和调整等设置。

1. 数据的编辑

Excel 2010 允许向单元格中输入各种类型的数据:文字、数字、日期、时间、公式和函数等。输入单元格的这些数据,称为单元格的内容。输入操作总是在活动单元格内进行,所以首

	A	B	C	D	E	F	G
1	学生基本信息表						
2	学校	南岗中心学校					
3	班级	学号	姓名	性别	民族	出生年月日	家庭住址
4	七(1)班	20120101	房龙贵	男	瑶	1999年6月13日	横坑高浪坪
5	七(1)班	20120102	唐国威	男	瑶	1998年7月31日	东芒三村1号
6	七(1)班	20120103	唐亚土吊	男	瑶	1998年9月22日	油岭42号
7	七(1)班	20120104	房水生	男	瑶	1999年1月11日	提高洞
8	七(1)班	20120105	邓三贵	男	瑶	1998年2月15日	吴公田
9	七(1)班	20120106	房金文	男	瑶	1997年7月21日	吴公田
10	七(1)班	20120107	沈三贵	男	瑶	1998年3月18日	百斤洞新寨

图 6-130 学生基本信息表

先应该选择单元格,然后输入数据。

(1) 单元格的选取

单元格是最基本的数据存储单元,制作表格首先需要将数据输入单元格中,所以我们首先了解一下活动单元格和单元格区域的概念。活动单元格是指正在使用的(被选中的)单元格,活动单元格周围有一个黑色的粗方框,可以在活动单元格中输入数据,如图 6-131 所示为选中的活动单元格 C7。

	A	B	C	D	E	F	G
1	学生基本信息表						
2	学校	南岗中心学校					
3	班级	学号	姓名	性别	民族	出生年月日	家庭住址
4	七(1)班	20120101	房龙贵	男	瑶	19990613	横坑高浪坪
5	七(1)班	20120102	唐国威	男	瑶	19980731	东芒三村1号
6	七(1)班	20120103	唐亚土吊	男	瑶	19980922	油岭42号
7	七(1)班	20120104	房水生	男	瑶	19990111	提高洞
8	七(1)班	20120105	邓三贵	男	瑶	19980215	吴公田

图 6-131 活动单元格

单元格区域是指由多个单元格组成的区域,它的表示方法由单元格区域左上角的单元格名称和右下角的单元格名称组成。例如,单元格区域 B2:D6 表示处于单元格 B2 右下方和单元格 D6 左上方的一块区域。单元格区域也可以是由不相邻的单元格组成的区域。

① 选定单元格

要选定一个单元格,可单击相应的单元格,或按键盘上的方向键移到相应的单元格中。被选中的单元格会被突出显示。

小妙招 在 Excel 中除了用鼠标选择单元格外,还可以利用快捷键在工作表中快速定位,使用 Ctrl+↓组合键可以看到最后一行(1048576 行);使用 Ctrl+→组合键可以看到最后一列。

② 选定单元格区域

选定某个连续的单元格区域。如要选中出 B3:D8,步骤如下:单击单元格区域的第一个单元格 B3。按住左键不放,拖到要选定区域的最后一个单元格 D8 上,或按住 Shift 键的同时单击要选定区域的最后一个单元格,选中的单元格呈高亮显示,如图 6-132 所示。

选择不相邻的单元格区域。先选定第一个单元格或单元格区域。然后按住 Ctrl 键,同时单击要选择的单元格或拖动鼠标,以选定其他单元格区域,如图 6-133 所示。

单击要选择行的行标签上的行号,即可选定该行,如图 6-134 所示。

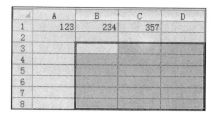

图 6-132 选择连续的单元格区域 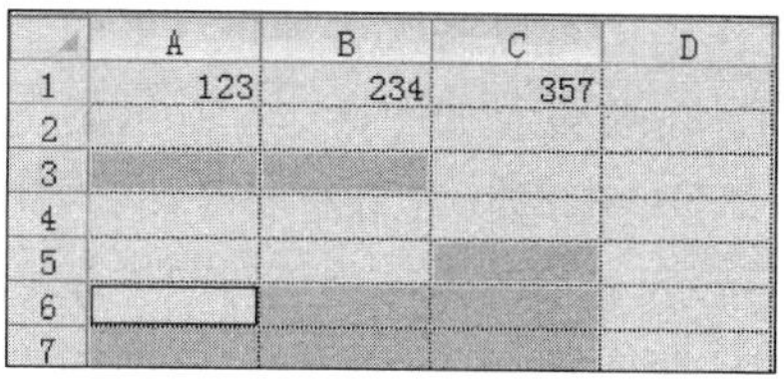　　　　　图 6-133 选择不连续的单元格区域

单击要选择列的列标签上的列号，即可选定该列，如图 6-135 所示。

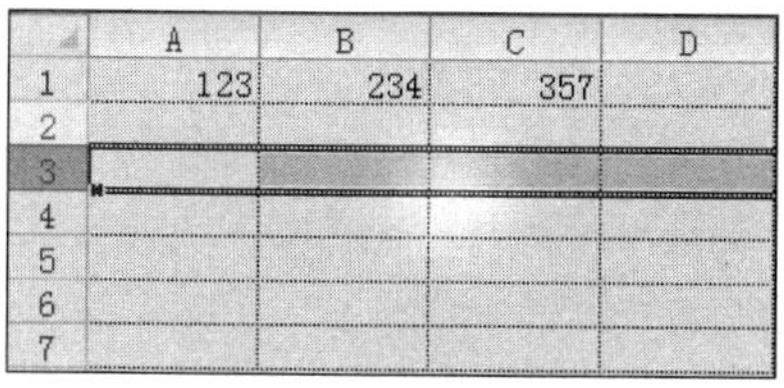

图 6-134 选择整行　　　　　　　　　图 6-135 选择整列

单击工作表左上角行列相交的空白按钮或按 Ctrl＋A 组合键，可以选中整张工作表中的所有单元格，如图 6-136 所示。

（2）单元格数据的输入

向表格中输入数据是 Excel 中最基本的操作。Excel 2010 为用户提供了多种数据输入的方法，其中输入的原始数据包括数值、文本和公式，数值包括日期、货币、分数、百分比等。它们的输入方法类似，大致有两种：一是直接在单元格中输入数据；二是在编辑栏中输入数据。

① 在单元格中输入数据

选中单元格，直接输入数据，然后按 Enter 键，将确认输入并默认切换到下方单元格；也可双击单元格，当单元格中出现闪烁的光标时输入数据，然后按 Enter 键。这时编辑栏中也出现相应的数据，如图 6-137 所示。

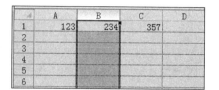

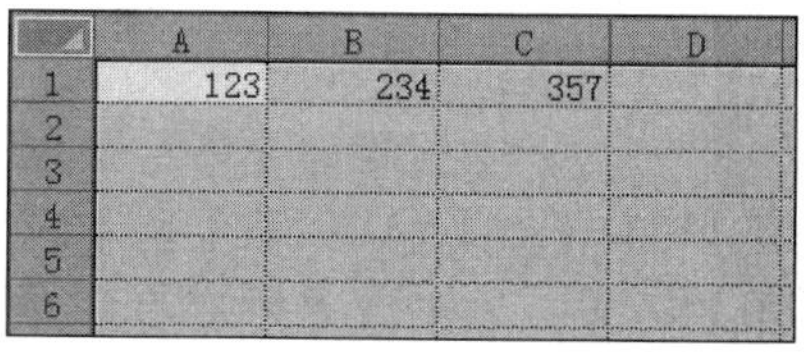

图 6-136 选择整个工作表 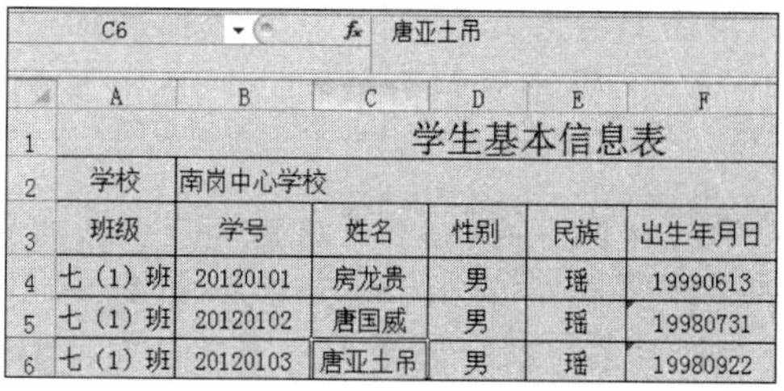　　　　　　图 6-137 在单元格中输入数据

② 在编辑栏中输入数据

选中单元格，再用鼠标单击编辑栏，当其中出现闪烁的光标时输入需要的数据，然后按 Enter 键或单击编辑栏左侧的 ✔ 按钮。这时单元格中也出现相应的数据。

小妙招 当输入的内容与前面的内容相同时，可以通过按 Alt＋↓ 组合键将已有的录入项列表进行选择输入，或单击鼠标右键，从快捷菜单中选择"从下拉式列表中选择"选项来显示已有的录入项列表。

③ 日期与时间的输入

在工作表中可以输入各种格式的日期和时间,在"设置单元格格式"对话框中可以设置日期和时间。若要设置如图 6-130 所示案例的出生日期列的日期形式,单击目标单元格,在"开始"选项卡下单击"数字"组的展开按钮 ，如图 6-138 所示,弹出"设置单元格格式"对话框,如图 6-139 所示,选择"数字"选项卡下"分类"列表框中的"日期"选项,在右侧"类型"列表框中选择需要的日期样式,本例中选择"2001 年 3 月 14 日",单击"确定"按钮完成。如需要在目标单元格中显示出生日期为"1991 年 8 月 17 日",在目标单元格中直接输入"1991-8-17"或"1991/8/17"即可,此单元格会自动显示所设置的日期样式。

时间的设置同日期方法类似,选择"分类"列表框中的"时间"选项,在类型中选择所需的时间样式即可。

图 6-138　单击启动器按钮

图 6-139　"设置单元格格式"对话框

④ 特殊数据的输入

操作步骤如下。

a. 在学生基本信息表中的学号列,要填入"001",正常输入会自动变为"1",可以在前面加一个英文单引号,如"'001",再按 Enter 键。

b. 如果需要输入分数,必须在分数前面加一个 0 和空格,否则 Excel 可能会将其看作是一个日期。例如,需要显示分数"3/4",则应该输入"0 3/4",否则 Excel 会默认转换成日期"3 月 4 日"。

c. 如果需要输入负数,只需直接在数字前面加一个减号"一"。

d. 如果需要输入较长的文本内容,如图 6-140 所示,在 A1 单元格中输入"学生基本信息表",可以看到该单元格中的文本已经显示到了 B1 单元格中的位置。如果需要较长文本在一个单元格中显示,则可以设置单元格格式为自动换行。方法是选择目标单元格,在"开始"选项卡下"对齐方式"组中单击"自动换行"按钮 。如图 6-141 所示为设置自动换行后的效果,单元格中内容没有超出单元格的列宽,而是在单元格的边框处自动换至第 2 行。

也可以通过缩小字体填充方式,使文本缩小到在一个单元格中显示,不占用两行。方法是选择目标单元格,在"开始"选项卡下单击"对齐方式"组的展开按钮 ，弹出"设置单元格格式"对话框,如图 6-142 所示,在"对齐"选项卡下选中"缩小字体填充"复选框,取消对"自动换行"复选框的选择,之后单击"确定"按钮。如图 6-143 所示为缩小字体填充的效果。

⑤ 成批填充数据

利用成批填充数据功能,可以将一些有规律的数据或公式方便快速地填充到需要的单元

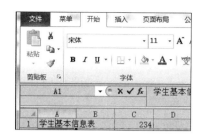

图 6-140　在单元格中输入文本数据

图 6-141　设置自动换行

图 6-142　设置缩小字体填充

图 6-143　设置缩小字体填充的效果

格中,从而减少重复操作,提高工作效率。操作步骤如下。

a. 在 A1 单元格中输入"星期一"。

b. 现要将"星期二"至"星期日"填充在 B1 至 G1 单元格中。要想快速填充,选择 A1 单元格,并将指针移至该单元格右下角,当指针变成"十"字形状时,按住左键不放向右拖动,如图 6-144 所示,拖动至 G1 单元格松开,则 B1 至 G1 单元格区域自动填充为"星期二"至"星期日",效果如图 6-145 所示。

图 6-144　自动填充

c. 若想填充相同数据,如填充内容均为"星期一",则拖动时按住 Ctrl 键即可。

d. 在成批数据填充完成后的最后一个单元格右下角,会自动显示"自动填充选项"按钮,如图 6-145 所示,单击此按钮,会弹出向下菜单,如图 6-146 所示,显示填充形式,可以根据需要选择填充形式。

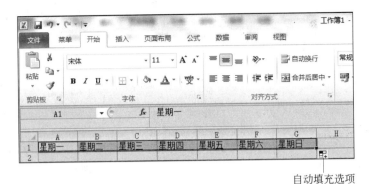

图 6-145　自动填充效果

e. 用户还可以对具有等差或等比的数据进行填充。如需要输入 1 后的偶数，先在 A3、B3 单元格依次输入"2"、"4"，选择 A3：B3 单元格，将指针指向 B3 单元格右下角，当光标变成"十"字形状时，向右拖动鼠标至 G3 单元格松开，则 A3～G3 单元格效果如图 6-147 所示。

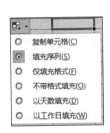

图 6-146　自动填充选项

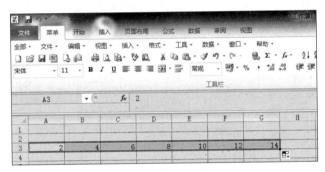

图 6-147　等差数据填充

除上述方法外，还可以在输入 A3、B3 单元格数据后，选中 A3：G3，选择"开始"选项卡下的"编辑"组中的"填充"下三角按钮 ，如图 6-148 所示，在弹出的列表中选择"系列"选项，弹出"序列"对话框，如图 6-149 所示，在该对话框中，"步长值"自动设置为 A3 和 B3 的差值 2，之后单击"确定"按钮。

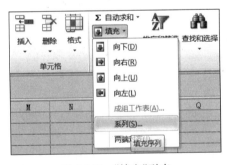

图 6-148　"填充"列表

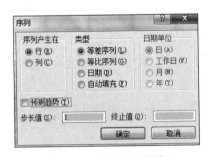

图 6-149　"序列"对话框

提示　如输入数据后，单元格中并不显示所输入的数据，反而出现符号"＃＃＃＃＃"，不用担心，这些不是乱码，只是因为单元格的宽度不够容纳这么长的数据，此时只需将光标移动到单元格所在列的列标签的边线上，当光标变为双向箭头形状时按住左键拖动加大列宽，即可显示出数据。

（3）单元格内容的修改和清除

① 单元格内容的修改

将单元格的内容部分改动：双击待修改的单元格，直接对其内容做相应修改，或在编辑栏处修改，按 Enter 键确认所做改动，按 Esc 键取消所做改动。

将单元格的内容完全修改：单击待修改的单元格，输入新内容。按 Enter 键，即可用新数据代替旧数据。

② 单元格内容的清除

输入数据时，不但输入了数据本身，还输入了数据的格式及批注，因此，要根据具体情况确定清除单元格中的内容。如果直接按 Delete 键清除单元格中的内容，但是格式依然存在，可以选中单元格后，在"开始"选项卡下单击"编辑"组下的"清除"按钮 ![清除] 的向下箭头，弹出"清除"级联菜单，如图 6-150 所示，可以根据需要选择清除的内容。

（4）单元格的插入、移动、复制和删除

除了对单元格数据进行增删改外，还可以对这些数据进行移动、复制等基本操作，以及对单元格进行增、删、改、移等操作。

① 一行或一列单元格的插入

右击插入行上方的行标签，在弹出的快捷菜单中执行"插入"命令，即在当前行上方插入一行单元格，效果如图 6-151 所示。

图 6-150　"清除"级联菜单

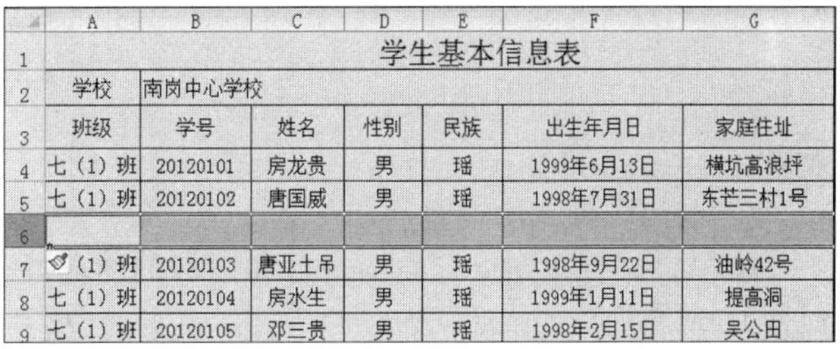

图 6-151　插入整行单元格

插入一列单元格的方法与插入一行单元格的方法类似，只是在列标签上右击，在弹出的快捷菜单中选择"插入"命令，即在选中列的左侧插入一列。

② 一个空白单元格的插入

右击要在当前位置插入单元格的单元格，在弹出的快捷菜单中执行"插入"命令，弹出"插入"对话框，在其中选择插入单元格的位置，如"活动单元格右移"或"活动单元格下移"，单击"确定"按钮插入一个单元格，如图 6-152 所示为将活动单元格下移的效果图。

③ 单元格的移动/复制

移动和复制单元格与剪切和复制 Word 数据的操作步骤类似，可以用快捷键或鼠标拖动实现，也可选中单元格区域，将鼠标放在区域边界框，当光标变成"十"字形状时拖动，即完成移动操作，按住 Ctrl 键拖动即完成复制操作。

④ 单元格的删除

选中要删除的单元格或单元格区域，之后右击，在弹出的快捷菜单中执行"删除"命令，如图 6-153 左图所示，在弹出的"删除"对话框中选中相应的单选按钮，再单击"确定"按钮，将选定的单元格或单元格区域删除，如图 6-153 右图所示为选中"下方单元格上移"单选按钮的

图 6-152　插入一个单元格

图 6-153　删除单元格

效果。

（5）行高、列宽的设置

除了可以直接用鼠标拖动行号和列标的交界处调整行高、列宽外，还可以精确调整行高和列宽：在"开始"选项卡下单击"单元格"组下的"格式"按钮，在级联菜单中选择"行高"命令，如图 6-154 所示，在弹出的"行高"对话框中设置行高，"自动调整行高"选项可以为系统自动计算行高以适应所填入数据。

同理，设置列宽的方法和行高类似，此处不再赘述。

2. 工作表的编辑

（1）工作表的添加、删除和重命名

工作簿由工作表组成，一个工作簿默认有三张工作表，工作表的操作在使用 Excel 中有着非常重要的作用。

① 工作表的添加

默认情况下，工作簿只显示出 3 个工作表标签，用户可以根据需要添加新的工作表。例如，将案例中的学生基本信息表按每个班做一个工作表，如果一个年级有 20 个班，可以在一个工作簿中创建 20 个工作表，分别存储 20 个班的学生的基本信息。添加工作表的方法主要有以下三种。

方法一：单击"开始"选项卡下的"单元格"组中的"插入"下三角按钮，如图 6-155 所示，选择下拉式列表中的"插入工作表"选项。

方法二：右击任意一个工作表标签，在弹出的快捷菜单中执行"插入"命令，弹出"插入"对话框，如图 6-156 所示。选择"常用"选项卡下的"工作表"图标，单击"确定"按钮，即在选择的

图 6-154　设置行高

图 6-155　插入工作表

工作表前面插入一张新空白工作表。用户还可以通过"电子方案表格"选项卡插入几种特定模板类型的工作表。

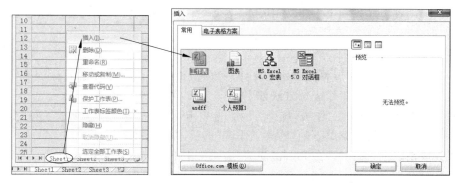

图 6-156　添加工作表

方法三：单击工作表标签栏中的"插入工作表"按钮 <img>，则自动在工作表标签中按顺序插入一张新空白工作表。

② 工作表的删除

在需要删除的工作表标签上右击，在弹出的快捷菜单中执行"删除"命令，即可将当前工作表删除。

③ 工作表的重命名

Excel 2010 中每个工作表名称均默认为"Sheet＋序号"，如 Sheet1、Sheet2、Sheet3。这种名称不直观又不好记，用户可根据需要对不同工作表进行重命名。通常需要为工作表取一个见名知意的名称，如"学生基本信息表"、"学生成绩表"等。常用的重命名方法有以下三种。

方法一：右击要重命名的工作表，在弹出的快捷菜单中执行"重命名"命令，工作表标签名变为选中状态，此时输入新名称，按 Enter 键确认。

方法二：在工作表标签处双击要重命名的工作表名，在高亮显示的标签名上输入新名称，按 Enter 键确认。

方法三：选择"开始"选项卡下的"单元格"组下的"格式"下三角按钮 <img>，在下拉式列表中选择"重命名工作表"选项，工作表标签名会变成选中状态，输入新名称，按 Enter 键确认。

（2）工作表的移动、复制和隐藏

对于工作簿中的工作表，还可以对其进行移动、复制或隐藏等操作。

① 在同一个工作簿中移动/复制工作表

选中要移动的工作表标签,按住鼠标左键向左或向右拖动,同时有一个小三角形跟随移动,当小三角形达到需要的位置时松开左键,即将工作表标签移到小三角形所在的位置。

复制工作表的方法与移动工作表类似,只需在拖动时按住 Ctrl 键。

② 在不同工作簿中移动/复制工作表

可以在不同的工作簿中移动工作表,方法是:右击要移动的工作表,在弹出的快捷菜单中执行"移动或复制"命令,弹出"移动或复制工作表"对话框,如图 6-157 所示,在"工作簿"下拉式列表中选择目标工作簿,在"下列选定工作表之前"下面的列表框中选择它位于哪个工作表的前面,单击"确定"按钮,即将工作表移到指定的目标工作簿中。

在不同工作簿中复制工作表的方法与移动工作表类似,只是需要在"移动或复制工作表"对话框中选中"建立副本"复选框。

图 6-157　"移动或复制工作表"对话框

③ 工作表的隐藏

为了某种需要,如减少屏幕上显示的工作表数、对比或修改两个相隔较远的工作表,可以将工作表隐藏起来。隐藏工作表的方法如下。

方法一:选择要隐藏的工作表,选择"开始"选项卡下"单元格"组下"格式"下三角按钮,选择"隐藏和取消隐藏"级联菜单下的"隐藏工作表"选项,如图 6-158 所示。

如果要取消隐藏,选择"隐藏和取消隐藏"级联菜单下的"取消隐藏工作表"选项,在弹出的"取消隐藏"对话框中选择要取消隐藏的工作表,单击"确定"按钮。

方法二:右击工作表标签中的目标工作表,在弹出的快捷菜单中选择"隐藏"选项,即可将当前工作表隐藏。选择"取消隐藏",则可以将已经隐藏的工作表取消隐藏。

同样,还可以隐藏工作表中的某些行或列,选中要隐藏的行或列,右击,在弹出的快捷菜单中执行"隐藏"命令,如图 6-159 所示。

图 6-158　隐藏工作表

图 6-159　隐藏行/列

　　如果想取消隐藏行或列,可先选择被隐藏行或列的前后两行或两列,单击鼠标右键,在弹出的快捷菜单中执行"取消隐藏"命令。

3.工作簿窗口的管理

　　工作簿窗口的管理,包括新建窗口、重排窗口以及窗口的拆分与撤销、窗格的冻结与撤销等。

　　(1)新建窗口

　　和 Word 新建窗口一样,Excel 2010 也允许为一个工作簿另开一个或多个窗口,这样就可以在屏幕上同时显示并编辑操作同一个工作簿的多个工作表,或者同一个工作表的不同部分。还可以为多个工作簿打开多个窗口,以便在多个工作簿之间进行操作。

　　单击"视图"选项卡下的"新建窗口"命令,就可以为当前活动的工作簿打开一个新的窗口。

　　新窗口的内容与原工作簿窗口的内容完全一样,即新窗口是原窗口的一个副本,对文档所做的各种编辑在两个窗口中同时有效。使用原本、副本窗口,可以同时观看工作表的不同部分。所不同的是,如果原工作簿窗口的名称为"学生基本信息表",则现在变为"学生基本信息表.xlsx:1",而新窗口的名称为"学生基本信息表.xlsx:2";若需要两个窗口同时查看,则单击"视图"选项卡下的"并排查看"按钮 ![并排查看],如图 6-160 所示,此时可以通过滚动条分别查看上下两个窗口。当并排查看后,"同步滚动"按钮 ![同步滚动] 为可选状态,若"视图"选项卡下的"同步滚动"按钮为选中状态,则滚动鼠标滚轮时上下两个窗口将同时滚动查看。

　　(2)重排窗口

　　重排窗口可以将打开的各工作簿窗口按指定方式排列,以方便同时观察、更改多个工作簿窗口的内容。具体方法是,单击"视图"选项卡下的"全部重排"命令,弹出"重排窗口"对话框,如图 6-161 所示。

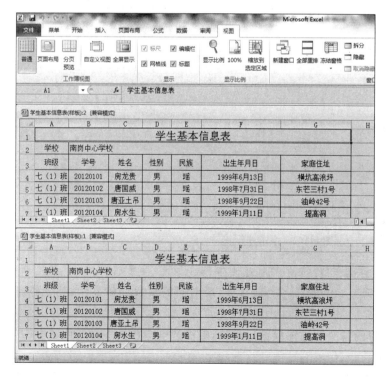

图 6-160　并排查看同一工作簿的两个窗口

图 6-161　"重排窗口"对话框

在"排列方式"栏中,分为"平铺"、"水平并排"、"垂直并排"、"层叠"四个单选项,含义如下。

若选择"平铺",则各工作簿窗口均匀摆放在 Excel 2010 主窗口内,如图 6-162 所示。

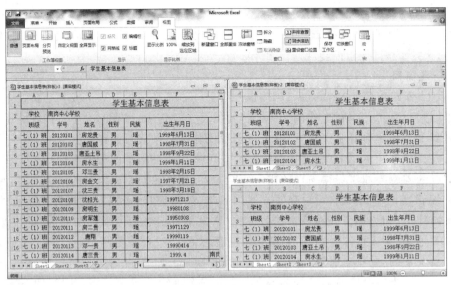

图 6-162　窗口平铺效果

若选择"水平并排",则各工作簿窗口上下并列地摆放在 Excel 2010 主窗口内,如图 6-163 所示。

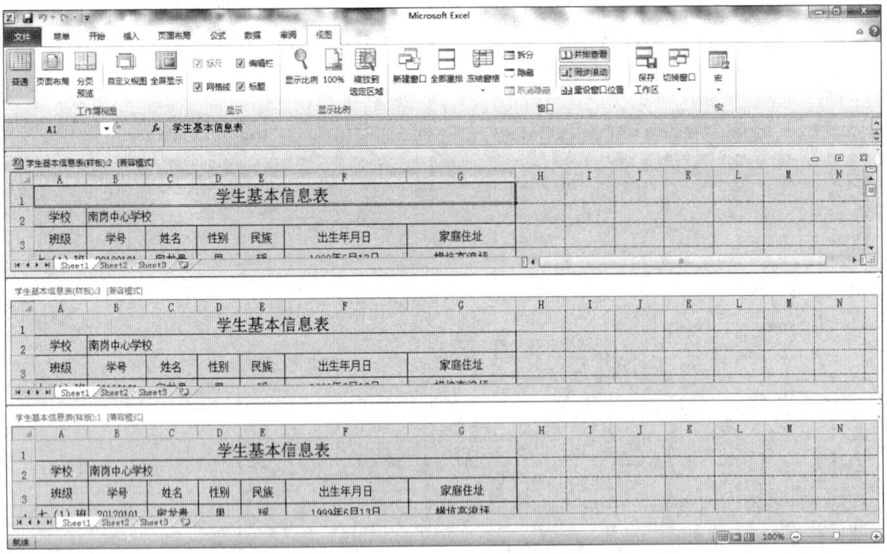

图 6-163　水平并排效果

若选择"垂直并排",则各工作簿窗口左右并列地摆放在 Excel 2010 主窗口内,如图 6-164 所示。

若选择"层叠",则各工作簿窗口一个压一个地排列,最前面的窗口完整显示,其余各窗口依次露出标题栏,如图 6-165 所示。

如果只对当前活动工作簿的各个新建窗口进行重排,则需选中"重排"窗口对话框中的"当前活动工作簿的窗口"复选框。

当单击窗口中的内容时,就激活了该窗口。被激活的窗口即为当前窗口,便可以对其进行

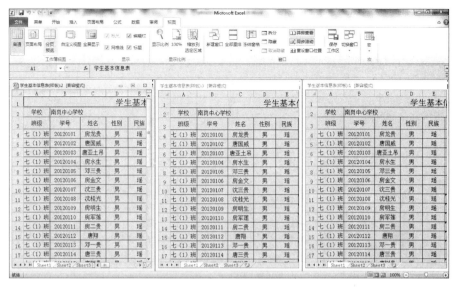

图 6-164　垂直并排效果

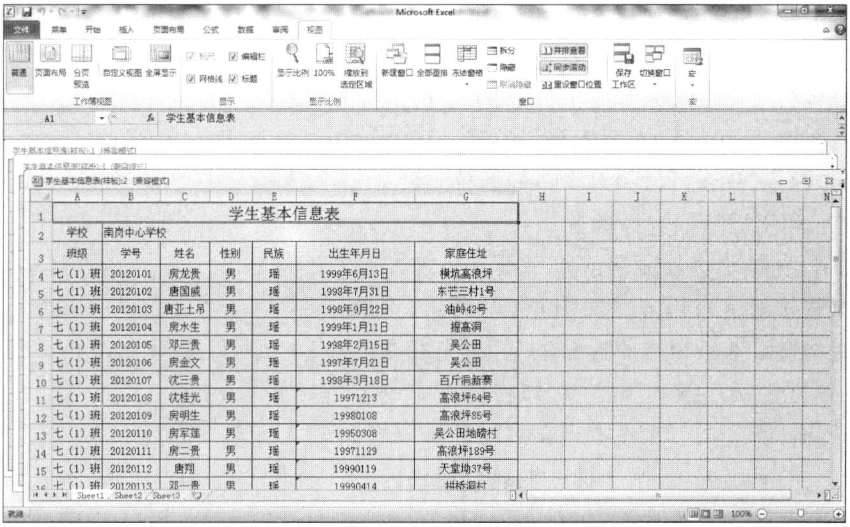

图 6-165　层叠效果

相应的修改等操作。可以按住 Ctrl 键。再反复按 F6 键,依次激活各工作簿。

（3）窗口的拆分与撤销

在 Word 2010 表格的应用中,有拆分表格的情况;对于工作表的拆分也是类似的。工作表被拆分后,相当于形成四个窗格,各有一组水平或垂直滚动条,这样能在不同的窗格内浏览一个工作表中的各个区域的内容。尤其对于庞大的工作表,用户在对比数据时常常使用滚动条,若使用拆分工作表的功能,将大大提高工作效率。可以用以下两种方式对窗口进行拆分。

方法一:利用窗口菜单进行拆分,操作步骤如下。

① 选择欲拆分窗口的工作表。

② 选定要进行窗口拆分位置处的单元格,即分隔线右下方的第一个单元格,如图 6-166 所示。

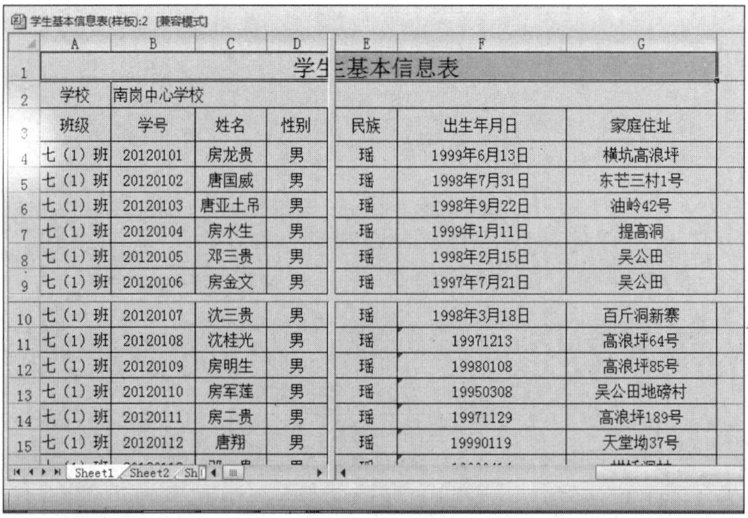

图 6-166　拆分窗口

③ 单击"视图"选项卡下的"拆分"命令,原窗口从选定的单元格处将窗口分成上、下、左、右四个窗格,并且带有两对水平滚动条和垂直滚动条。

可以用鼠标拖动水平分割线或竖直分隔线,以改变每个窗格的大小。

如果要将窗口仅在水平方向上拆分,则要选定拆分行的第一列的单元格;如果要将窗口仅在垂直方向上拆分,可选定需要拆分列的第一行单元格。对于已经拆分的窗口,再单击"视图"选项卡下的"拆分"命令可撤销对窗口的拆分。

方法二:利用拆分框进行拆分。

用窗口中垂直滚动条顶端或水平滚动条右端的拆分框可以直接对窗口拆分。如图 6-167 所示,将鼠标指针放到垂直滚动条顶端的拆分框上,当光标变成时,按住鼠标左键不放向下拖曳,即将窗口完成上下的水平拆分;同理,调节水平滚动条右端的拆分框,可以完成窗口的垂直拆分;两个拆分框混台使用即完成如图 6-166 所示的十字拆分。

双击分割线可取消当前分割线;双击垂直分隔线和水平分隔线的交叉处,可同时取消垂直和水平拆分。

图 6-167　拆分框

(4) 窗格的冻结与撤销

当查看一个大的工作表的时候,常常希望将工作表的表头(即表的行列标题)锁住,只滚动表中的数据,使数据与标题能够对应。此时就可以冻结窗格。冻结窗格可以是首行、首列或者所选中单元格的左上方区域。如图 6-168 所示为冻结选中单元格的左上方区域的形式,无论用户怎样移动工作表的滚动条,被冻结的区域始终不动,始终显示在工作表中。在处理表格时,如要经常比照标准数据,用冻结的方法将大大提高工作效率。

可以先进行窗口拆分,然后再冻结窗格;也可以直接冻结窗格。下面介绍直接冻结窗格的方法。

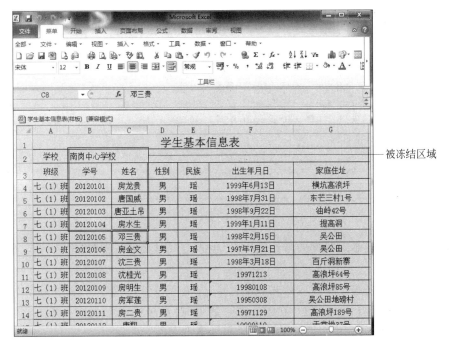

图 6-168　冻结窗格

方法一：选择要冻结窗格的工作表。

方法二：选定要进行窗格冻结位置处的单元格，如图 6-168 所示，选中 C8 单元格。

方法三：单击"视图"选项卡下的"冻结窗格"命令，会出现级联菜单，如图 6-169 所示。在级联菜单中选择"冻结拆分窗格"选项，则会将工作表冻结成如图 6-168 所示的效果。若需要首行的数据不随滚动条滚动而移动，则选择"冻结首行"选项；若需要首列的数据不随滚动条滚动而移动，则选择冻结首列选项。

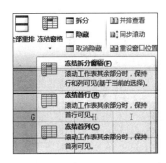

图 6-169　"冻结窗格"级联菜单

若要取消冻结，单击"视图"选项卡下的"冻结窗格"命令，在级联菜单中选择"取消冻结窗格"选项即可。

6.2.3　公式与函数

Excel 2010 除了能进行一般的表格处理外，还具有强大的计算功能。在工作表中使用公式和函数，能对数据进行复杂的运算和处理。公式与函数是 Excel 2010 的精华之一，本节介绍公式的创建以及一些常用函数的使用方法。

图 6-170 所示的是学生考试考查成绩表，通过公式和函数的计算，求出每个学生各门课程总分和平均分字段的值。

1. 公式的使用

在 Excel 2010 中，公式是对工作表中的数据进行计算操作的最为有效的方式之一，用户可以使用公式来计算电子表格中的各类数据得到结果。

（1）公式的创建

使用公式可以执行各种运算。公式是由数字、运算符、单元格引用和工作表函数等组成

学生基本信息表(样板) - 副本 [兼容模式]

	A	B	C	D	E	F	G	H
1	考试考查成绩表							
2	学校	南岗中心学校						
3	班级	学号	姓名	数学	英语	应用技术	总分	平均分
4	七(1)班	20120101	房龙贵	98	65	88	251	83.66667
5	七(1)班	20120102	唐国威	86	86	76	434	82.66667
6	七(1)班	20120103	唐亚土吊	76	88	98	262	87.33333
7	七(1)班	20120104	房水生	77	88	88	253	84.33333
8	七(1)班	20120105	邓三贵	67	88	99	254	84.66667
9	七(1)班	20120106	房金文	77	88	99	264	88
10	七(1)班	20120107	沈三贵	56	77	89	222	74
11	七(1)班	20120108	沈桂光	77	88	99	264	88

图 6-170　考试考查成绩表

的。输入公式的方法与输入数据的方法类似,但输入公式时必须以等号"="开头,然后才是公式表达式。

公式的输入。首先选择要输入公式的单元格,先输入等号"=",然后输入数据所在的单元格名称及各种运算符,按 Enter 键。在输入每个数据时,也可不用键盘输入单元格,直接用鼠标单击相应的单元格,公式中也会自动出现该单元格的名称。

图 6-170 所示的案例,要计算一个班级中每位学生的总分,操作步骤如下。

① 选中第一个学生所在的总分字段的单元格 G4。

② 直接输入等号"=",再输入要相加的各科成绩所在的单元格 D4 至 F4 相加的表达式,即形成公式"=D4+E4+F4",编辑栏中也同时出现相应的公式。

③ 按 Enter 键,即得到四科成绩相加的结果,如图 6-171 所示。

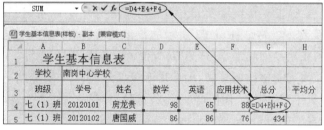

图 6-171　利用公式求总分

在工作表中显示公式和数值。在工作表中,如果希望显示公式内容或显示公式结果,按 Ctrl+'组合键,便可进行二者之间的切换。

(2)公式的复制和移动

Excel 2010 在进行数据处理时,有对复杂公式的修改和重复输入,此时可以利用移动、复制公式功能。其操作与移动和复制单元格的操作类似,只是公式的复制会使单元格地址发生变化,它们会对结果产生影响。

例如,在本案例中计算出第一个学生的成绩后,可以将这个学生的公式复制到其他学生的相应单元格中。操作步骤如下。

① 选中一个包含公式的单元格,这里选中单元格 G4。

② 将光标移动到此单元格的右下角,此时鼠标指针变为"十"字形状。

③ 按住左键向下拖动,直到选中该表格中 G 列的最后一个学生的总分单元格,即单元格 G11,如图 6-172 所示。

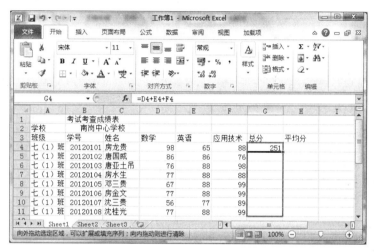

图 6-172　复制公式

④ 松开左键,G 列其他单元格的计算结果自动出现在相应单元格中,如图 6-173 所示。

图 6-173　复制公式后的结果

如果复制公式的单元格不是连续的,则无法使用上述方法,可直接对公式复制,然后选择粘贴即可。从上面的例子可以看出,Excel 2010 的公式复制功能对大量的统计计算很方便。但是,如果有时需要复制总分列的结果,而不想复制公式,直接粘贴会默认复制公式,并不是用户想要的数据,此时可以通过"选择性粘贴"来实现数值的复制。操作步骤如下。

① 选中带有公式的单元格,右击,在弹出的快捷菜单中执行"复制"命令。

② 右击目标单元格或单元格区域,在弹出的快捷菜单中把光标指向"选择性粘贴"选项处,会自动出现级联菜单,将以功能按钮的形式显示所有粘贴的样式。

③ 当光标停留在每个"粘贴"按钮上时,会提示粘贴名称,单击需要的样式即可。如图 6-174 所示为快捷菜单中"选择性粘贴"级联菜单效果。

若对级联菜单不熟悉,可以单击"选择性粘贴"命令,则弹出"选择性粘贴"对话框,此对话框以文字形式显示粘贴形式,如图 6-175 所示,用户可以根据需要选中"粘贴"下的一个单选按钮。例如,需要粘贴计算结果时,可以选择"数值"单选按钮,之后单击"确定"按钮。

图 6-174　"选择性粘贴"级联菜单　　　　图 6-175　"选择性粘贴"对话框

移动公式和移动单元格的方法类似,区别在于移动的是公式还是数值,同样可以根据"选择性粘贴"命令来选择粘贴的选项.

2. 单元格的引用

复制和移动公式时,公式中的引用为什么会有变化和不变的情况呢? 要想彻底明白这个问题,需要了解和进一步分析单元格的引用问题。

引用的作用在于,标识工作表上的单元格或单元格区域,并指明公式中所使用的数据位置。通过引用,可以在公式中使用工作表不同部分的数据,或者在多个公式中使用同一个单元格的数值,还可以引用一个工作簿中不同工作表上的单元格以及其他工作簿中的数据。

在默认状态下,Excel 2010 工作表单元格的位置都以列标和行号来表示,称为 A1 引用类型。这种类型用字母标识"列"、用数字标识"行",可分为相对引用、绝对引用、混合引用和三维引用。

（1）相对引用

相对引用是指当前单元格与公式所在单元格的相对位置。Excel 2010 系统默认,所有新创建的公式均使用相对引用。

例如,将本案例中的单元格 G4 中的相对引用公式"=D4+E4+F4"复制到单元格 G5 中,列号相同,行号下移一位,则复制后的相对引用公式中的行号也随之下移一位,G5 单元格中的公式自动变成"=D5+E5+F5",复制到 G6 至 G11,同理,如图 6-176 所示。

	考试考查成绩表					
学校	南岗中心学校					
班级	学号	姓名	数学	英语	应用技术	总分
七（1）班	20120101	房龙贵	98	65	88	=D4+E4+F4
七（1）班	20120102	唐国威	86	86	76	=D5+E5+F5
七（1）班	20120103	唐亚土吊	76	88	98	=D6+E6+F6
七（1）班	20120104	房水生	77	88	88	=D7+E7+F7
七（1）班	20120105	邓三贵	67	88	99	=D8+E8+F8
七（1）班	20120106	房金文	77	88	99	=D9+E9+F9
七（1）班	20120107	沈三贵	56	77	89	=D10+E10+F10
七（1）班	20120108	沈桂光	77	88	99	=D11+E11+F11
七（1）班	20120109	房明生	77	88	99	=D12+E12+F12
七（1）班	20120110	房军莲	67	45	87	=D13+E13+F13
七（1）班	20120111	房二贵	9	99	9	=D14+E14+F14

图 6-176　成绩相对引用

图 6-177 示例的操作步骤如下。

① 在 B3、C3、D3 单元格中，分别输入 10、20、25。

② 在 C5 单元格中，输入公式"＝B3＋C3"。

③ 将 C5 单元格复制到 D5 单元格，D5 单元格中的公式改为"＝C3＋D3"，即相对于 C5 公式中的列标加 1。

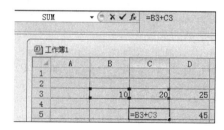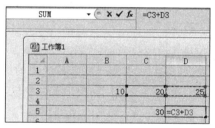

图 6-177　相对引用示例

（2）绝对引用

绝对引用是指把公式复制或填入新位置时，公式中引用的单元格地址保持固定不变。在 Excel 2010 中，绝对引用通过对单元格地址的"绑定"来达到目的，即在列号和行号前添加美元符号"$"，采用的格式是 $C$3。$C$3 和 C3 的区别在于：使用相对引用时，公式中引用的单元格地址会随着单元格的改变而相对改变；使用绝对引用时，公式中引用的单元格地址保持绝对不变。

例如，将 G4 单元格中的公式改为"＝$D$4＋$E$4＋$F$4"，则同样复制到 G5 至 G14，效果如图 6-178 所示，所有公式引用的单元格是完全一样的，并不随着单元格的改变而改变。

（3）混合引用

混合引用是指在公式中既使用相对引用，又使用绝对引用。当进行公式复制时，绝对引用部分保持不变，相对引用部分随单元格位置的变化而变化。

例如，在图 6-177 例子中，将单元格 G5 引用公式改为"＝$B$3＋C3"，结果为 30，其含义为：无论复制到任何位置，B3 是绝对不变的。C3 相对变化，将单元格 C5 复制到 D5，则 D5 单元格中的公式自动变为"$B$3＋D3"，结果为 35，即公式中第一个单元格仍然是 B3 中的数

	考试考查成绩表					
	A	B	C	D	E	F	G
1		考试考查成绩表					
2	学校	南岗中心学校					
3	班级	学号	姓名	数学	英语	应用技术	总分
4	七(1)班	20120101	房龙贵	98	65	88	=$D$4+$E$4+$F$4
5	七(1)班	20120102	唐国威	86	86	76	=$D$4+$E$4+$F$4
6	七(1)班	20120103	唐亚土吊	76	88	98	=$D$4+$E$4+$F$4
7	七(1)班	20120104	房水生	77	88	88	=$D$4+$E$4+$F$4
8	七(1)班	20120105	邓三贵	67	88	99	=$D$4+$E$4+$F$4
9	七(1)班	20120106	房金文	77	88	99	=$D$4+$E$4+$F$4
10	七(1)班	20120107	沈三贵	56	77	89	=$D$4+$E$4+$F$4
11	七(1)班	20120108	沈桂光	77	88	99	=$D$4+$E$4+$F$4
12	七(1)班	20120109	房明生	77	88	99	=$D$4+$E$4+$F$4
13	七(1)班	20120110	房军莲	67	45	87	=$D$4+$E$4+$F$4
14	七(1)班	20120111	房二贵	9	99	9	=$D$4+$E$4+$F$4

图 6-178　成绩的绝对引用

值 10 不变，第二个单元格相对从 C3 移至 D3，如图 6-179 所示。

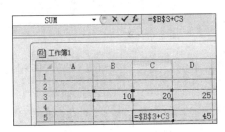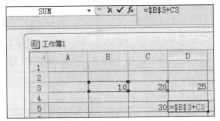

图 6-179　混合引用示例

同样，也有形如"＝＄B3＋C＄3"样式的混合引用，其含义为：＄B3 指列标"B"绝对不变，行号"3"相对变化；C＄3 指列标"C"相对变化，行号"＄3"绝对不变。

小妙招　运用快捷方式设置引用类型。在公式中使用引用时，可以通过多次按快捷键 F4 来选择哪种引用效果，光标在哪个引用名字上就变化哪个引用效果。例如，单元格 F4 中输入的是"＝C5＋B6"，当光标放在 B6 的位置时，按 F4 快捷键则 B6 的位置依次变化为"B＄6"、"＄B6"、"＄B＄6"和"B6"。

（4）三维引用

三维引用的含义是：在同一工作簿中引用不同工作表中单元格或区域中的数据。一般格式如下：

工作表名称! 单元格或区域

例如，要计算某学生学年总分，需将学生第一学期总成绩和第二学期总成绩相加，两个学期总成绩在一个工作簿的两个工作表中，分别在 Sheet1 和 Sheet2 中，则在 Sheet2 中的学年总分单元格 B2 中应输入公式"＝Sheet!H4＋A2"形式的公式，如图 6-180 所示。

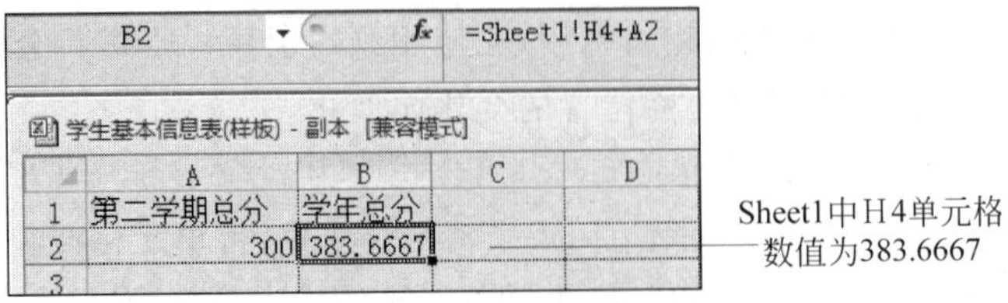

	B2	fx =Sheet1!H4+A2	
	A	B	C	D
1	第二学期总分	学年总分		
2	300	383.6667		
3				

Sheet1中H4单元格
数值为383.6667

图 6-180　三维引用示例

三维引用的创建步骤如下。

① 选择需要设置三维引用公式的单元格。

② 输入"="字符表示公式开始,公式中的非三维引用部分可以直接输入或直接选择输入。

③ 要输入三维引用的部分,单击以选择切换到三维引用所需的工作表,并选定要使用的单元格或区域。

④ 输入完成后,按 Enter 键或单击选择输入按钮。

3. 函数的使用

函数是一些预定义的公式,是对一个或多个执行运算的数据进行指定的计算,并且返回计算值的公式。执行运算的数据(包括文字、数字、逻辑值),称为函数的参数;经函数执行后传回来的数据,称为函数的结果。

(1) 函数的分类

Excel 2010 中提供了大量可用于不同场合的各类函数,分为财务、日期与时间、数学与三角函数、统计、查找与引用、数据库、文本、逻辑和信息等。这些函数极大地扩展了公式的功能,使数据的计算、处理更为容易,更为方便,特别适用于执行繁长或复杂的计算公式。

(2) 函数的语法结构

Excel 2010 中函数最常见的结构以函数名称开始,后面紧跟左小括号,然后以逗号分隔输入参数,最后是右小括号结束。格式如下:

函数名(参数 1,参数 2,参数 3,…)

例如:

SUM(number1,number2, number3,…)

函数的调用方法有两种。一种方法为"公式"选项卡下的"自动求和"下三角按钮,如图 6-181 所示,单击"自动求和"右侧的向下箭头弹出下拉菜单,显示五种最常用的函数以及最下方的其他函数,此种方法更为方便,不易出错。另一种方法为直接输入函数,操作步骤如下。

① 单击"公式"选项卡下的"插入函数"按钮 f_x。

② 在"插入函数"对话框中,选择"搜索函数"中的"选择类别"下拉式列表及"选择函数"列表对应的函数名,如图 6-182 所示。

图 6-181　自动求和菜单

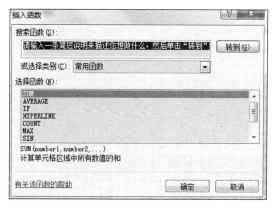

图 6-182　"插入函数"对话框

③ 单击"确定"按钮,弹出相应的"函数参数"对话框。

④ 输入"number1,number2,number3,…"中的参数,单击"确定"按钮。

(3) 常用函数

① 求和函数 SUM。函数格式如下:

```
SUM(number1,number2,number3, ...)
```

功能:返回参数表中所有参数的和。

例如,在"考试考查成绩表"案例中,学生总分用加法公式计算稍显麻烦。可以用求和函数计算,直接在 G4 单元格中输入"＝SUM(D4:F4)",或者单击"公式"选项卡下"自动求和"按钮 Σ,选中需要求和的单元格区域"D4:F4",按 Enter 键,如图 6-183 所示。如要计算不连续单元格的和,则与不连续单元格选取的方法类似,单击"自动求和"按钮后,选取第一个需要求和的单元格,再按住 Ctrl 键不放,选取不连续的需要求和的单元格,按 Enter 键确认结束。

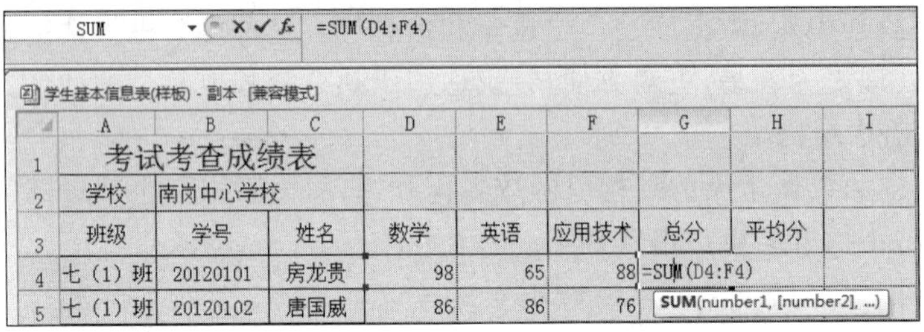

图 6-183　用求和函数计算总分

② 求平均值函数 AVERAGE。函数格式如下:

```
AVERAGE(number1, number2, number3, ...)
```

功能:返回参数表中所有参数的平均值。

例如,在"考试考查成绩表"案例中计算学生的平均分,与自动求和类似,可以直接在 H4 单元格中输入"＝AVERAGE(D4:F4)"。或者使用"自动求和"按钮右侧的向下箭头,在弹出的下拉菜单中选择"平均值"选项,选择"D4:F4"单元格区域,如图 6-184 所示,再按 Enter 键即完成。

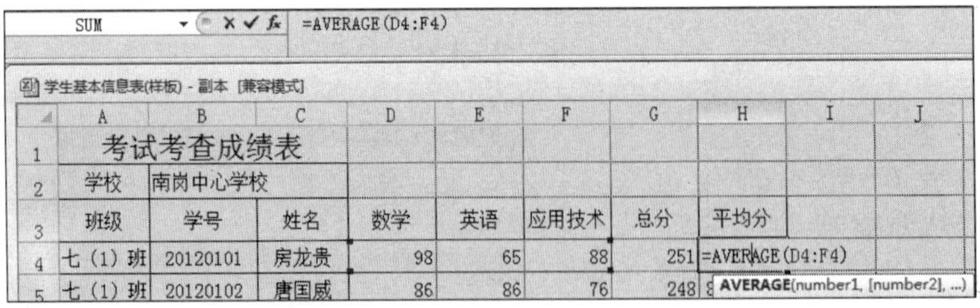

图 6-184　用函数求平均分

③ 求最大值函数 MAX。函数格式如下:

```
MAX(number1,number2,number3,...)
```

功能:返回参数表中所有参数的最大值。

例如,在"考试考查成绩表"案例中,添加一行计算数学课程的最高分。选取单元格 D15,直接输入"＝MAX(D4:D14)",或者选择"自动求和"按钮菜单中的"最大值"选项,选取

D4:D16,如图 6-185 所示,再按 Enter 键即完成。

④ 求最小值函数 MIN。函数格式如下:

`MIN(number1,number2,number3,...)`

功能:返回参数表中所有参数的最小值。求值方法与 MAX 函数相同。

⑤ 计数函数 COUNT。函数格式如下:

`COUNT(number1, number2, ..., numbern)`

功能:返回参数表中数字项的个数。COUNT 属于统计函数。

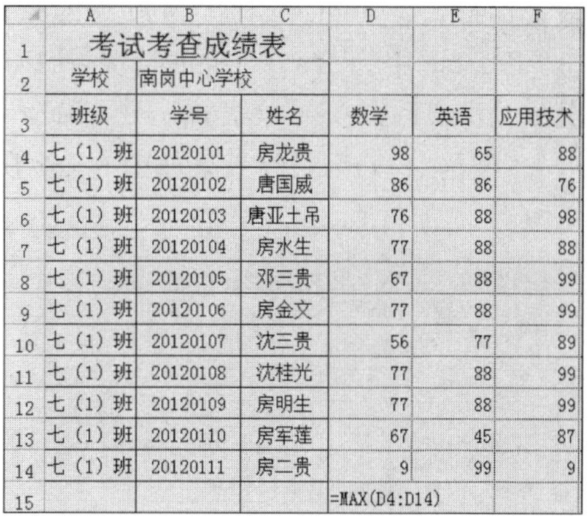

COUNT 函数最多可以有 30 个参数,函数
COUNT 在计数时,将数字、日期或以文本代表的数字计算在内,错误值或其他无法转换成数字的文字将被忽略。例如,公式"=COUNT(B4:D7,F10,15,"abc")",表示判断"B4:D7"单元格区域和"F10"单元格中,是否包含数字、日期或以文本代表的数字,如果有,则统计个数,15 为数字数值,计数加 1,"abc"为文本英文字符,不进行计数。

⑥ IF 函数。函数格式如下:

`IF(logical_test, value_if_true,value_if_false)`

功能:判断条件表达式的值,根据表达式值的真假,返回不同结果。

其中,logical_test 为判断条件,是一个逻辑值或具有逻辑值的表达式。如果 logical_test 表达式为真时,显示 value_if_true 的值;如果 logical_test 表达式为假时,显示 value_if_false 的值。

例如,评价数学成绩,60 分以上的显示"及格",小于 60 分的显示"不及格",在评价单元格"E4"中直接输入公式"=IF(D4>=60,"及格","不及格")",或者单击常用工具栏中的"自动求和"右侧的向下按钮,在弹出的下拉菜单中选择"其他函数"中的 IF 函数,弹出"函数参数"对话框,在相应单元格中输入,如图 6-186 所示,最终效果如图 6-187 所示。

图 6-185　求数学成绩最高分

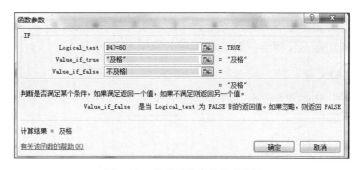

图 6-186　IF"函数参数"对话框

函数可以嵌套,当一个函数作为另一个函数的参数时,称为函数嵌套。函数嵌套可以提高公式对复杂数据的处理能力,加快函数处理速度,增强函数的灵活性。IF 函数最多可以嵌套 7 层。如将数学评价改进,将评价等级细分,分成优、良、中、及格、不及格 5 个等级,就要用函

数嵌套的形式了,logical_test 为最高的条件 D4≥90、value_if_true 等级为"优秀",而在 value_if_false 中为小于 90 分的情况,所以以此为前提再细分,又是一个 IF 函数,以此类推,则公式为"=IF(D4≥90,"优",IF(D4≥80,"良",IF(D4≥70,"中",IF(D4≥60,"及格","不及格"))))",最终效果如图 6-188 所示。

	A	B	C	D	E
1	考试考查成绩表				
2	学校	南岗中心学校			
3	班级	学号	姓名	数学	评价
4	七(1)班	20120101	房龙贵	98	及格
5	七(1)班	20120102	唐国威	86	及格
6	七(1)班	20120103	唐亚土吊	76	及格
7	七(1)班	20120104	房水生	77	及格
8	七(1)班	20120105	邓三贵	67	及格
9	七(1)班	20120106	房金文	77	及格
10	七(1)班	20120107	沈三贵	56	不及格
11	七(1)班	20120108	沈桂光	77	及格
12	七(1)班	20120109	房明生	77	及格
13	七(1)班	20120110	房军莲	67	及格
14	七(1)班	20120111	房二贵	9	不及格

图 6-187　成绩评价效果图

	A	B	C	D	E
1	考试考查成绩表				
2	学校	南岗中心学校			
3	班级	学号	姓名	数学	评价
4	七(1)班	20120101	房龙贵	98	优
5	七(1)班	20120102	唐国威	86	良
6	七(1)班	20120103	唐亚土吊	76	中
7	七(1)班	20120104	房水生	77	中
8	七(1)班	20120105	邓三贵	67	及格
9	七(1)班	20120106	房金文	77	中
10	七(1)班	20120107	沈三贵	56	不及格
11	七(1)班	20120108	沈桂光	77	中
12	七(1)班	20120109	房明生	77	中
13	七(1)班	20120110	房军莲	67	及格
14	七(1)班	20120111	房二贵	9	不及格

图 6-188　使用 IF 嵌套的成绩评价效果图

6.2.4　工作表的格式化

在 Excel 2010 中,用户可根据需要对工作表中的单元格数据设置不同的格式进行修饰。Excel 2010 提供了丰富的格式化设置选项,使工作表和数据格式的设置更加便于编辑、更加美观。

工作表的格式化包括设置数字格式、设置对齐格式、设置字体格式、设置边框和底纹格式等。图 6-189 是修饰后的成绩表,本案例需对上节案例中的"考试考查成绩表"进行格式化,格式设置如下。

① 表格字体字号以及数字格式的合理设置;

② 表格文字对齐方式的合理设置;

③ 边框和底纹的合理设置;

④ 合并单元格的设置;

⑤ 将表格设置成受保护不可更改状态;

⑥ 利用条件格式将不及格学生的成绩标明。

1. 单元格格式的设置

在制作工作表时,用户可以对单元格的字体、对齐方式、边框等进行设置,下面将分别介绍单元格格式的设置方法。

(1) 数字格式的设置

选定单元格或单元格区域,右击,在弹出快捷菜单中选择"设置单元格格式"选项,弹出"设置单元格格式"对话框,选择"数字"选项卡,在"分类"框中选择某一个选项,会在"示例"框显示所选单元格应用所选格式后的外观,如图 6-190 所示。

在图 6-189 所示的案例中,"学号"列需设置数字格式为"文本","平均分"列应设置为"数值",且"小数位数"设置为"2"位,则在图 6-190 的"示例"框中显示"70.50"效果,也可根据单元格需要选择"负数"列表框中的负数表达方式,如图 6-190 所示。

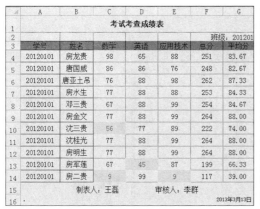

图 6-189　修饰成绩表

图 6-190　"数字"选项卡

除使用"设置单元格格式"对话框方式设置数字格式外,还可以使用"开始"选项卡下"数字"组中的"数字格式"下拉式列表设置数字格式。

(2) 对齐格式的设置

选择"设置单元格格式"对话框中的"对齐"选项卡,如图 6-191 所示,可以设置水平对齐方式、垂直对齐方式及文本方向等。在本案例中,表格标题的水平对齐和垂直对齐都为居中对齐;"班级"、年月日为靠右对齐;"制表人:"为靠左对齐。在"开始"菜单下"对齐方式"组中工具栏的 ≡ ≡ ≡ 对齐按钮,分别表示靠左、居中和靠右对齐。在"方向"栏中可以设置文字角度;"文本控制"中的"合并单元格"复选框作用与"开始"菜单下"对齐方式"组中工具栏的 ⊞ 按钮作用相同;"自动换行"复选框和"缩小字体填充"复选框已在数据编辑中讲过,这里不再赘述。本案例中的标题、年月日及班级均设置了合并单元格。

(3) 字体格式的设置

单击"设置单元格格式"对话框中的"字体"选项卡,如图 6-192 所示,其中的设置与 Word 2010 中的类似,这里不再赘述。

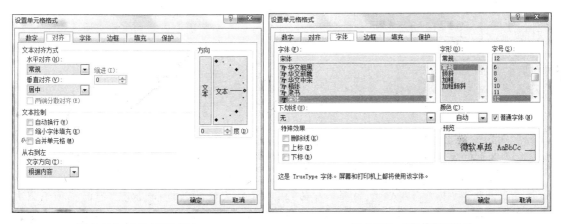

图 6-191　"对齐"选项卡　　　　　　　　　　图 6-192　"字体"选项卡

(4) 边框格式的设置

单击"开始"菜单下"字体"组中的 ⊞▾ 按钮可以设置单元格边框;同时,在"设置单元格格式"对话框中的"边框"选项卡下,可以更详细地设置丰富的边框样式及边框颜色,以及自定义有无各个边框及斜线。如图 6-193 所示为本案例的表格边框设置，设置时要先选择样式和颜色，再单击设置的边框线。

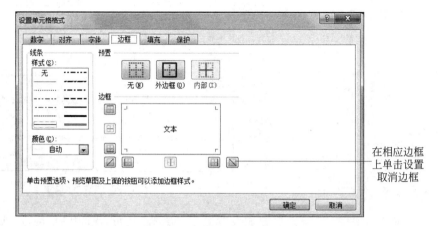

图 6-193　"边框"选项卡

（5）图案格式的设置

单击"开始"菜单下"字体"组中的 🖌- 按钮，只能为表格添加不同颜色的底纹，但不能添加图案样式；而在"设置单元格格式"对话框中的"填充"选项卡下，可以设置更为丰富的颜色和自己喜欢的图案样式，如图 6-194 所示。在本案例中分别设置了学生成绩表格表头、表格标题、落款的图案样式。

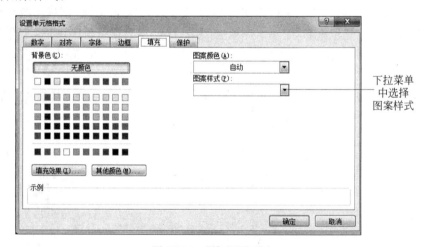

图 6-194　"填充"选项卡

（6）保护的设置

如图 6-195 所示为"保护"选项卡，只包含两个复选框："锁定"和"隐藏"。"锁定"用于锁定单元格，"隐藏"用于隐藏公式，这是为了安全，防止别人修改数据而设定。但此选项卡只有当工作表为保护状态时才有效。单击"审阅"选项卡下"更改"组下的"保护工作表"命令，可以进行保护工作表设置。

2. 设置工作表背景

在 Excel 2010 中，用户可以为整个表格设置背景，以达到美化工作表的目的。设置工作表背景的步骤如下：单击"页面布局"选项卡下"页面设置"组下的"背景"命令，如图 6-196 所

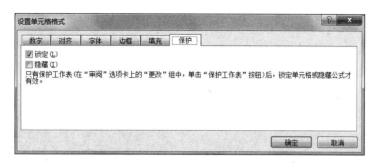

图 6-195　"保护"选项卡

示,弹出"工作表背景"窗口,通过"查找范围"下拉菜单选择背景图片所在路径,如图 6-197 所示,单击"插入"按钮,即可插入背景。如图 6-198 所示为设置背景后的效果。

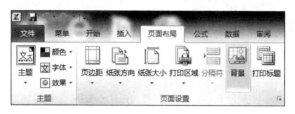

图 6-196　设置背景

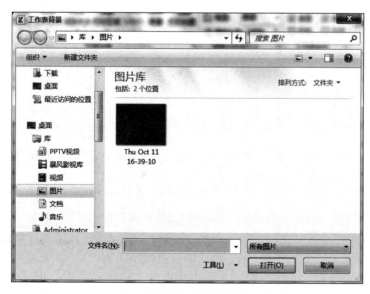

图 6-197　"工作表背景"窗口

如需删除工作表背景,则单击"页面布局"选项卡下"页面设置"组下的"删除背景"命令即可。

3. 自动套用格式

对于制作完成的表格,如想提高工作效率,可以使用 Excel 2010 中提供的自动套用格式功能来格式化工组表中的表格。Excel 2010 中包含更多种可用的表格样式,用户可以根据需要选择一种进行设置来完成既美观又快捷的表格制作。操作步骤如下。

(1)选定预设置格式的单元格区域,单击"开始"选项卡下"样式"组下的"套用表格格式"

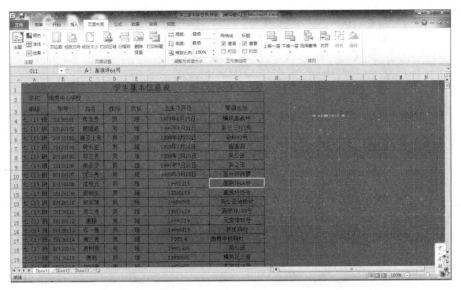

图 6-198　设置背景的效果图

命令 ▦ ，在展开的下拉菜单中显示各个表格样式，如图 6-199 所示。为"考试考查成绩表"设置了下拉菜单中"中等深浅"下"表样式中等深浅 13"的表格效果。应用完表格套用效果后，Excel 会自动新增"设计"选项卡，如图 6-200 所示，用户可在此选项卡中进行格式的修改。

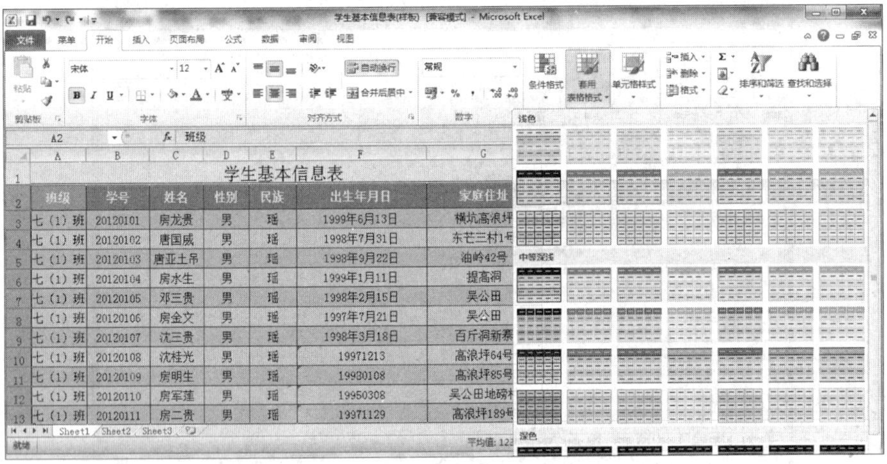

图 6-199　套用表格格式

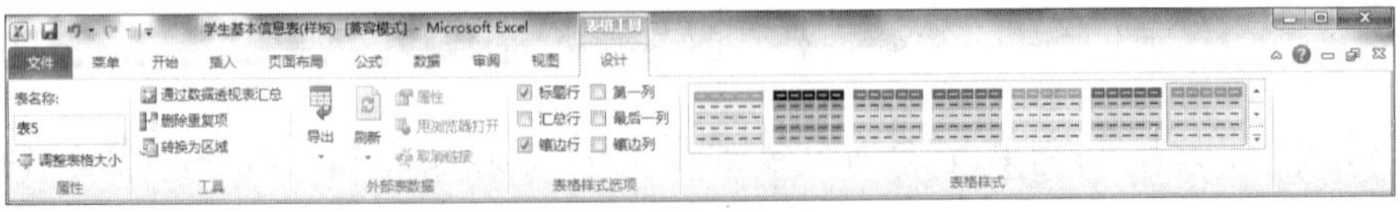

图 6-200　"设计"选项卡

　　（2）若套用表格格式已确定，无须更改，则可以将套用表格转换为普通区域，单击"设计"选项卡下"工具"组下的"转换为区域"命令，在弹出的对话框中单击"是"按钮即可。转换后，Excel 将自动取消"设计"选项卡。

　　（3）在"自动套用格式"对话框中选择一种表格样式，单击"选项"按钮可以选择应用的格式,图 6-200 是将本案例设置成了"序列 2"样式的表格样式。

4. 条件格式

在成绩表案例中,需要将学生的不及格分数用底纹和红色字突出显示出来,如果一个一个去作很麻烦,此时可以用 Excel 2010 提供的条件格式功能快速把整个工作表中的不及格分数突出显示出来。

所谓条件格式是指:当单元格中的数据满足指定条件时所设置的显示方式,一般包含单元格底纹或字体颜色等格式。如果需要突出显示公式的结果或其他要监视的单元格的值,可应用条件格式标记单元格。Excel 2010 通过使用数据条、色阶和图标集改进了旧版本条件格式的设置,条件格式设置可以轻松地突出显示所关注的单元格或单元格区域、强调特殊值和可视化数据。

(1) 条件格式的设置

① 选取要设置条件格式的单元格或单元格区域,如本例中将学生单科不及格的成绩以红色字显示,应选取单元格区域 D4:G13。

② 单击"开始"选项卡下"样式"组下的"条件格式"命令,在弹出的下拉菜单中选择"突出显示单元格规则"级联菜单中的"小于"选项,如图 6-201 所示,弹出"小于"对话框。

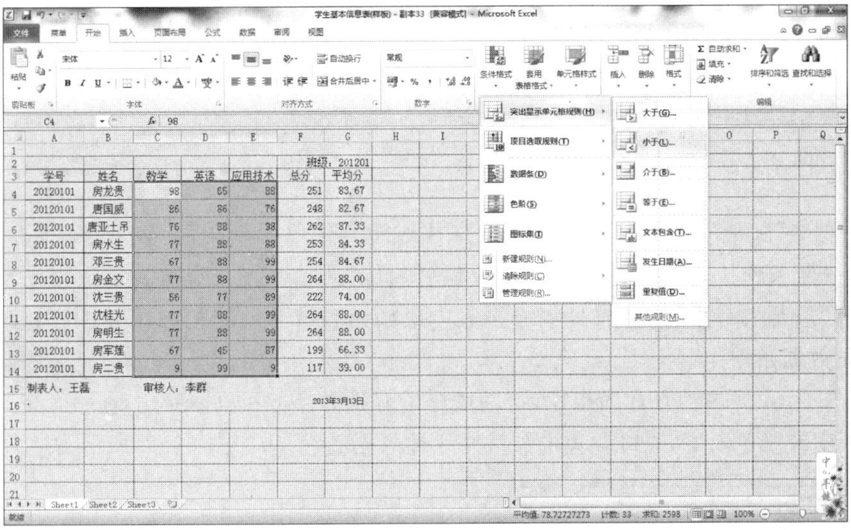

图 6-201　"条件格式"菜单

③ 在常量框中输入"60",或单击常量框后面的获取源数据按钮,可以设置单元格中的条件,在"设置为"后面的下拉列表中选择待设置的格式或自定义格式,如图 6-202 所示,其含义为,当所选区域数据小于 60 时,单元格格式设置为"浅红填充色深红色文本"。

图 6-202　"小于"对话框

(2) 条件格式的删除

若想删除条件格式,则选择"条件格式"菜单下"清除规则"级联菜单中的"清除所选单元格的规则"选项或"清除整个工作表的规则"选项。如图 6-203 所示。

Excel 2010 可以设置更丰富的条件格式，使条件格式的设置更加灵活方便，"条件格式"菜单列表中各个选项的含义如下。

① "突出显示单元格规则"：主要用于基于比较运算符设置的特定单元格的格式。

② "项目选取规则"：用于统计数据，可以很容易突出数据范围内，高于/低于平均值的数据，或者按百分比找出数据，如图 6-204 所示为项目选取规则的级联菜单。

图 6-203　删除条件格式

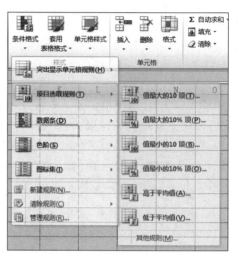

图 6-204　项目选取规则设置

③ "数据条"：帮助用户查看某个单元格相对于其他单元格的值，数据条的长度代表单元格中的值，数据条越长，表示值越高；数据条越短，表示值越低。在观察大量数据中较高值和较低值时，数据条尤为有用，如节假日销售报表中最畅销和最滞销的礼品。如图 6-205 所示为设置渐变填充数据条效果。

④ "色阶"：作为一种直观的指示，帮助用户了解数据分布和数据变比，在一个单元格区域中显示双色渐变或二色渐变，通过颜色的深浅来表述数据的大小，如图 6-206 所示为色阶子菜单。

图 6-205　数据条格式设置

图 6-206　色阶格式设置

⑤ "图标集"：使用"图标集"可以对数据进行注释，并可以按阈值将数据分为 3～5 个类别。每个图标代表一个值的范围。例如，在三向箭头图标集中，绿色的上箭头代表较高值，黄色的横向箭头代表中间值，红色的下箭头代表较低值，图 6-207 所示为设置图标集格式的菜单。

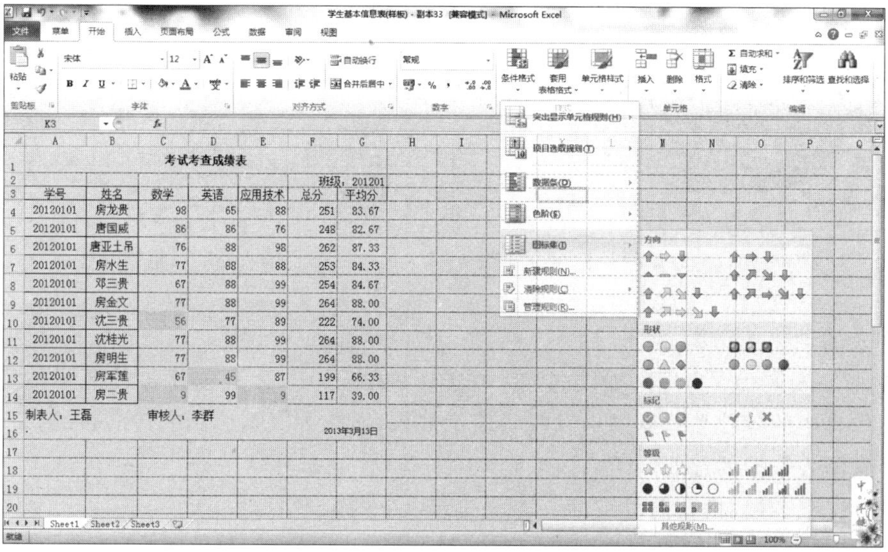

图 6-207　设置图表集格式的菜单

⑥ "新建规则"：可以自定义条件格式规则。

⑦ "管理规则"：可以对设置好的条件格式进行增、删、改管理。

6.2.5　图表的制作

对于大量的数据，往往用图形更能表示出数据之间的相互关系，并能增强数据的可读性和直观性。Excel 2010 提供了强大的图表生成功能，可以方便地将工作表中的数据以不同形式的图表方式展示出来，当工作表中的数据源发生变化时，图表中相应的部分会自动更新。

图 6-208 和图 6-209 为某公司四个分公司的销售统计图，本案例利用所提供的全年软件销售统计表（见图 6-210）进行创建、编辑、修饰图表。本案例重在练习根据数据分析的目的和要求，选择适合的图表。图 6-208 分析比较每个季度四个分公司销售明细，重点看南京分公司的销售趋势；图 6-209 分析比较第三季度四个分公司的销售明细和比例，同时对图表进行修饰美化。

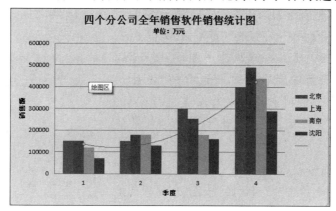

图 6-208　某公司四个分公司全年软件销售统计图

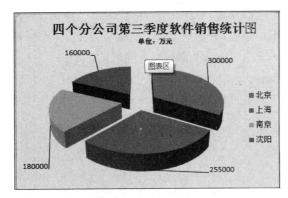

图 6-209　四个分公司第三季度软件销售统计图

	A	B	C	D	E	F
1	某公司全年软件销售统计表					
2	单位：万元					
		季度一	季度二	季度三	季度四	总计
3	北京	150000	150000	300000	400000	1000000
4	上海	150000	180000	255000	490000	1075000
5	南京	120000	180000	180000	440000	920000
6	沈阳	70000	130000	160000	290000	650000
7	总计	490000	640000	895000	1620000	3645000

图 6-210　销售统计表

1. 图表的创建

图表是 Excel 2010 为用户提供的强大功能。Excel 2010 通过创建各种不同类型的图表，为分析工作表中的各种数据提供更直观的表示效果，而是否能够达到创建的目的，一个重要的决定因素是图表数据的选取。

一般情况下，对表格数据范围的选取应注意以下两个方面。

（1）创建图表必须清楚地描述要达到的目标，目标决定成图的数据范围，多余数据将影响成图及分析效果。

（2）创建图表选取数据源时，要包含"上表头"和"左表头"文字内容及相关数据区域。以柱形图为例，上表头信息作为图表的"X 轴标签"显示在 X 轴位置；左表头信息作为图表的"图例"默认显示图表右侧。图 6-208 所示为选择了上表头和左表头。

例如，针对某公司全年软件销售统计表，需要创建四个分公司的全年销售统计图。制图目标是为了对比分析每个季度各个分公司的销售情况。选取数据应包括公司名称字段和各个季度销售额字段（包含季度上表头），注意：不能包含总计字段。创建图表的步骤如下。

（1）选择所需数据区域，本例中的第一个图表——每个季度各个分公司全年销售明细图——应选择单元格区域（A3:E7），注意不要多选、漏选。

（2）单击"插入"选项卡下"图表"组下的"柱形图"命令，在展开的下拉式列表中列出了 Excel 2010 提供的图表类型，如图 6-211 所示。本例选择"簇状柱形图"图表类型，在当前工作表中插入一簇状柱形图，如图 6-212所示。Excel 会自动新增图表工具所包含的"设计"、"布局"及"格式"三个选项卡。可以对图表进行编辑，插入的图表只显示了图表的图例、水平类别轴和数值轴刻度。

（3）为图表添加标题，选中图表区。切换到"布局"选项卡，在"标签"组下单击"图表标题"按钮，在展开的菜单中选择"图表上方"选项，如图 6-213 所示。此时，图表

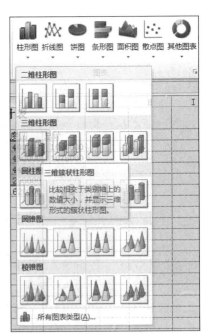

图 6-211　柱形图的级联菜单

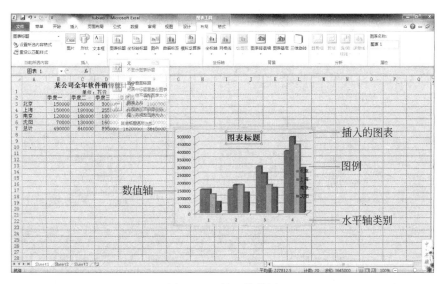

图 6-212　插入簇状图

上方显示了图表标题文本框,以及相应的提示文本,用户只需删除其中的文本,再输入新标题名称即可。在本例中输入"四个分公司全年软件销售统计图"。对标题可以进行字体字号设置及位置调整。添加坐标轴标题方法类似,可以设置"主要横坐标轴标题"和"主要纵坐标轴标题"。图 6-214 显示了"主要纵坐标轴标题"级联菜单;图 6-215 所示为本例中设置图表标题、主要横坐标轴标题和主要纵坐标轴标题,纵坐标轴标题选择了"旋转过的标题"。

图 6-213　设置图表标题

图 6-214　设置坐标轴标题

若创建图 6-209 所示的四个分公司第三季度销售统计图,步骤相似,需要注意以下几点区别。

① 在选择图表数据区域时,应选取不连续的数据区域,按住 Ctrl 键。

② 插入的图表应选择"饼图"中的"分离型三维饼图"子图。

③ 为饼图设置数据标签中的"值"和"引导线",如图 6-216 所示。

④ 饼图无坐标轴标题。

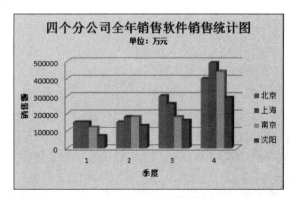

图 6-215　为图表设置标题

图 6-216　为饼图设置数据标签

提示　选中单元格区域后,按 F11 键可直接作为新工作表生成柱形图表。

2. 图表的编辑与格式化

用户可能会对生成的图表感到不满意,特别是快速创建的图表、中间步骤没有详细设置的图表尤其如此。因此,学会对图表进行修改是非常重要的。

(1) 图表的组成

要想很灵活地编辑图表,首先要了解图表的组成结构,以及图表的可编辑对象,图 6-217所示为图表的组成。

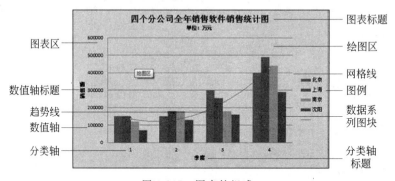

图 6-217　图表的组成

图表中各组成部分及其功能如下。

① 图表标题:用于显示图表标题名称,位于图表顶部。

② 图表区:表格数据的成图区,包含所有图表对象。

③ 绘图区:图表主体区,用于显示数据关系的图形信息。

④ 图例:用不同色彩的小方块和名称,以区分各个数据系列。

⑤ 分类轴和数值轴:分别表示各分类的名称和各数值的刻度。

⑥ 数据系列图块:用于标识不同系列,表现不同系列间的差异、趋势及比例关系,每一个系列自动分配一种唯一的图块颜色,并与图例颜色匹配。

（2）图表设置的修改

图表创建后，如果发现图表创建时设置的各种值和图表选项与想要的效果不一致，可以进行更改。

① 更改图表类型

单击"图表区"空白处，单击"设计"选项卡下"类型"组中的"更改图表类型"按钮，弹出"更改图表类型"对话框，如图 6-218 所示。可以选择需要的图表类型，如图所示选择了折线图中的"带数据标志的折线图"子项，单击"确定"按钮即可。此时图表的类型已经改变，Excel 自动

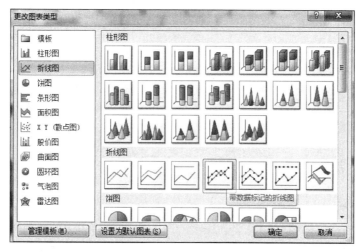

图 6-218　更改图表类型对话框

切换至"设计"选项卡，单击"图表样式"组中的快翻按钮，在展开的图表样式库中选择需要的样式，如图 6-219 所示。

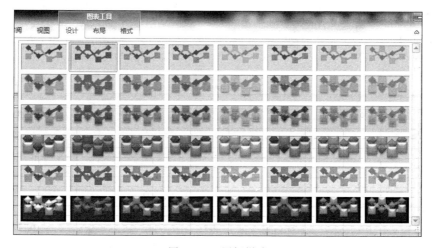

图 6-219　图标样式

除上述方法外，还可以右击图表区空白处，在弹出的快捷菜单中选择"更改图表类型"选项，弹出"更改图表类型"对话框后，再进行更改。

② 更改数据源

若设置图表前选择的数据源有问题需要更改，则可以随时更改图表数据源。选择图表区

空白区域,单击"设计"选项卡数据组下的"选择数据"按钮,弹出"选择数据源"对话框,如图 6-220 所示。单击"图表数据区域"后面的按钮可以重新选择数据源,此对话框还可以切换行和列,如图 6-220 所示。图表含义为某公司四个季度各个分公司销售统计,若要使用图表来表达各个分公司每个季度的销售统计,则单击此对话框的"切换行/列"按钮,单击"确定"按钮。如图 6-221 所示,分类轴变为分公司名,图例变为季度,也可通过单击"设计"选项卡的"切换行/列"按钮实现行和列的切换。

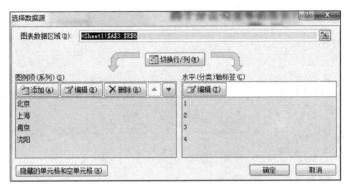

图 6-220　"选择数据源"对话框

③ 更改图表布局

选中图表区的空白区域,单击"设计"选项卡下"图表布局"组中的快翻按钮,在展开的图表布局库中选择需要的布局。如图 6-222 所示,如选择"布局 5",图表会变成如图 6-223 所示的效果,在图表下方显示数据表形式。

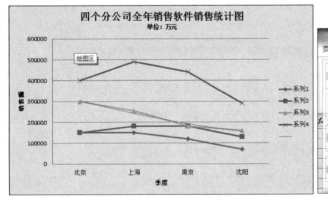

图 6-221　行列转换效果

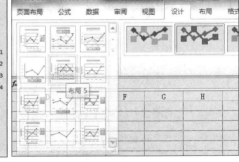

图 6-222　图表布局

④ 更改图表位置

图表默认与工作表在同一工作表中,如需将图表作为单独工作表显示,则可以更改图表位置,单击"开始"选项卡"位置"组下的"移动图表"按钮,弹出"移动图表"对话框。如图 6-224 所示,选择"新工作表"单选按钮后,即可以为新工作表命名,工作表名默认为 Chart1,单击"确定"按钮完成。

⑤ 更改图例和数据标签

图例的更改,可以单击"开始"选项卡"标签"组下的"图例"按钮,在展开的菜单中选中"其他图例按钮"选项,弹出"设置图例格式"对话框,如图 6-225 所示。可以通过"图例选项"、"填

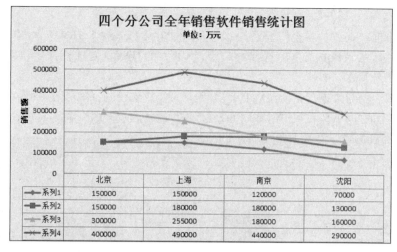

图 6-223　对图表应用布局

充"、"边框颜色"、"边框样式"、"阴影"、"发光和柔化边缘"几个选项卡更改图例格式。

图 6-224　"移动图表"对话框

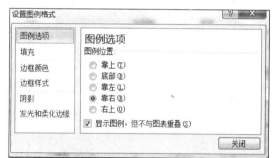

图 6-225　"设置图例格式"对话框

（3）图表的修饰

图表的大小、位置,均可以通过相应的调整进行修饰。想修饰哪个区域,最快捷的方法就是双击哪个区域。

① 图表区的修饰

若将本案例图表区修饰成淡蓝色背景、深蓝色虚线边框、预设形状并对图表区文字格式等进行设置,操作步骤如下。

a. 双击图表区空白处,弹出"设置图表区格式"对话框,如图 6-226 所示,通过"填充"、"边框颜色"、"边框样式"等选项卡设置图表区的格式。本案例中,在"填充"选项卡中选择"纯色填充"单选按钮,在"填充颜色"处"颜色"项单击颜色选取按钮 ,在展开的颜色中选择"蓝色,淡色 60%"。

b. 设置边框颜色。切换至"边框颜色"选项卡,选择"实线"单选按钮,颜色设置同填充方

图 6-226　"设置图表区格式"对话框

法,选择"深蓝,深色 25%"。

　　c. 设置边框样式。切换至"边框样式"选项卡,"宽度"选择"1.75 磅",单击"短划线类型"后面的 ⊞▾ 按钮,在展开的菜单中选择"方点",将下方的"圆角"复选框选中,设置边框为圆角矩形,如图 6-227 所示。

　　d. 设置图表阴影效果。切换至"阴影"选项卡,单击"预设"后的 □▾ 按钮,在展开的菜单中选择"外部"栏中的"向下偏移"子项,如图 6-228 所示,最终图表区的设置效果如图 6-229 所示。

图 6-227　设置图表区边框的样式

图 6-228　设置图表区的阴影

　　② 图例的修饰

　　选中图例,右击,弹出快捷菜单,如图 6-230 所示。选择"设置图例格式"选项,弹出"设置图例格式"对话框,可以设置图例位置、填充、颜色等,设置方法与图表区格式的设置类似,这里不再赘述。

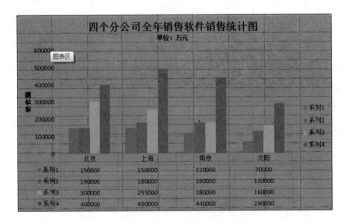

图 6-229　图表区格式的设置效果

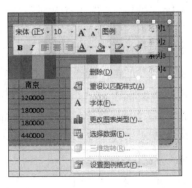

图 6-230　图例设置

③ 坐标轴格式的设置

若要修改图表坐标轴的格式,直接双击要设置的 X 坐标轴或 Y 坐标轴,则弹出"设置坐标轴格式"对话框。如图 6-231 所示为 X 坐标轴的"设置坐标轴格式"对话框,如图 6-232 所示为 Y 坐标轴的"设置坐标轴格式"对话框,用户可根据需要修改。

图 6-231　"设置坐标轴格式"对话框——X 轴　　　　图 6-232　"设置坐标轴格式"对话框——Y 轴

图表的上述格式设置均可以通过快捷菜单和"图表工具"中的"格式"选项卡中的"设置所选内容格式"按钮设置。

(4) 趋势线

① 添加趋势线

在本案例中,为南京各个季度的销售情况添加趋势线。添加趋势线的操作步骤如下。

a. 单击需要添加趋势线的数据系列。本例中,单击南京数据系列。右击,在弹出的快捷菜单中选择"添加趋势线"命令,弹出"设置趋势线格式"对话框,如图 6-233 所示。

b. "设置趋势线格式"对话框包括"趋势线选项"、"线条颜色"、"线型"、"阴影"、"发光和柔化边缘"五个选项卡。在"趋势线选项"选项卡中的趋势预测/回归分析类型中,包括"指数"、"线性"、"对数"、"多项式"、"幂"和"移动平均"六种趋势线。每种趋势线含义如下。

"指数":"指数"趋势线是一种曲线,它适用于速度增减越来越快的数据值。如

图 6-233　"设置趋势线格式"对话框

果数据值中含有零或负值,就不能使用指数趋势线。

"线性":"线性"趋势线是适用于简单线性数据集的最佳拟合直线。如果数据点构成的图案类似于一条直线,则表明数据是线性的。线性趋势线通常表示事物是以恒定速率增加或减少。

"对数":如果数据的增加或减小速度很快,但又迅速趋近于平稳,那么"对数"趋势线是最佳的拟合曲线。"对数"趋势线可以使用正值和负值。

"多项式":"多项式"趋势线是数据波动较大时适用的曲线,用于分析大量数据的偏差。多项式的顺序表示阶数,阶数可由数据波动的次数或曲线中拐点(峰或谷)的个数确定。二阶多项式趋势线通常仅有一个峰或谷,三阶多项式趋势线通常有一个或两个峰或谷,四阶通常多达三个。

"幂":"幂"趋势线是一种适用于以特定速度增加的数据集的曲线,如赛车 1 秒内的加速度。如果数据中含有零或负数值,就不能创建"幂"趋势线。

"移动平均":移动平均趋势线平滑处理了数据中的微小波动,从而更清晰地显示了图案和趋势。移动平均使用特定数目的数据点(由"周期"选项设置),取其平均值,然后将该平均值作为趋势线中的一个点。例如,"周期"设置为 2,说明头两个数据点的平均值是移动平均趋势线中的第一个点,第二个和第三个数据点的平均值就是趋势线的第二个点,以此类推。

c. 本例中选择"多项式"趋势线,顺序选择"3"即可,效果如图 6-234 所示,用户可根据需要更改"趋势线名称"、"趋势预测"等项的内容,之后单击"确定"按钮。

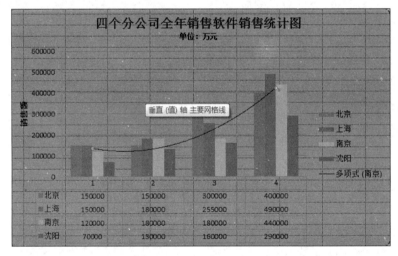

图 6-234　为南京分公司销售添加多项式趋势线

添加趋势线也可以通过"布局"选项卡下"分析"组中的"趋势线"按钮设置。

② 修改趋势线

如对已设置的趋势线不满意,可以修改趋势线的设置,步骤如下。

a. 选择要修改的趋势线。

b. 双击鼠标,或从快捷菜单中选择"设置趋势线格式"选项,弹出"设置趋势线格式"对话框,在此对话框中直接修改即可。

③ 删除趋势线

选中要删除的趋势线,按 Delete 键清除,或通过快捷菜单中的"删除"选项来清除趋势线。

6.2.6 迷你图的使用

迷你图是 Excel 2010 的一个新增功能。它是绘制在单元格中的一个微型图表,用迷你图可以直观地反映数据系列的变化趋势。与图表不同的是,当打印工作表时,单元格中的迷你图会与数据一起打印。创建迷你图后,还可以根据需要对迷你图进行自定义,如高亮显示最大值和最小值、调整迷你图颜色等。

1. 迷你图的创建

迷你图包括折线图、柱形图和盈亏图三种类型。在创建迷你图时,需要选择数据范围和放置迷你图的单元格。图 6-235 所示为某公司各分公司的销售情况以迷你图的形式直观显示的效果图。

若要完成如图 6-235 所示的迷你图效果,操作步骤如下。

(1) 单击当前销售表格所在工作表的任意单元格,单击"插入"选项卡下"迷你图"组下的"折线图"按钮,弹出"创建迷你图"对话框,如图 6-236 所示。单击"数值范围"后面的 ▦ 按钮,选取创建迷你图所需的数据范围。本例先为北京分公司创建迷你图,则数据范围选择 B3:E3,放置迷你图的位置范围选择 $G$3,单击"确定"按钮,即完成迷你图的创建,效果如图 6-237所示。Excel 自动切换到迷你图工具的"设计"选项卡。

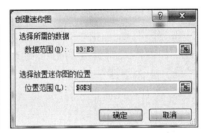

图 6-235 迷你图效果图   图 6-236 "创建迷你图"对话框

(2) 其他分公司迷你图的创建与北京分公司方法相同,可以通过选中 G4 单元格,拖动单元格右下角的十字形填充柄复制获得,效果如图 6-238 所示。

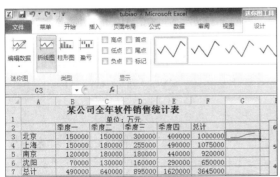

图 6-237 为北京分公司创建迷你图   图 6-238 为所有分公司创建迷你图

2. 迷你图的编辑

在创建迷你图后,用户可以对其进行编辑,如更改迷你图的类型、应用迷你图样式、在迷你图中显示数据点、设置迷你图和标记的颜色等,以使迷你图更加美观,具体方法如下。

（1）为迷你图显示数据点

选中迷你图,勾选"设计"选项卡"显示"组中的"标记"复选框,则迷你图自动显示数据点,如图6-239所示。

（2）更改迷你图类型

在"设计"选项卡下的"类型"组中,可以更改迷你图类型,可更改为折线图、柱形图或盈亏图,如图6-239所示。

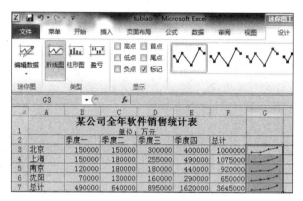

图 6-239　为迷你图显示数据点

图 6-240　标记颜色菜单

（3）更改迷你图样式

在"设计"选项卡下的"样式"组中,可以更改迷你图样式。单击迷你图样式快翻按钮,在展开的迷你图样式中选择所需的样式即可。

（4）迷你图颜色的设置

在"设计"选项卡下的"样式"组中,可以修改迷你图颜色。单击 标记颜色 按钮可以修改标记颜色,如图6-240所示。

（5）迷你图源数据及位置的更改

迷你图创建完成后,可以更改迷你图的源数据及显示位置。单击"设计"选项卡下的"迷你图"组中的"编辑数据"按钮菜单,在弹出的级联菜单中可以更改所有迷你图或单个迷你图的源数据和显示位置,重新选取即可。

（6）迷你图的清除

迷你图的清除,并不能像单元格内其他文本或图表一样,按Delete键直接清除,而是需要右击,在弹出的快捷菜单中选择"迷你图"级联菜单中的"清除所选的迷你图"或"清除所选的迷你图组"删除迷你图,或者单击"设计"选项卡下"分组"中的"清除"按钮,选择"清除所选的迷你图"或"清除所选的迷你图组"删除迷你图。

6.2.7　数据管理

对于工作表中的数据,用户可能不仅仅满足于自动计算,实际工作中往往还需要对这些数据进行动态的、按某种规则进行的分析处理。Excel工作表提供了强大的数据分析和数据处理功能,其中包括对数据的筛选、排序和分类汇总等。恰当地使用这些功能,可以极大地提高用户的日常工作效率。

1. 数据列表

（1）数据清单

数据清单是指工作表中一个连续存放了数据的单元格区域;可把一个二维表格看成是一

个数据清单。例如,一张考试成绩单,包含学号、姓名、各科成绩、总成绩、平均成绩等多列数据,如图 6-241 所示。

	A	B	C	D	E	F	G	H	I
1	考试考查成绩表								
2	学校	南岗中心学校							
3	班级	学号	姓名	数学	英语	应用技术	总分	平均分	
4	七(1)班	20120101	房龙贵	98	65	88	251	83.66667	
5	七(1)班	20120102	唐国威	86	86	76	248	82.66667	
6	七(1)班	20120103	唐亚土吊	76	88	98	262	87.33333	
7	七(1)班	20120104	房水生	77	88	88	253	84.33333	
8	七(1)班	20120105	邓三贵	67	88	99	254	84.66667	
9	七(1)班	20120106	房金文	77	88	99	264	88	
10	七(1)班	20120107	沈三贵	56	77	89	222	74	

图 6-241　考试成绩数据清单

数据清单作为一种特殊的二维表格,其特点如下。

① 清单中的每一列为一个字段,存放相同类型的数据。每列必须有列标题,且这些列标题必须唯一,每个列标题还必须在同一行上。

② 列标题必须在数据的上面。

③ 每一行为一个记录,即由各个字段值组合而成。

④ 清单中不能有空行或空列,最好不要有空单元格。

数据清单的建立和编辑,与一般的工作表的建立和编辑方法类似。此外,为了方便编辑数据清单中的数据,Excel 还提供了数据记录单功能。用户创建了数据库后,系统自动生成记录单,可以利用记录单来管理数据,如对记录方便地查找、添加、修改及删除等操作。

Excel 2010 的记录单,并未显示在可见功能区内。若要显示,可以单击"文件"选项卡下的"选项"命令,弹出"Excel 选项"对话框,如图 6-242 所示。单击左侧的"快速访问工具栏",在右

图 6-242　"Excel 选项"对话框

侧的"从下列位置选择命令"下面的下拉式列表中选择"不在功能区中的命令",在下面的列表中找到"记录单"功能,单击"添加"按钮,将记录单功能添加到右侧的快速访问工具栏,则在Excel 标题栏左侧的快速访问工具栏中出现"记录单"按钮■。

（2）查找记录

使用记录单查找记录的操作步骤如下。

① 选择数据清单内的需要放在记录单中的单元格区域。本例选择 A3:F3 单元格区域。

② 单击"快速访问工具栏"中的"记录单"命令,弹出记录单对话框,如图 6-243 所示。在记录单对话框中,对话框左侧显示各字段名称及当前记录的各字段内容,其内容为公式的字段显示公式计算的结果,右侧分别显示"新建"、"上一条"、"条件"等控制按钮,其中右上角显示的"1/10"的含义为共有 10 条记录,当前是第 1 条。

图 6-243　记录单对话框

③ 单击"上一条"、"下一条"按钮可查看各记录内容,此外,利用滚动条也可以快速浏览记录。

④ 如果要快速查找符合一定条件的记录,则单击"条件"按钮,此时每个字段值的文本框均为空,同时"条件"按钮变成"表单"按钮,在相应的文本框中输入查找条件。例如,查找数学成绩在 70 分以上、英语成绩在 89 分以上的学生记录,可在"数学"字段后对应的文本框中输入">70",在"英语"字段后输入">89"的条件。

⑤ 单击"表单"按钮结束条件设置。

⑥ 单击"上一条"或"下一条"按钮,从当前记录开始向上或向下查看符合条件的记录。

如果要取消所设置的条件,需在设置条件窗口中单击"清除"按钮,删除条件。

（3）编辑记录

Excel 2010 中的记录单功能,用于管理表格中数据清单的每一条记录内容,可以很方便地添加、修改和删除记录,以提高工作效率。

① 添加记录

在"记录单"对话框中,单击"新建"按钮,对话框中会出现一个空的记录单。在各字段的文本框中输入数据。输入完成后,单击"关闭"按钮完成记录的添加,如还需要添加其他记录内容,则重新执行上面的操作,最后返回到工作表中,新建记录位于列表的最后。如果添加含有公式的记录,直到按下 Enter 键或单击"关闭"或"新建"按钮之后,公式结果才被计算。

② 修改记录

用记录单编辑记录的方法是,选定数据库中的任意一个单元格,打开记录单,拖动滚动条或单击"上一条"和"下一条"按钮,定位到需要修改的记录,对需修改的字段进行修改,完成修改后按回车键。当字段内容为公式时,不可修改和输入。

③ 删除记录

当要删除某条记录时,可先找到该记录,然后单击"删除"按钮,记录删除后不可恢复,因此,Excel 2010 会显示一个"警告"对话框,让用户执行进一步确认操作。

如果要取消对记录单中当前记录所做的任何修改,只要单击"还原"按钮,还原为原来的数值。

2. 数据排序

排序是数据库的基本功能之一,为了数据查找方便,往往需要对数据清单进行排序而不再保持输入时的顺序。使用排序命令,可以根据数据清单中的数值对数据清单的行列数据进行排序。排序的方式有升序和降序两种。使用特定的排序次序,对单元格中的数据进行重新排列,以方便用户对整体结果的比较。

（1）排序原则

为了保证排序正常进行,需要注意排序关键字的设定和排序方式的选择。排序关键字是指排序所依照的数据字段名称,由此作为排序的依据。Excel 2010 提供了多层排序关键字,即主要关键字、次要关键字多个,按照先后顺序优先。在进行多重条件排序时,只有主要关键字相同的情况下,才按照次要关键字进行排序,否则次要关键字不发挥作用,后面的次要关键字以此类推。

（2）按单关键字排序

如果只须根据一列中的数据值对数据清单进行排序,则只要选中该列中的任意一个单元格,然后单击"常用"工具栏中的"升序"按钮或"降序"按钮完成排序。例如,在图 6-241 所示的数据清单中,对班级学生进行成绩总体排名,按总分由高到低对数据清单进行排序。在本案例中,有标题和班级行,所以要选中单元格区域 A4:H14,依次单击"数据"|"排序和筛选"|"排序"按钮,弹出"排序"对话框,如图 6-244 所示,在"主要关键字"下拉式列表中选择"总分"列,"排序依据"选择"数值",次序选择"降序",单击"确定"按钮完成排序,最终效果如图 6-245 所示。

图 6-244 "排序"对话框

	A	B	C	D	E	F	G	H
1	考试考查成绩表							
2	学校	南岗中心学校						
3	班级	学号	姓名	数学	英语	应用技术	总分	平均分
4	七（1）班	20120106	房金文	77	88	99	264	88
5	七（1）班	20120108	沈桂光	77	88	99	264	88
6	七（1）班	20120109	房明生	77	88	99	264	88
7	七（1）班	20120103	唐亚土吊	76	88	98	262	87.33333
8	七（1）班	20120105	邓三贵	67	88	99	254	84.66667
9	七（1）班	20120104	房水生	77	88	88	253	84.33333
10	七（1）班	20120101	房龙贵	98	65	88	251	83.66667
11	七（1）班	20120102	唐国威	86	86	76	248	82.66667
12	七（1）班	20120107	沈三贵	56	77	89	222	74
13	七（1）班	20120110	房军莲	67	45	87	199	66.33333
14	七（1）班	20120111	房二贵	9	99	9	117	39

图 6-245 按总分降序排序后的效果图

🔊 **提示**   如"学号"等列名在第一行,则单击"总分"字段列中的任意单元格,然后单击降序按钮**处**,即可完成总分的降序排列。

(3) 按多关键字排序

有时按单个关键字排序后,会出现两个或两个以上数值相同的情况。例如,想排数学单科成绩,有两名学生的分数是一样的,这就需要再设定一个排序依据,即按多关键字排序,也叫多重排序。在图6-241所示的案例中,要排数学成绩从高分到低分,并且如果数学成绩相等,按姓名姓氏笔画升序排序,其方法如下。

① 选中单元格区域A4:H14,单击"数据"选项卡下"排序和筛选"组下的"排序"按钮。

② 弹出"排序"对话框,在对话框的"主要关键字"下拉式列表中选择"数学"字段,"排序依据"选择"数值",次序选择"降序"。

③ 单击"添加条件"按钮,在下面的关键字框中新增一行"次要关键字"排序设置,"次要关键字"下拉式列表中选择"姓名"字段,"排序依据"选择"数值",次序选择"升序",如图6-246所示。

④ 单击"选项"按钮,弹出"排序选项"对话框,如图6-247所示,在"方向"中选择"按列排序"单选按钮,在"方法"中选择"笔画排序"单选按钮,单击"确定"按钮。

图6-246 "排序"对话框   图6-247 "排序选项"对话框

为避免字段名也成为排序对象,在每次单击"确定"按钮前,应选中"排序"对话框第一行的"数据包含标题"复选框,后面的次要关键字效果类似。

3. 数据筛选

数据筛选功能是查找和处理数据列表中数据子集的快捷方法,将数据清单中满足条件的记录显示出来,而将不满足条件的记录暂时隐藏。使用筛选功能可以提高查询效率,实现的方法是使用筛选命令的"自动筛选"或"高级筛选"。

(1) 自动筛选

自动筛选是进行简单条件的筛选。例如,图6-248所示为教师3月工资表,若要筛选出所有副教授的工资信息,则操作步骤如下。

① 选择数据区域A3:H16,单击"数据"选项卡下"排序和筛选"组下的按钮,在数据清单各字段头右侧出现下拉箭头目,如图6-249所示。

🔊 **提示**   如果表头字段为首行,则选取数据清单中的任意单元格,单击"筛选"按钮即可完成上述操作,但如果表头字段不是首行,就必须选中以表头开始的数据区域。

② 选择筛选条件产生的字段旁边的▼按钮,本例选择"职称"旁的▼按钮,弹出如图6-250所示的筛选条件框。

③ 在筛选条件框中选择所需条件,本例选择"副教授",筛选结果如图6-251所示,"职称"

	A	B	C	D	E	F	G	H
1				教师工资表				
2							月份：	三月
3	教师编号	姓名	性别	职称	学历	奖金	加班费	工资
4	2	潘学武	男	教授	博士	680	527	1520
5	3	汪家明	男	讲师	硕士	680	673	3420
6	4	胡能胜	男	教授	博士	680	643	1520
7	5	李 萍	女	助教	本科	680	613	8520
8	6	韩家好	男	教授	博士	680	834	3520
9	7	解明茹	女	教授	博士	680	799	3520
10	8	卫功平	女	教授	博士	680	767	3520
11	9	郭宏武	男	教师	硕士	680	767	1520
12	10	童庆好	女	副教授	博士	680	869	1520
13	11	郭立俊	女	副教授	博士	680	365	3520
14	12	何玉明	女	副教授	博士	680	834	1520
15	13	王祥胜	男	副教授	博士	680	904	1520
16	14	郭本秀	女	副教授	博士	680	555	1520

图 6-248　教师工资表

	A	B	C	D	E	F	G	H
1				教师工资表				
2							月份：	三月
3	教师编号	姓名	性别	职称	学历	奖金	加班	工资
4	2	潘学武	男	教授	博士	680	527	1520
5	3	汪家明	男	讲师	硕士	680	673	3420
6	4	胡能胜	男	教授	博士	680	643	1520
7	5	李 萍	女	助教	本科	680	613	8520
8	6	韩家好	男	教授	博士	680	834	3520
9	7	解明茹	女	教授	博士	680	799	3520
10	8	卫功平	女	教授	博士	680	767	3520
11	9	郭宏武	男	教师	硕士	680	767	1520
12	10	童庆好	女	副教授	博士	680	869	1520
13	11	郭立俊	女	副教授	博士	680	365	3520
14	12	何玉明	女	副教授	博士	680	834	1520
15	13	王祥胜	男	副教授	博士	680	904	1520
16	14	郭本秀	女	副教授	博士	680	555	1520

图 6-249　自动筛选

图 6-250　职称筛选下拉式列表

	A	B	C	D	E	F	G	H
1				教师工资表				
2							月份：	三月
3	教师编号	姓名	性别	职称	学历	奖金	加班	工资
12	10	童庆好	女	副教授	博士	680	869	1520
13	11	郭立俊	女	副教授	博士	680	365	3520
14	12	何玉明	女	副教授	博士	680	834	1520
15	13	王祥胜	男	副教授	博士	680	904	1520
16	14	郭本秀	女	副教授	博士	680	555	1520

图 6-251　职称筛选结果

列只显示满足"副教授"职称的教师工资信息,其他行隐藏,此时"职称"字段旁的按钮 向下箭头变成 形状,对应行的行号也变成了蓝色。

筛选列表中各项的操作方法如下。

方法一:将列表中某一数据复选框选中,筛选出与被单击数据相同的记录。

方法二:单击"升序排列"或"降序排列",则整个数据清单按该列排序。

方法三:单击"全选"复选框,可显示所有行,即取消对该列的筛选。

方法四:因"职称"列为文本内容,则菜单中有"文本筛选"选项,如图 6-252 所示,可筛选出符合关系运算符的记录,此选项根据所选列的类型

图 6-252　"文本筛选"级联菜单

名称不同而不同,如数值列此选项为"数字筛选",日期列为"日期筛选"。

方法五:单击"文本筛选"级联菜单中的"自定义筛选",可自己定义筛选条件,可以是简单条件也可以是组合条件。

例如,需要显示 3 月教师工资为 3000~4000 元之间的教师职工工资信息,操作步骤如下。

① 选择数据区域 A3:H16,执行"数据"选项卡下"排列和筛选"组下的"筛选"命令。

② 选择"工资"字段旁的按钮 ▼ ,选择"数字筛选"选项,在级联菜单中选择"自定义筛选"命令,弹出"自定义自动筛选方式"对话框,如图 6-253 所示。

③ 在弹出的"自定义自动筛选方式"对话框中,在第一个条件左边的下拉式列表中选择运算符为"大于或等于",比较值为 3000,在第二个条件左边的下拉式列表中选择运算符为"小于或等于",比较值为 4000。确定两个条件的逻辑运算关系为"与"运算,单击"确定"按钮完成,工资筛选结果如图 6-254 所示。

图 6-253 "自定义自动筛选方式"对话框　　　图 6-254 工资筛选结果

提示 在"自定义自动筛选方式"对话框中,查询条件中可以使用通配符进行模糊筛选,其中,"?"代表单个字符,"*"代表任意多个字符。例如,查询所有姓王的教师,则为"王 *";查询"王某"的信息,则为"王?"。

若需要取消自动筛选,只须要将选中的"数据"选项卡下的"排序和筛选"组下的"筛选"按钮取消即可。

(2) 高级筛选

自动筛选一次只能对一个字段进行筛选,不能使用多个字段太复杂的条件。如果要对多个字段执行复杂的条件,用自动筛选就要执行多次,稍显复杂。此时,就必须使用高级筛选。

高级筛选设置的条件较复杂,系统规定必须创建一个矩形的筛选条件单元格区域,用来输入高级筛选条件,在筛选条件区域设置筛选条件时,必须具备以下条件。

① 条件区域中可以包含多列,并且每个列必须是数据库中某个列标题及条件,即上、下各占一单元格。

② 条件区域中的列标题行及条件行之间不能有空白单元格。

③ 其他各条件可以与第一个条件同行或同列。多个条件同行时,各条件间为逻辑与的关系;多个条件同列时,各条件间为逻辑或的关系。

④ 条件行单元格中的条件格式是,比较运算符(如>、=、<、>=等),后跟一个数据,不写比较运算符表示"=",但不允许用汉字表示比较,如"大于"。

例如,在教师工资表中,显示所有学历为硕士研究生的男教师且奖金在 500 元以上的教师工资信息。本案例条件为多重条件,使用高级筛选可以简化操作步骤。本例中涉及条件字段为"学历"、"性别"和"奖金",首先要选择筛选条件数据区,设置三个条件。第一个条件是:"学历”为“硕士研究生”；第二个条件是：“性别”为“男”；第三个条件是“奖金”为“＞＝500”。三组条件的关系为“与”的关系。

完成本案例的操作步骤如下。

① 选择工作表表格数据区域以外的区域，设置如图 6-255 所示的筛选条件。

② 选择 3 月工资表数据区域 A3：H16，单击“数据”选项卡下“排序和筛选”组下的“高级”按钮 ，弹出“高级筛选”对话框，如图 6-256 所示。

③ 在“高级筛选”对话框中，可以选择“在原有区域显示筛选结果”单选按钮，筛选结果将显示在原数据库所在位置；选择“将筛选结果复制到其他位置”单选按钮，将把筛选结果显示到“复制到”所选中的位置。在“列表区域”编辑框中可以输入要筛选的数据区域，也可以单击 按钮在工作表中重新选择数据区域；在“条件区域”编辑框中可以输入前面设

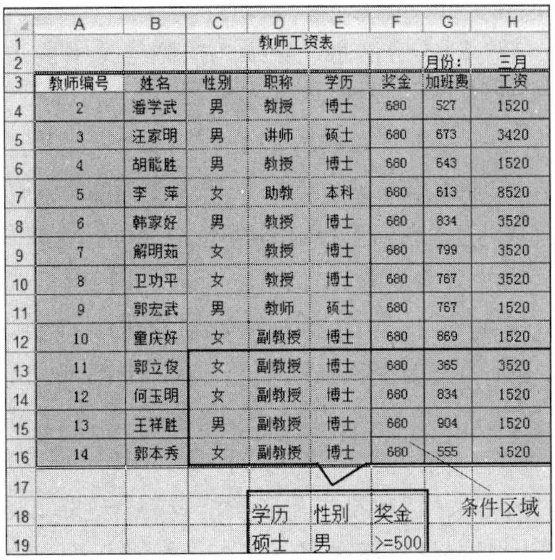

图 6-255　定义筛选条件区域

置的条件区域。如选中“选择不重复的记录”复选框，则重复记录只显示一条，否则重复的记录会全部显示出来。

本案例中，方式选择“在原有区域显示筛选结果”单选按钮，单击“确定”按钮，得到如图 6-257 所示的筛选结果。

图 6-256　“高级筛选”对话框

图 6-257　高级筛选结果

提示　如选择“将筛选结果复制到其他位置”单选按钮，在选择“复制到”单元格时，需选取显示结果的位置，此时可以只选中一个空白单元格，且此行及显示结果所占用的行均是空白单元格。如选中单元格区域，不可选中比显示内容小的区域，否则数据会丢失。

如需取消高级筛选，需单击“数据”选项卡下“排序和筛选”组下的“清除”按钮，即可恢复到筛选前的状态。

4. 分类汇总

分类汇总是对数据表格进行管理的一种方法。汇总的内容由用户指定，既可以汇总同一类记录的记录总数，也可以对某些字段值进行计算，通过对数据进行汇总可以完成一些基本的统计工作。

例如,对教师工资表进行分类汇总,查询每个职称的平均工资,利用分类汇总的方法,效果便会一目了然。

(1)分类汇总的前提条件

先排序,后汇总。必须先按照分类字段进行排序,针对排序后的数据记录进行分类汇总。针对本案例,先对职称进行排序。

(2)分类汇总的方法

选择数据区 A3:H16,单击"数据"选项卡下"分级显示"组下的"分类汇总"按钮,弹出"分类汇总"对话框,如图 6-258 所示。

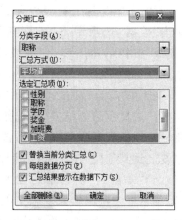

图 6-258 "分类汇总"对话框

在"分类汇总"对话框中,可以进行以下操作:在"分类字段"下拉式列表中选择一个分类字段,这个分类字段必须是进行排序的关键字段;在"汇总方式"下拉式列表中选择一种汇总方式,如求和、平均值、最大值、最小值、计数等;在"选定汇总项"列表框选择需要进行计算的字段,可以选择一个或多个字段;如选中"替换当前分类汇总"复选框,以前设置过的分类汇总将被替换,反之则新建一个分类汇总结果;如选中"汇总结果显示在数据下方"复选框,汇总的结果将放在数据下方,否则汇总结果放在数据上方。

本案例先按"职称"字段进行排序。在"分类字段"下拉式列表中选择"职称"字段,在"汇总方式"下拉式列表中选择"平均值",在"选定汇总项"列表框中选择"工资"字段,如图 6-258 所示。

单击"确定"按钮,效果如图 6-259 所示,生成分类汇总记录。其中,在行号左侧的 ▬ 标记表示数据记录处于展开状态,▦ 标记表示数据记录处于折叠状态。同时与列标同行的最左端有三个按钮 1 2 3,分别单击这些按钮,可以显示不同级别的分类汇总。选中 3 按钮效果

	教师编号	姓名	性别	职称	学历	奖金	加班费	工资
				教师工资表				
							月份	三月
2	潘学武	男	教授	博士	680	527		1520
				教授 平均值				1520
3	汪家明	男	讲师	硕士	680	673		3420
				讲师 平均值				3420
4	胡能胜	男	教授	博士	680	643		1520
				教授 平均值				1520
5	李萍	女	助教	本科	680	613		8520
				助教 平均值				8520
6	韩家好	男	教授	博士	680	834		3520
7	解明茹	女	教授	博士	680	799		3520
8	卫功平	女	教授	博士	680	767		3520
				教授 平均值				3520
9	郭宏武	男	教师	硕士	680	767		1520
				教师 平均值				1520
10	童庆好	女	副教授	博士	680	869		1520
11	郭立俊	女	副教授	博士	680	365		3520
12	何王明	男	副教授	博士	680	834		1520
13	王祥胜	男	副教授	博士	680	904		1520
14	郭本秀	女	副教授	博士	680	555		1520
				副教授 平均值				1920
				总计平均值				2820
			学历	性别	奖金			
			硕士	男	>=500			

图 6-259 分类汇总效果图

如图 6-259 所示,选中 ② 按钮效果如图 6-260 所示,选中 ① 按钮效果如图 6-261 所示。也可以通过"数据"选项卡下"分级显示"组下的"显示明细数据"按钮 🖫 或"隐藏明细数据"按钮 🖫 进行汇总数据,以显示明细的显示和隐藏。

1 2 3		A	B	C	D	E	F	G	H
	1				教师工资表				
	2							月份:	三月
	3	教师编号▼	姓名▼	性别▼	职称▼	学历▼	奖金▼	加班▼	工资▼
+	5				教授 平均值				1520
+	7				讲师 平均值				3420
+	9				教授 平均值				1520
+	11				助教 平均值				8520
+	15				教授 平均值				3520
+	17				教师 平均值				1520
+	23				副教授 平均值				1920
	24				总计平均值				2820
	25								
	26			学历		性别	奖金		
	27			硕士		男	>=500		
	28								

图 6-260　显示每一项汇总结果

1 2 3		A	B	C	D	E	F	G	H
	1				教师工资表				
	2							月份:	三月
	3	教师编号▼	姓名▼	性别▼	职称▼	学历▼	奖金▼	加班▼	工资▼
+	24				总计平均值				2820
	25								
	26			学历		性别	奖金		
	27			硕士		男	>=500		

图 6-261　显示总计数据

如想删除分类汇总,只需选中数据区域,在弹出的"分类汇总"对话框中选择"全部删除"按钮即可。

5. 数据透视表与透视图

数据透视表是一种能够对大量数据进行快速汇总和建立交叉列表的交互式表格。Excel 2010 的数据透视表综合了"排序"、"筛选"、"分类汇总"等功能。通过数据透视表,用户可以从不同的角度对原始数据或单元格数据区域进行分类、汇总和分析,从中提取出所需信息,并用表格或图表直观表示出来,以查看源数据的不同汇总结果。通常情况下,数据库表格中的字段有两种类型:数据字段(含有数据的字段)和类别字段。数据透视表中可以包括任意多个数据字段和类别字段。创建数据透视表的目的是为了查看一个或多个数据字段的汇总结果。类别字段中的数据,以行、列或页的形式显示在数据透视表中。

(1) 数据透视表的创建

例如,将教师工资表进行整体清晰明了的总体分析,分析比较不同学历、不同职称的每个教师的平均工资,需要用透视表或透视图方能得到原本复杂的过程。具体步骤如下。

① 选择数据区域 A3:H16,单击"插入"选项卡下的"数据透视表"按钮,在展开的菜单中选择"数据透视表",弹出"创建数据透视表"对话框,如图 6-262 所示。在此对话框中,包含分析的数据和透视表位置两

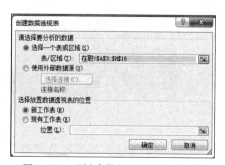

图 6-262　"创建数据透视表"对话框

个部分。本例中,分析数据中选择"选择一个表或区域"单选按钮,因已选择了数据区域,则在"表/区域"后显示了分析的数据区域,在透视表位置处选择"新工作表"单选按钮,之后单击"确定"按钮。

② Excel 自动切换到新工作表中,此时可以看到该工作表中显示了创建的空数据透视表,以及"数据透视工具"选项卡,如图 6-263 所示。

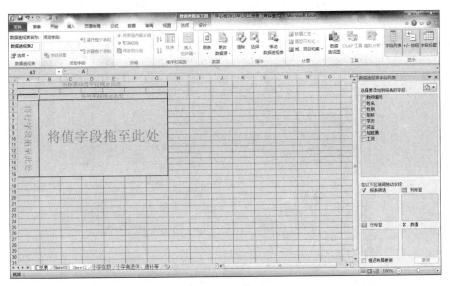

图 6-263　空数据透视表

③ 在右侧"数据透视表字段列表"窗格中的"选择要添加到报表的字段"列表中将需要的字段勾选上,本案例中需要显示的信息有:姓名、学历、职称和工资,所以将这四个字段选中,可以看到所选字段已经添加到透视表中,如图 6-264 所示。

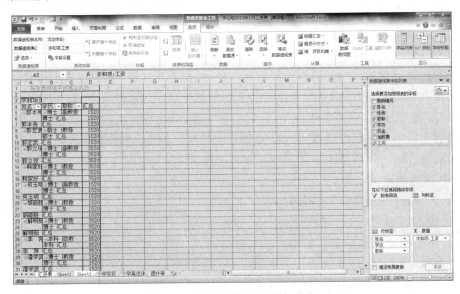

图 6-264　为数据透视表添加字段

④ 上一步操作直接将所需字段勾选上,创建的数据透视表有点乱。此种勾选将所选字段直接放在了默认的位置上,不能清晰显示出所要看到的效果,因此需要做位置的调整。在透视

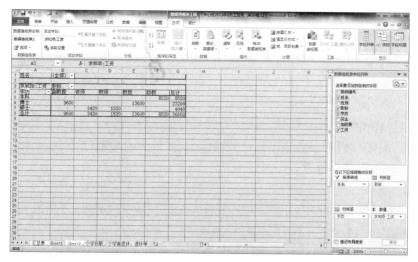

图 6-265　移动字段位置

表布局中,需设定透视表的页、行、列及数据,"数据透视表字段列表"窗格中的"在以下区域间拖动字段"栏下,已经将勾选的字段显示在了相应位置,只需重新调整位置即可。同样,拖曳后感觉不合适,也可以从相应板块拖出。在本案例中,将"姓名"字段拖曳到"报表筛选"区域、将"职称"字段拖曳到"列标签"区域、将"工资"字段拖曳到"数据"区域,如图 6-265 所示。此时,工资默认为求和项,本例要求平均工资,单击 求和项:工资 ▼ 按钮,在弹出的菜单中选择"值字段设置"选项,弹出"值字段设置"对话框,如图 6-266 所示,"计算类型"选择"平均值",之后单击"确定"按钮。

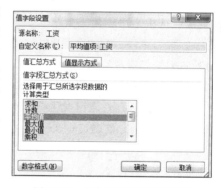

图 6-266　"值字段设置"对话框

⑤ 在"在以下区域间拖动字段"栏下的"数值"区域, 求和项:工资 ▼ 按钮变成了 平均值项:工资 ▼ 按钮。图 6-267 所示为设置好的数据透视表。单击"姓名"、"学历"、"职称"旁

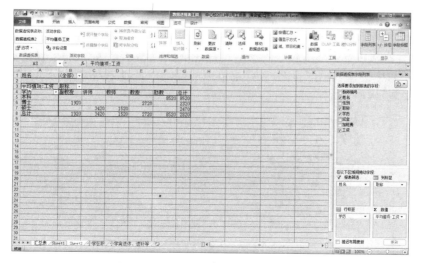

图 6-267　数据透视表的完整效果图

的 ▼，即可选择相应的项目进行显示。图 6-268 所示为选择"解明茹"老师的数据透视表。

图 6-268　满足条件的数据透视表

提示　在创建数据透视表时，在右侧"数据透视表字段列表"窗格中的"选择要添加到报表的字段"列表中的字段可以直接将需要字段曳至下方的"在以下区域间拖动字段"栏中的相应板块上。

（2）数据透视表的编辑

创建数据透视表后，可以根据需要对其进行设置，重新显示所需内容，并且当源数据中的数据发生变化时更新数据透视表。

① 添加和删除字段

在已完成的数据透视表中，如需删除一个字段，或添加一个字段，可用鼠标拖动字段选项进行设置。操作步骤如下。

a. 删除字段。单击数据透视表编辑区域中的任意单元格，在右侧显示"数据透视表字段列表"窗格，单击"在以下区域间拖动字段"栏相应板块中需要删除的字段按钮，在弹出的菜单中选择"删除字段"选项。或直接将需要删除的字段按钮拖到板块区域外，然后松开鼠标，也可实现删除透视表中字段的效果。

b. 添加字段。添加字段的方法与创建透视表中将所需字段勾选或拖到"在以下区域间拖动字段"栏中的相应板块方法一致，只需将新增字段拖动到需要显示的板块即可，这里不再赘述。

② 更新数据

当工作表中的源数据发生变化时，需更新数据透视表，有如下两种方法。

方法一：单击数据透视表编辑区的任意单元格，右击弹出快捷菜单，选择"刷新"命令。

方法二：单击数据透视表工具下的"选项"选项卡"数据"组中的"刷新"按钮，在展开的菜单中选择"刷新"命令。

提示　若单击"选项"选项卡"数据"组下的"全部刷新"按钮，则本工作簿中的所有数据透视表或数据透视图的数据都更新。

③ 显示/隐藏数据

在页、行、列字段下拉式按钮中，可以通过字段复选框是否选中来显示和隐藏满足条件的数据，同时也可以显示和隐藏数据透视表中无法看到的明细数据并生成新的工作表。在本例中，若要显示"学历"字段明细数据后隐藏，操作步骤如下。

a. 选中行或列标签中的数据。本例选中行标签下的任意字段名，如"本科"，单击右键，在弹出的快捷菜单中选择"展开/折叠"级联菜单中的"展开"选项，弹出"显示明细数据"对话框，如图 6-269 所示。

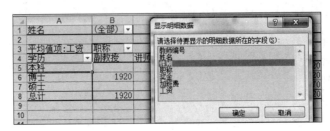

图 6-269　显示明细数据设置

　　b. 本例选择"性别"字段,单击"确定"按钮,如图 6-270 所示,含义为学历是博士的教师按性别显示的工资明细效果。若选择"展开/折叠"级联菜单中的"展开整个字段"选项,则所有学历字段均显示性别明细数据。

图 6-270　显示"博士"学历教师按性别显示的明确效果

　　c. 隐藏明细操作同显示类似,只需选择"展开/折叠"级联菜单中的"折叠"或"折叠整个字段"即可。

　　提示　要"展开整个字段"和"折叠整个字段",也可使用"数据"选项卡下"分级显示"组中的"展开"按钮和"折叠"按钮。

　　当双击数据区域的数据单元格,则会自动生成一个工作表,显示此生成数据的明细数据。
　　④ 筛选数据
　　数据透视表中也可进行筛选,可以单击数据透视表中行标签或列标签的向下箭头,或将鼠标放在"数据透视表字段列表"窗格中的"选择要添加到报表的字段"列表中作为行标签或列标签的字段上,单击向下箭头。在展开的菜单中,选择"标签筛选"可以筛选出所选的行标签或列标签符合筛选条件的记录,选择"值筛选"可以筛选出放在"数值"板块中的字段符合筛选条件的数据,或直接通过下方数据复选框的勾选和取消来筛选符合条件的记录,如图 6-271 所示。
　　(3) 数据透视表的删除
　　删除数据透视表的步骤如下。
　　① 单击数据透视表中的任意单元格。
　　② 单击数据透视表工具中"选项"选项卡下"操作"组中的"选择"按钮,在展开的菜单中选择"整个数据透视表"命令,则数据透视表被全部选中,按 Delete 键则可删除整个数据透视表。

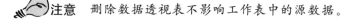

　　注意　删除数据透视表不影响工作表中的源数据。

　　(4) 数据透视图的创建
　　单击数据透视表中的任意一个单元格,再单击数据透视表工具中"选项"选项卡下"工具"组中的"数据透视图"按钮,弹出"插入图表"对话框。此步与图表的插入方法类似,本例选择"簇状柱形图",则自动插入此透视表对应的数据透视图。如图 6-272 所示为本案例对应的数据透视图,用户可以通过"姓名"后面的向下按钮显示某位教师的工资情况,通过"学历"、"职称"后面的向下按钮进行数据筛选等操作。
　　(5) 数据透视图的修改
　　可以为数据透视图设置图表效果,如更改图表类型、设置图表标题、设置图表填充效果等。对数据透视图格式的修改与图表格式的修改方法类似,用户可以使用数据透视图工具下的"设计"选项卡来更改数据透视图的图表类型、图表样式、图表位置等;使用"布局"选项卡来更改数

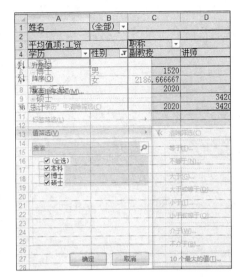

图 6-271　筛选数据

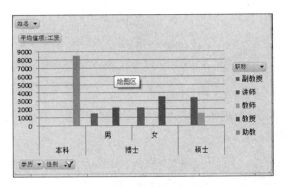

图 6-272　数据透视图

据透视图的标签格式、坐标轴格式、趋势线等；使用"格式"选项卡来更改数据透视表的形状样式等；使用"分析"选项卡来更改数据透视表的显示/隐藏等。

（6）数据透视图的删除

选中数据透视图，之后按 Delete 键即可。

6.2.8　页面设置和打印

工作表设计完成后，最终结果也许需要打印出报表，为了打印出精美而准确的工作报表，以下将介绍打印的相关设置。

1. 页面设置

文件打印之前，要对文件进行页面设置，包括打印方向、缩放比例、页边距、纸张大小、页眉/页脚设置等一系列设置。单击"页面布局"选项卡下的"页边距"按钮，在展开的菜单中选择"自定义边距"选项，弹出"页面设置"对话框，如图 6-273 所示，页面设置包含"页面"、"页边距"、"页眉/页脚"、"工作表"四个选项卡。

（1）页面的设置

通过页面的设置可以设置页面纸张的方向、缩放比例、纸张大小、打印质量和起始页码。

（2）页边距的设置

通过"页边距"选项卡的设置，可以设置页的上下左右边距、页眉页脚边距及页面的水平和垂直居中方式，如图 6-274 所示。

图 6-273　"页面设置"对话框

（3）页眉/页脚的设置

在"页眉/页脚"选项卡中，可以对页面/页脚内容进行设置。"页眉/页脚"选项卡如图 6-275 所示。

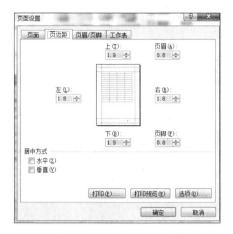

图 6-274　"页边距"选项卡　　　　　　图 6-275　"页眉/页脚"选项卡

在"页眉"、"页脚"下拉菜单中,可以设置预定义好的页眉页脚格式。单击"自定义页眉"按钮,弹出如图 6-276 所示的"页眉"对话框,可以在"左"、"中"、"右"三个列表框中直接输入相应位置需显示的内容。设置完成后,单击"确定"按钮,即回到"页眉/页脚"选项卡。

图 6-276　"页眉"对话框

单击"自定义页脚"按钮,弹出"页脚"对话框,如图 6-277 所示,可同自定义页眉一样直接输入页脚内容。其中,"页眉"对话框中间一排按钮的含义如表 6-2 所示。

在"页眉/页脚"选项卡下,单击"打印预览"按钮可以看到预览效果。

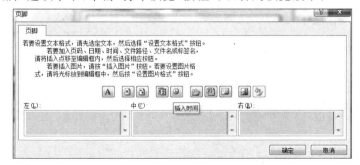

图 6-277　"页脚"对话框

(4) 标题行和标题列的设置

在"工作表"选项卡下,可以设置打印区域、打印顶端标题行、左端标题行、打印顺序等,如图 6-278 所示。如对学生成绩表而言,学生人数超过一页,则在打印时第二页及以后各页自动添加标题。如单击"打印标题"中的"顶端标题行"后面的按钮,选中需要设置成顶端标题的行,本例选中第三行,在打印过程中每页均会在顶端显示学号、姓名等字段。

表 6-2 "页眉"对话框中的工具按钮及其功能

按钮	功　　能	按钮	功　　能
A	定义页眉中的字体	#	插入页码
	插入总页码		插入当前日期
	插入当前时间		插入当前工作簿路径和文件名
	插入工作簿名		插入工作表名
	插入图片		对插入图片格式的设置

2. 打印输出

页面设置完成后,在打印预览中没有问题,则要进行打印设置。单击"页面设置"对话框中的"打印"按钮,或执行"文件"选项卡下的"打印"命令,进入打印页面,如图 6-279 所示。在"设置"中的第一个下拉式列表中,有"打印活动工作表"、"打印整个工作簿"、"打印选定区域"三个选项,用户可根据需要选择打印范围;在"份数"中可设定打印份数;"页数"后可设定打印页面,以及打印纸张、页边距等,根据需要进行设置。之后,单击"确定"按钮打印。

图 6-278 "工作表"选项卡

图 6-279 打印设置

6.3 PowerPoint 2010

PowerPoint 2010 是一种进行电子文稿制作和演示的软件,由于文稿中可以带有文字、图像、声音、音乐、动画和影视文件,并且放映时以幻灯片的形式演示,所以在教学、学术报告和产品演示等方面应用非常广泛。PowerPoint 2010 软件功能强大,即使从未使用过 Microsoft

Office 2010 办公软件,也很容易上手。借助它,可以在最短的时间内完成一份图文并茂、生动活泼的演示文稿,还可以设置声音与动画效果,让文稿不再是一成不变的文字内容。PowerPoint 2010 是美国微软公司生产的 Microsoft Office 2010 办公自动化套装软件之一,其操作使用比较简便,通过短期学习即可掌握电子文稿的使用和制作过程。

6.3.1　PowerPoint 2010 概述

1. PowerPoint 2010 的功能

PowerPoint 2010 与早期的 PowerPoint 版本相比,新增了许多功能,主要表现在以下三个方面。

（1）轻松快捷的制作环境

① 可通过幻灯片中插入的图片等对象,自动调整幻灯片的版面设置。

② 通过快捷的任务窗格,对演示文稿进行编辑和美化。

③ 提供了可见的辅助网格功能。

④ 在打印之前,可以预览输出的效果。

⑤ 在幻灯片视图中,可以通过左侧列表的幻灯片缩略图快速浏览幻灯片内容。

⑥ 文字自动调整功能,同一演示文稿可用多个设计模板效果。

（2）强大的图片处理功能

① 可以同时改变多个图片的大小,自动自由旋转。

② 可以插入种类繁多的组织结构图和图表等,并添加样式、文字和图画效果等。

③ 可以将背景或选取的部分内容直接保存为图片,并可创建 PowerPoint 2010 相册,从而方便以后图片的插入和选取。

（3）全新的动画效果和动画方案

① 提供了比旧版本 PowerPoint 更加丰富多彩的动画效果。

② 提供了操作便捷的动画方案任务窗格,只需选择相应的动画方案,即可创建出专业的动画效果。

③ 可以自定义个性化的任务窗格。

2. PowerPoint 2010 的启动和退出

（1）PowerPoint 2010 的启动

通常用以下三种方法启动 PowerPoint。

方法一:利用"开始"菜单启动。单击"开始"菜单,选择程序中 Microsoft Office,然后选择右侧菜单中的 Microsoft PowerPoint 2010 命令,即可启动 PowerPoint 2010,如图 6-280 所示。

方法二:利用已有的 PowerPoint 演示文稿启动。双击已有的 PowerPoint 演示文稿。

方法三:利用快捷方式启动。双击桌面上已经建立的快捷方式,可以直接启动 PowerPoint 2010。

（2）PowerPoint 2010 的退出

通常使用以下三种方法退出 PowerPoint。

方法一:单击"文件"功能区,在弹出的下拉菜单中单击"退出"命令,如图 6-281 所示。

方法二:单击标题栏中的"关闭"按钮退出。

方法三:单击 PowerPoint 2010 窗口,按 Alt+F4 组合键退出。

图 6-280　PowerPoint 2010 启动界面　　　　图 6-281　退出选项

3. PowerPoint 2010 窗口的组成

PowerPoint 2010 的窗口,由快速访问工具栏、标题栏、功能区、"帮助"按钮、工作区、状态栏和视图栏等组成,如图 6-282 所示。

图 6-282　PowerPoint 2010 窗口

(1) 标题栏

标题栏位于窗口最上方,用来显示应用程序的名字和当前正在编辑文档的名称。单击最左边的 PowerPoint 2010 的图标,在弹出的下拉菜单中可以关闭窗口。最右方的三个图标 分别为"最小化"、"最大化"、"关闭"的命令,单击"最大化"可以变成"还原"按钮 。这三个图标可以改变窗口的大小、还原或关闭窗口。

(2) 快速访问工具栏

快速访问工具栏位于 PowerPoint 2010 工作界面的左上角,由最常用的工具按钮组成,如

"保存"按钮、"撤销"按钮和"恢复"按钮等。

（3）功能区

功能区位于快速访问工具栏的下方，功能区所包含的选项卡主要有"开始"、"插入"、"设计"、"切换"、"动画"、"幻灯片放映"、"审阅"、"视图"和"开发工具"9 个选项卡，如图 6-283 所示。下面简述在这些选项卡中可进行的设置。

图 6-283 功能区选项卡

"开始"选项卡：包括"剪贴板"、"幻灯片"、"字体"、"段落"，对幻灯片的字体和段落进行相应的设置，如图 6-284 所示。

图 6-284 "开始"选项卡

"插入"选项卡：包括"表格"、"图像"、"插图"、"链接"、"文本"、"符号"和"媒体"等。通过"插入"选项卡的相关"表格"和"图像"等相关设置，可以将幻灯片图文并茂地显示在浏览者的眼前，如图 6-285 所示。

图 6-285 "插入"选项卡

"设计"选项卡：包括"页面设置"、"主题"和"背景"等。通过"设计"选项卡可以设置幻灯片的页面和颜色，如图 6-286 所示。

图 6-286 "设计"选项卡

"切换"选项卡：包括"预览"、"切换到此幻灯片"和"计时"等。通过"切换"选项卡，可以对幻灯片进行切换、更改和删除等操作。如图 6-287 所示。

图 6-287 "切换"选项卡

"动画"选项卡：包括"预览"、"动画"、"高级动画"和"计时"等。通过"动画"选项卡，可以对动画进行增加、修改和删除等操作。如图 6-288 所示。

"幻灯片放映"选项卡：包括"开始放映幻灯片"、"设置"和"监视器"等。通过"幻灯片放

图 6-288　"动画"选项卡

映"选项卡,可以对幻灯片的放映模式进行设置。如图 6-289 所示。

图 6-289　"幻灯片放映"选项卡

"审阅"选项卡:包括"校对"、"语言"、"中文简繁转换"、"批注"及"比较"等。通过"审阅"选项卡,可以检查拼写、更改幻灯片中的语言。如图 6-290 所示。

图 6-290　"审阅"选项卡

"视图"选项卡:包括"演示文稿视图"、"母版视图"、"显示"、"显示比例"、"颜色/灰度"、"窗口"及"宏"等。使用"视图"选项卡,可以查看幻灯片母版和备注母版、进行幻灯片浏览,进行相应的颜色或灰度设置等操作。如图 6-291 所示。

图 6-291　"视图"选项卡

"开发工具"选项卡:"开发工具"选项卡包括 Visual Basic、"宏"等组,如图 6-292 所示。

图 6-292　"开发工具"选项卡

(4) 工作区

PowerPoint 2010 的工作区,包括位于左侧的"幻灯片、大纲"以及位于右侧的"幻灯片"窗格和"备注"窗格,如图 6-293 所示。

"幻灯片/大纲"窗格:在普通视图模式下,"幻灯片/大纲"窗格位于"幻灯片"窗格的左侧,用于显示当前幻灯片的数量和位置。"幻灯片/大纲"窗格包括"幻灯片"和"大纲"两个选项卡,单击选项卡的名称可以在不同的选项卡之间切换。

"幻灯片"窗格:位于 PowerPoint 2010 工作界面的中间,用于显示和编辑当前的幻灯片,可在虚线边框标识占位符中添加文本、音频、图像和视频等对象。

"备注"窗格:是在普通视图中显示的、用于输入关于当前幻灯片的备注。

(5) 状态栏

状态栏提供正在编辑的文稿所包含幻灯片的总张数(分母),当前处于第几张幻灯片(分子),以及该幻灯片使用的设计模板名称。

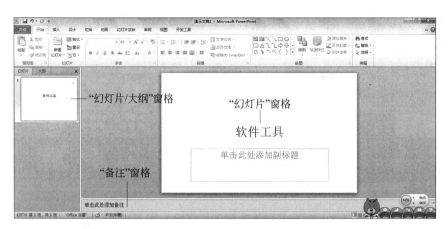

图 6-293 工作区

4. PowerPoint 2010 的视图

视图是演示文稿在屏幕上的显示方式。PowerPoint 2010 提供了六种模式的视图,分别是普通视图、幻灯片浏览视图、备注页视图、幻灯片放映视图、阅读视图和母版视图。

(1) 普通视图

普通视图是主要的编辑视图,可用于书写和设计演示文稿。普通视图包含"幻灯片"选项卡、"大纲"选项卡、"幻灯片"窗格和"备注"窗格 4 个工作区域,如图 6-294 所示。

图 6-294 普通视图

(2) 幻灯片浏览视图

幻灯片浏览视图可以查看缩略图形式的幻灯片。通过此视图,在创建演示文稿以及准备打印文稿时,可以对演示文稿的顺序进行组织,如图 6-295 所示。

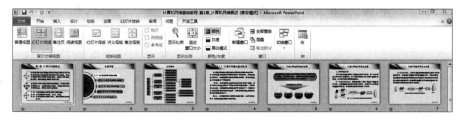

图 6-295 幻灯片浏览视图

　　在幻灯片浏览视图的工作区空白位置或幻灯片上单击右键,在弹出的快捷菜单中选择"新增节"选项。也可以在幻灯片浏览视图中添加节,并按不同的类别或节对幻灯片进行排序,如图 6-296、图 6-297 所示。

　　　　图 6-296　新增节(1)　　　　　　　　　　　图 6-297　新增节(2)

(3) 阅读视图

　　在"视图"选项卡下的"演示文稿视图"组中单击"阅读视图"按钮,或单击状态栏上的"阅读视图"按钮,都可以切换到阅读视图模式。

(4) 母版视图

　　通过幻灯片母版视图,可以制作和设计演示文稿中的背景、颜色和视频等,操作步骤如下。

① 单击"视图"选项卡下"母版视图"组中的"幻灯片母版"按钮,如图 6-298 所示。

图 6-298　幻灯片模板

　　② 在弹出的"幻灯片母版"选项卡中,可以设置颜色、显示的比例和幻灯片的方向等。母版的背景可以设置为纯色、渐变或图片等效果。

　　③ 在"幻灯片母版"选项卡下的"背景"组中,单击"背景样式"按钮。在弹出的下拉式列表中选择合适的背景样式,如图 6-299 所示。

图 6-299　背景样式

④ 选择合适的背景颜色或背景图片，就可应用在当前的幻灯片上，如图 6-300 所示。

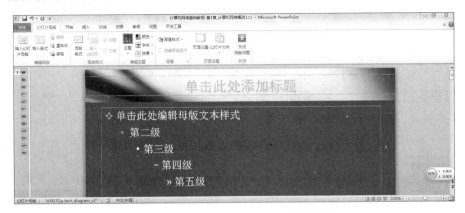

图 6-300　选择合适的背景颜色或图片

⑤ 在"开始"选项卡中，对"字体"组和"段落"组进行相应的设置。例如，对文本设置字体、字号和颜色的设置，对段落进行段落对齐的设置等，如图 6-301 所示。

"字体"组中设置　　在"段落"组中设置
字体的颜色等　　　段落对齐

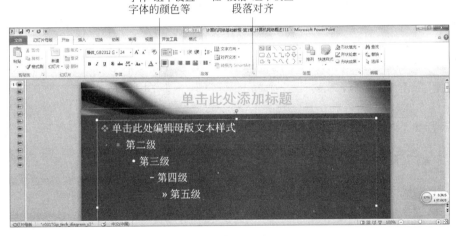

图 6-301　字体和段落的设置

（5）讲义母版视图

讲义母版视图的用途，就是可以将多张幻灯片显示在同一页面中，以方便打印和输出。设置讲义母版视图的操作步骤如下。

① 单击"视图"选项卡下"母版视图"组中的"讲义母版"按钮。

② 单击"插入"选项卡下"文本"组中的"页眉和页脚"按钮。

③ 在弹出的"页眉和页脚"对话框中，单击"备注"和"讲义"选项卡，为当前讲义母版中添加页眉和页脚效果。设置完成后，单击"全部应用"按钮，如图 6-302 所示。

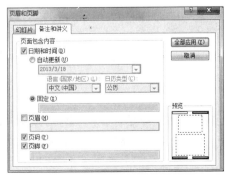

图 6-302　页眉和页脚的设置

④ 新添加的页眉和页脚将显示在编辑窗口上。

(6) 备注母版视图

备注母版视图主要用于显示用户为幻灯片添加的备注,可以是图片或表格等。设置备注模板视图的操作步骤如下。

① 单击"视图"选项卡下"母版视图"组中的"备注母版"按钮。

② 选中备注文本区的文本,单击"开始"选项卡,在此选项卡的功能区中,用户可以设置字体的大小和颜色、段落的对齐方式等。

③ 单击"备注母版"选项卡,在弹出的功能区中单击"关闭母版视图"按钮。

④ 返回到普通视图,在"备注"窗格中输入要备注的内容。

⑤ 输入完毕,然后单击"视图"选项卡下"演示文稿视图"组中的"备注页"按钮,查看备注的内容及格式。

6.3.2 演示文稿的创建

幻灯片的新建通常有三种方法。

(1) 通过功能区的"开始"选项卡新建幻灯片。单击"开始"选项卡,在"幻灯片"组中单击"新建幻灯片"按钮,即可直接创建一个新的幻灯片。

(2) 使用快捷菜单新建幻灯片。在"幻灯片/大纲"窗格的"幻灯片"选项卡的缩略图或空白位置上用鼠标右击,在弹出的菜单中选择"新建幻灯片"选项,即创建一个新的幻灯片。如图 6-303 所示。

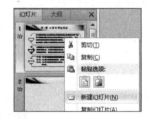

图 6-303　新建幻灯片

(3) 按 Ctrl+M 组合键创建新的幻灯片。

6.3.3 演示文稿的制作

PowerPoint 2010 对演示文稿的制作主要包括:幻灯片编辑、幻灯片复制、幻灯片删除。

1. 演示文稿的编辑

(1) 幻灯片的复制

复制幻灯片的常用方法有两种。

方法一:

① 在"幻灯片/大纲"窗格的"幻灯片"选项卡下的缩略图上用右击,在弹出的菜单中选择"复制幻灯片"选项。

② 系统会自动添加一个与复制的幻灯片具有相同布局的新幻灯片,其位置位于所复制的幻灯片的下方,如图 6-304 所示。

方法二:

① 单击"开始"选项卡中"剪贴板"组中的"复制"命令,或在"幻灯片/大纲"窗格的"幻灯片"选项卡下的缩略图上右击,在弹出的菜单中选择"复制"选项,完成幻灯片的复制操作。

② 通过"开始"选项卡中"剪贴板"组中的"粘贴"命令,或在"幻灯片/大纲"窗格的"幻灯片"选项卡下的缩略图上右击,在弹出的菜单中选择"粘贴"选项,都可完成幻灯片的粘贴操作。

（2）幻灯片的删除

操作步骤如下。

① 选择要删除的幻灯片。

② 在缩略图上用右键单击，在弹出的快捷菜单中选择"删除幻灯片"命令或按 Delete 键。

（3）幻灯片的移动

操作步骤如下。

① 在"幻灯片/大纲"窗格的"幻灯片"选项卡下的缩略图上，选择要移动的幻灯片。

② 按住鼠标左键不放，将其拖到相应的位置，然后松开鼠标即可，如图 6-305 所示。

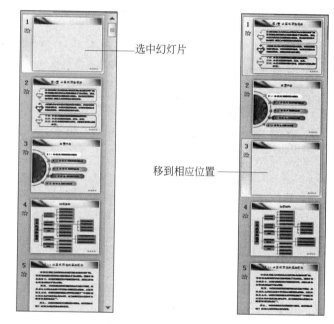

选中幻灯片

移到相应位置

图 6-304　复制幻灯片

图 6-305　幻灯片移动后

 提示　　如果同时选择多个不连续幻灯片，可以单击某个要移动的幻灯片，然后在按住 Ctrl 键的同时，依次选中要移动的其他幻灯片。

2. 幻灯片的编辑

文字和符号是幻灯片中主要的信息载体，幻灯片的文本编辑与处理的方法，包括在文本框中输入文本、编辑文本、设置超链接文本、设置段落格式、插入公式和符号、插入图片和艺术字。

（1）文本的编辑

① 文本框的插入

操作步骤如下。

a. 单击"插入"选项卡下"文本"组中的"文本框"按钮，或单击"文本框"按钮下的下拉按钮，从中选择要插入的文本框为横排文本框或垂直文本框，如图 6-306 所示。

b. 如选择"横排文本框"后，在幻灯片中单击，然后按住鼠标左键并拖动鼠标指针，按所需大小绘制文本框，如图 6-307 所示。

c. 松开鼠标左键后显示出绘制的文本框。可以直接在文本框内输入所要添加的文本。选中文本框，当光标变为"十"字形状时，就可以调整文本框的大小。

② 文本框中的字体设置

选中要设置的文本后,可以在"开始"选项卡下的"字体"组中进行文本的大小、样式和颜色等的设定,如图 6-308 所示。

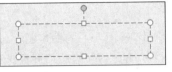

图 6-306　选择文本框的形式　　　图 6-307　绘制文本框　　　图 6-308　文本的设置

也可以单击"字体"组右下角的小斜箭头　,打开"字体"对话框,对文字进行设置。

③ 文本超链接的添加

操作步骤如下。

a. 在普通视图中选中,要链接的文本。

b. 单击"插入"选项卡下"链接"组中的"超链接"按钮　,弹出"插入超链接"对话框,如图 6-309 所示。

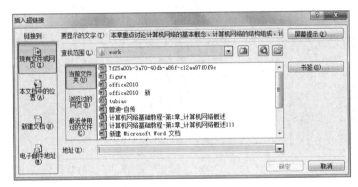

图 6-309　超链接的设置

c. 在弹出的"插入超链接"对话框中,选择要链接的演示文稿的位置。

(2) 段落格式的设置

在 PowerPoint 2010 中,可以设置段落的对齐方式、行间距和缩进量等。对段落的设置,单击"开始"选项卡"段落"组中的各命令按钮来执行,如图 6-310 所示。

① 对齐方式的设置

单击"开始"选项卡下"段落"组中的"左对齐"按钮　,即可将文本进行左对齐。同理,可以设置文本的右对齐　、居中对齐　、两端对齐　和分散对齐　。

② 缩进的设置

段落的缩进方式主要包括左缩进、右缩进、悬挂缩进和首行缩进。本部分主要介绍悬挂缩进和首行缩进。

悬挂缩进设置的操作步骤如下。

a. 将光标定位在要设置的段落中,单击"开始"选项卡下"段落"组右下角的按钮　,弹出"段落"对话框,如图 6-311 所示。

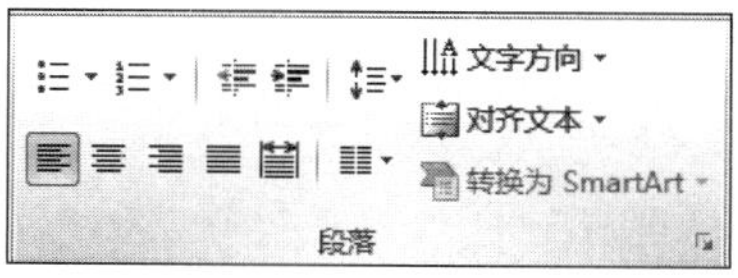

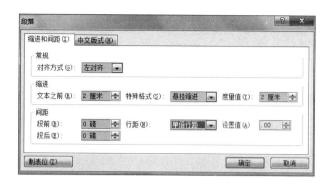

文字方向
对齐文本
转换为 SmartArt
段落

图 6-310 “段落”组

段落
缩进和间距(I)
中文版式(H)
常规
对齐方式(G): 左对齐
缩进
文本之前(R): 2 厘米
特殊格式(S): 悬挂缩进
度量值(Y): 2 厘米
间距
段前(B): 0 磅
段后(E): 0 磅
行距(N): 单倍行距
设置值(A) .00
制表位(T)...
确定
取消

图 6-311 “段落”对话框

b. 在“段落”对话框的“缩进”区域的“特殊格式”下拉式列表中，选择“悬挂缩进”选项，在“文本之前”文本框中输入“2 厘米”，在“度量值”文本框中输入“2 厘米”。

c. 单击“确定”按钮，完成段落的悬挂缩进，效果如图 6-312 所示。

首行缩进设置的操作步骤如下。

a. 将光标定位在要设置的段落中，单击“开始”选项卡下“段落”组右下角的按钮，弹出“段落”对话框。

b. 在“段落”对话框的“缩进”区域的“特殊格式”下拉式列表中，选择“首行缩进”选项，在“度量值”文本框中输入“2 厘米”。

c. 单击“确定”按钮，完成段落的首行缩进，如图 6-313 所示。

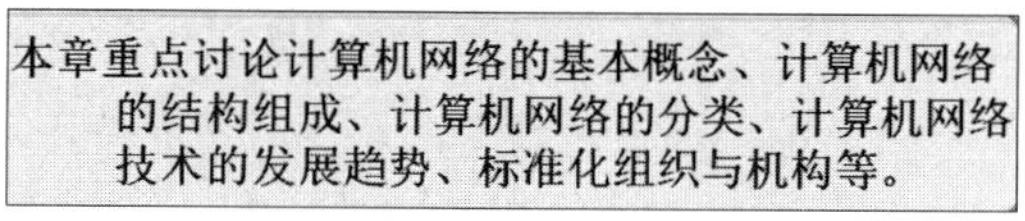

本章重点讨论计算机网络的基本概念、计算机网络
的结构组成、计算机网络的分类、计算机网络
技术的发展趋势、标准化组织与机构等。

图 6-312 悬挂缩进的效果

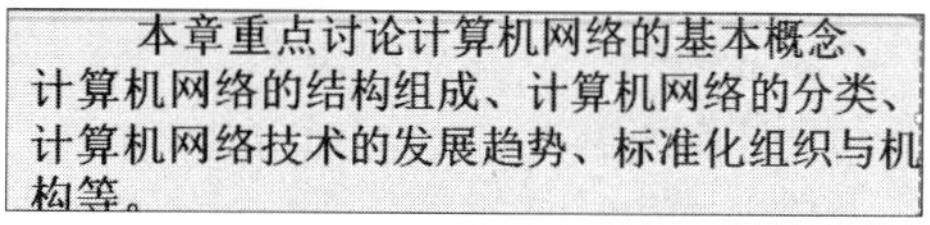

本章重点讨论计算机网络的基本概念、
计算机网络的结构组成、计算机网络的分类、
计算机网络技术的发展趋势、标准化组织与机
构等。

图 6-313 首行缩进的效果图

③ 行间距的设置

操作步骤如下。

a. 将光标定位在要设置的段落中，单击“开始”选项卡下“段落”组右下角的按钮，弹出“段落”对话框。

b. 在“段落”对话框的“间距”区域的“段前”和“段后”文本框中均输入“10”，在“行距”下拉式列表中选择“1.5 倍行距”选项。

c. 单击“确定”按钮。

(3) 符号和公式的插入

在 PowerPoint 2010 中，可以通过“插入”选项卡“符号”组中的“公式”和“符号”选项来完成公式和符号的插入操作。

符号的插入。操作步骤如下。

① 单击“插入”选项卡下“符号”组中的符号按钮，弹出“符号”对话框，如图 6-314 所示。

符号
字体(F): (普通文本)
子集(U): 基本拉丁语
近期使用过的符号(R):
空格
字符代码(C): 0020
来自(M): Unicode(十六进制)
插入(I)
取消

图 6-314 “符号”对话框

② 在弹出的“符号”对话框中选择相应

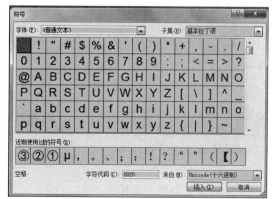

的符号，之后单击"插入"按钮。

③ 单击"关闭"按钮。

公式的插入。操作步骤如下。

① 单击"插入"选项卡下"符号"组中的公式按钮π。可以在文本框中利用功能区出现"公式工具"中的"设计"选项卡下各组中的选项直接输入公式，如图 6-315 所示。

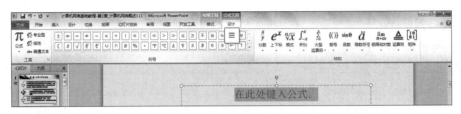

图 6-315　输入公式

② 单击"插入"选项卡下"符号"组中的"公式"按钮，从弹出的快捷菜单中选择相应的公式，如图 6-316所示。

（4）图片的设置

① 图片的插入

方法一：选中要插入图片的幻灯片，单击"幻灯片"窗格中的"插入来自文件的图片"按钮。

方法二：单击"插入"选项卡下的"图片"、"剪贴画"、"屏幕截图"和"相册"按钮。

② 图片的编辑

PowerPoint 2010 可以调整图片的大小、裁剪图片和为图片设置效果。

图片大小调整的操作步骤如下。

a. 选中插入的图片，将鼠标指针移至图片的尺寸控制点上。

b. 按住鼠标左键进行拖动，就可以更改图片的大小。

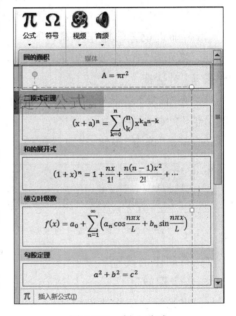

图 6-316　插入公式

c. 松开鼠标即可完成调整操作。

裁剪图片的操作步骤如下。

a. 裁剪图片时，必须先选中该图片，然后在"图片工具"下的"格式"选项卡下的"大小"组中单击"裁剪"按钮，进行裁剪操作。

b. 单击"大小"组中"裁剪"按钮的下三角按钮，弹出下拉式列表，如图 6-317 所示。

裁剪的方式有"裁剪"、"裁剪为形状"、"纵横比"、"填充"和"调整"。如果需要将图片裁剪为特定的形状，选择"裁剪为形状"，再在子菜单中选择一个特定的形状。

③ 图片效果的设置

图片样式设置的操作步骤如下。

a. 选中要添加效果的图片。

b. 单击"图片工具"下的"格式"选项卡下的"图片样式"组中的"其他"按钮，在弹出的菜单中选择相应的图片样式。

图片效果设置的操作步骤如下。

a. 选中要添加效果的图片。

b. 单击"图片工具"下的"格式"选项卡下的"图片样式"组中的"图片效果"按钮,在弹出的下拉菜单中选择相应的图片效果,如图 6-318 所示。

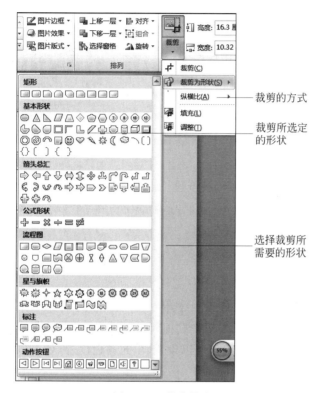

图 6-317　裁剪样式

图 6-318　图片效果

艺术效果设置的操作步骤如下。

a. 选中幻灯片中的图片。

b. 单击"图片工具"下的"格式"选项卡下的"调整"组中的"艺术效果"按钮。在弹出的下拉式列表中,选中其中的一个艺术效果选项,如图 6-319 所示。

(5) 艺术字的设置

艺术字插入的操作步骤如下。

① 单击"插入"选项卡下的"文本"组中的"艺术字"按钮 A。

② 在弹出的"艺术字"下拉列表中,选择一个艺术字的样式,如图 6-320 所示。

③ 幻灯片中即可自动生成一个艺术字框。单击文本框,输入相关的内容,单击幻灯片其他地方,即可完成艺术字的添加。

艺术字样式设置的操作步骤如下。

① 单击"绘图工具"下的"格式"选项卡下的"艺术字样式"组中的"其他"按钮,在弹出的菜单中可以选择文字所需的样式。

② 单击"艺术字样式"组中的"文本填充"按钮 A 和"文本轮廓"按钮右侧的下三角按钮,分别弹出相应的下拉菜单,如图 6-321、图 6-322 所示,可以用来设置填充文本的颜色和文本轮廓

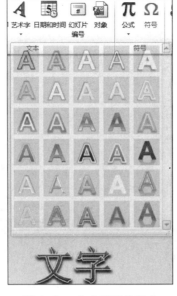

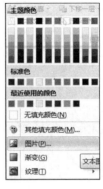

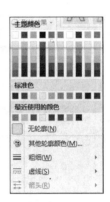

图 6-319　图片的艺术效果　　图 6-320　艺术字下拉列表　　图 6-321　填充颜色　　图 6-322　轮廓颜色

的颜色等。

③ 艺术字的最终效果如图 6-323 所示。

3. 幻灯片背景和填充颜色的设置

PowerPoint 2010 在幻灯片版式设置上的功能强大，用于修饰、美化演示文稿，使演示文稿更加漂亮。它还为用户提供了幻灯片的背景、文本、图形及其他对象的颜色，对文稿进行合理、美观的搭配。在 PowerPoint 2010 中，幻灯片背景除了可以设置、填充颜色以外，还可以添加底纹、图案、纹理或图片。

幻灯片背景和填充颜色的设置，操作步骤如下。

（1）选中幻灯片，单击"设计"选项卡下的"背景"组中"背景样式"下三角按钮，在弹出的下拉式列表中选择"设置背景格式"命令，之后弹出"设置背景格式"对话框，如图 6-324 所示。

图 6-323　最终效果　　　　　　　　　图 6-324　设置背景格式

（2）在"填充"区域中，可以设置"纯色填充"、"渐变填充"、"图片或纹理填充"、"图案填充"和"隐藏背景图形"的填充效果。

（3）单击"全部应用"按钮。

（4）单击"关闭"按钮。

4. 幻灯片设计模板的使用

操作步骤如下。

（1）单击"文件"选项卡，从弹出的菜单中选择"新建"命令。

（2）在"新建"菜单命令的右侧，弹出"可用的模板和主题"窗口。

（3）单击选择"样本模板"选项，从弹出的样本模板中选择需要创建的模板，如图 6-325 所示。

（4）所应用的幻灯片模板效果如图 6-326 所示。

图 6-325　选择要创建的模板

图 6-326　应用幻灯片模板的效果

5. 幻灯片母版的制作

制作一份演示文稿的时候，通常不可能只有一张幻灯片，大多数情况都会需要许多张幻灯片来描述一个主题。PowerPoint 2010 中提供了"母版"的功能，可以一次将多张幻灯片设定为统一的格式。操作步骤如下。

（1）单击"视图"选项卡下的"母版视图"组中的"幻灯片母版"按钮。

（2）系统会自动切换到幻灯片母版视图，单击"幻灯片母版"选项卡下的"编辑主题"组中的"主题"下三角按钮,在弹出的下拉式列表中选择相应的主题,如图 6-327 所示。

图 6-327　选择主题

(3) 系统即会自动地为演示文稿添加相应的幻灯片母版,如图 6-328 所示。

(4) 单击"幻灯片母版"选项卡"关闭"组中的"关闭母版视图"按钮,返回普通视图。

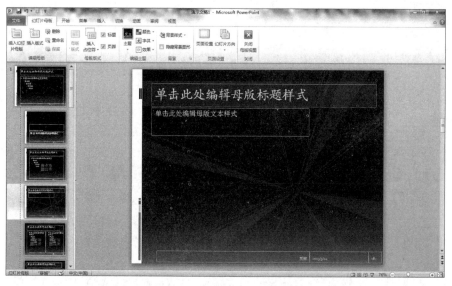

图 6-328　添加的幻灯片母版

6. 配色方案的使用

幻灯片设计中使用颜色的配色方案,分别用于背景、文本、线条、阴影、标题文本、填充、强调和超链接,用户可根据幻灯片的需要进行颜色设计。

应用标准配色方案在制作演示文稿时,通常利用系统提供的幻灯片标准配色方案。操作步骤如下。

(1) 单击"设计"选项卡。

(2) 在"主题"组列表中,选取一个模板。

(3) 在选中的模板上单击右键,在弹出的快捷菜单中选择相应的设置。可以设置相应的配色方案,如图 6-329 所示。

如果要把某种配色方案应用于所有幻灯片,则选择
"应用于所有幻灯片";如果要把某种配色方案只应用于
当前一张幻灯片,在弹出的快捷菜单中选择"应用于选定
幻灯片"即可,如果要把某种配色方案设置为默认的主
题,在弹出的快捷菜单中选择"设置为默认主题"。

图 6-329　主题配色方案应用于幻灯片

7. 影音文件的插入

在幻灯片设计中,有时需要插入影音文件、添加视频
对象,使得幻灯片放映时产生很好的效果、更具有感
染力。

(1) 视频格式

PowerPoint 2010 支持的视频格式如表 6-3 所示。

表 6-3　PowerPoint 支持的视频格式

视　频	视　频　格　式
Windows Media 文件(asf)	＊.asf、＊.asx、＊.wpl、＊.wm、＊.wmx、＊.wmd、＊.wmz
Windows 视频文件(avi)	＊.avi
电影文件(mpeg)	＊.mpeg、＊.mpg、＊.mpe、＊.mlv、＊.m2v、＊.mod、＊.mp2、＊.mpv2、＊.mp2v、＊.mpa
Windows Media 视频文件(wmv)	＊.wmv、＊.wvx
QuickTime 视频文件	＊.qt、＊.mov、＊.3g2、＊.3pg、＊.dv、＊.m4v、＊.mp4
Adobe Flash Media	＊.swf

(2) 视频的嵌入

操作步骤如下。

① 在普通视图下,单击要向其嵌入视频的幻灯片。

② 在"插入"选项卡的"媒体"组中,单击"视频"的下三角按钮,单击"视频"命令,弹出"插
入视频文件"对话框,如图 6-330 所示。

图 6-330　"插入视频文件"对话框

③ 在"插入视频文件"的对话框中选择相应的视频文件,单击"插入"按钮。

(3) 音频格式

PowerPoint 2010 支持的音频格式如表 6-4 所示。

表 6-4　PowerPoint 2010 支持的音频格式

音 频 文 件	音 频 格 式
AIFF 音频文件(aiff)	＊.aif、＊.aifc、＊.aiff
AU 音频文件(au)	＊.au、＊.snd
MIDI 音频文件(midi)	＊.mid、＊.midi、＊.rmi
MP3 音频文件(mp3)	＊.mp3、＊.m3u
Windows 音频文件(wma)	＊.wav
Windows Media 音频文件(wma)	＊.wma、＊.wax
QuickTime 音频文件(aiff)	＊.3g2、＊.3gp、＊.aac、＊.m4a、＊.m4b、＊.mp4

(4) 音频的嵌入

操作步骤如下。

① 在普通视图下,单击要向其嵌入音频的幻灯片。

② 在"插入"选项卡的"媒体"组中,单击"视频"的下三角按钮,单击"文件中的音频"命令,弹出"插入音频"对话框,如图 6-331 所示。

③ 在"插入音频"对话框中,单击要嵌入的音频文件,之后单击"插入"按钮。

图 6-331　"插入音频"对话框

8. 对象的使用

(1) 表格的插入

在 PowerPoint 2010 里创建表格常用有三种方法。

方法一:

① 在演示文稿中选中要添加表格的幻灯片,单击"插入"选项卡下的"表格"组中的"表格"按钮▦。

② 在弹出的"插入表格"下拉式列表中,直接选择相应的行数和列数,即可在幻灯片中创

建表格，如图 6-332 所示。

方法二：

① 单击"插入表格"下拉式列表中的"插入表格"选项，弹出"插入表格"，如图 6-333 所示。

图 6-332　"表格"下拉式列表　　　　　图 6-333　"插入表格"对话框

② 在"行数"和"列数"文本框中，分别输入要创建表格的行数和列数的数值，在幻灯片中创建相应的表格。

方法三：

① 单击"插入表格"下拉式列表中的"绘制表格"选项。

② 在幻灯片空白位置处单击，拖动画笔，然后到适当位置释放，即完成表格的创建。

（2）图表的插入

在 PowerPoint 2010 中，可以插入不同形式的图表。本节主要以柱形图为例，介绍图标插入的方法。操作步骤如下。

① 单击"插入"选项卡下的"插图"组中的"图表"按钮 。

② 在弹出的"插入图表"对话框中，选择"柱形图"区域的"三维簇状柱形图"，然后单击"确定"按钮。

③ 系统自动弹出 Excel 的界面，在单元格中输入相关的数据，如图 6-334 所示。

④ 输入完毕后，关闭 Excel 表格，即可在幻灯片中插入一个柱形图，如图 6-335 所示。

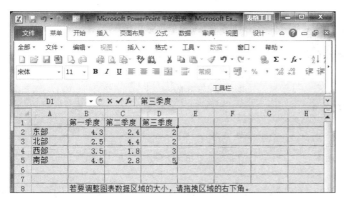

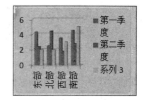

图 6-334　在 Excel 中输入　　　　　图 6-335　柱形图效果

（3）SmartArt 图形的插入

在 PowerPoint 2010 中增加了一个 SmartArt 图形工具。SmartArt 图形主要用于演示流程、层次结构、循环或关系。

单击"插入"选项卡"插图"组中的 SmartArt 按钮,在弹出的 SmartArt 对话框,可看到内置的 SmartArt 图形库,如图 6-336 所示。其中提供了不同类型的模板,有列表、流程、循环、层次结构、关系、矩阵、棱锥图和图片 8 大类。

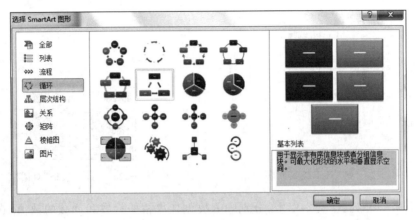

图 6-336　SmartArt 图形库

下面以插入一个循环结构的图形为例,说明 SmartArt 的基本用法。

选择"循环"中的"块循环",单击"确定"按钮,在左边的框中输入汉字,就可以显示在图表中,如图 6-337 所示。

在选中 SmartArt 图形时,工具栏就会出现 SmartArt 工具,其中包括"设计"与"格式"两大功能区,可以对图形进行美化操作。在"格式"选项卡中选择"形状样式"组中的"形状填充"按钮🖌。在弹出的下拉菜单中,选择要填充的颜色或者图片,如图 6-338 所示。

(4) 将文本转换为 SmartArt 图形

操作步骤如下。

① 单击文字内容的占位符边框,如图 6-339 所示。

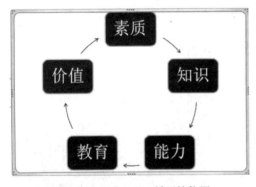

图 6-337　SmartArt 循环结构图

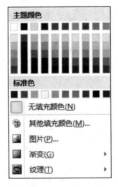

图 6-338　填充颜色

图 6-339　选中占位符边框

② 单击"开始"选项卡"段落"组中的"转换为 SmartArt 图形"按钮,在弹出的下拉菜单中单击 ⬚ 其他SmartArt 图形(M)... 按钮,弹出"选择 SmartArt 图形"对话框,如图 6-340 所示。

③ 在系统自动生成的 SmartArt 图形中输入相关文本,效果如图 6-341 所示。

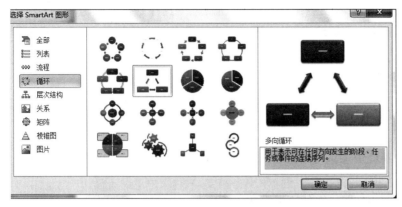

图 6-340　"选择 SmartArt 图形"对话框

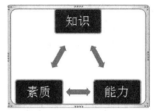

图 6-341　最终效果

6.3.4　演示文稿的动画设置

1. 创建超链接

（1）链接到同一演示文稿的幻灯片

操作步骤如下。

① 在普通视图中,选中要链接的文本。

② 单击"插入"选项卡下的"链接"组中的"超链接"按钮,则弹出"插入超链接"对话框,如图 6-342 所示。

③ 在"插入超链接"对话框中,选择"本文档中的位置"。

④ 单击"确定"按钮,即可将幻灯片链接到另一幻灯片。

（2）链接到不同演示文稿的幻灯片

操作步骤如下。

① 在普通视图中,选中要链接的文本。

② 单击"插入"选项卡下的"链接"组中的"超链接"按钮,弹出"插入超链接"对话框,如图 6-342 所示。

图 6-342　"插入超链接"对话框

③ 在弹出的"插入超链接"对话框中,选择"现有文件或网页"选项,选中要作为链接幻灯片的演示文稿。

④ 单击"书签"按钮,在弹出的"在文档中选择位置"对话框中选择幻灯片标题。

⑤ 单击"确定"按钮,返回"插入超链接"对话框。可以看到选择的幻灯片标题也添加到"地址"文本框中,如图 6-343 所示。

⑥ 单击"确定"按钮,即可将选中的文本链接到另一演示文稿的幻灯片。

(3) 链接到 Web 上的页面或文件

操作步骤如下。

① 在普通视图中,选中要链接的文本。

② 单击"插入"选项卡下的"链接"组中的"超链接"按钮,弹出"插入超链接"对话框。在对话框左侧的"链接到"列表框中,选择"现有文件或网页"选项,在"查找范围"文本框右侧,单击"浏览 Web"按钮。

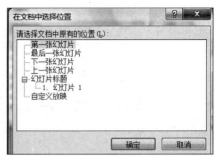

图 6-343　"在文档中选择位置"对话框

③ 在弹出的网页浏览器中找到并选择要链接到的页面或文件,然后单击"确定"按钮。

(4) 链接到电子邮件地址

操作步骤如下。

① 在普通视图中,选中要链接的文本。

② 单击"插入"选项卡下的"链接"组中的"超链接"按钮,弹出"插入超链接"对话框。

③ 在弹出的"插入超链接"对话框左侧的"链接到"列表框中,选择"电子邮件地址"选项,在"电子邮件地址"文本框中输入要链接到的电子邮件地址 11768478@QQ.COM,在"主题"文本框中输入电子邮件的主题"计算机学科概论",如图 6-344 所示。

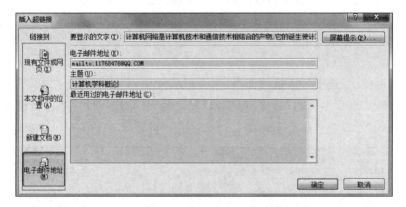

图 6-344　链接到"电子邮件地址"

④ 单击"确定"按钮,即可将选中的文本链接到指定的电子邮件地址。

(5) 链接到新文件

操作步骤如下。

① 在普通视图中,选中要链接的文字。

② 单击"插入"选项卡下的"链接"组中的"超链接"按钮,弹出"插入超链接"对话框。

③ 在弹出的"插入超链接"对话框左侧的"链接到"列表框中,选择"新建文档"选项,在"新建文档名称"文本框中输入要链接到的文件的名称"计算机学科概论",如图 6-345 所示。

④ 单击"确定"按钮。

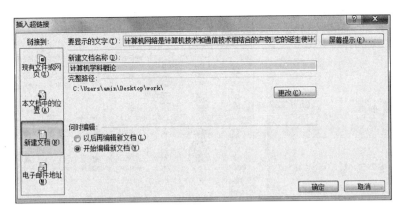

图 6-345　链接到"新建文档"

2. 动作按钮的使用

在 PowerPoint 2010 中,可以用文本或对象创建超链接,也可以用动作按钮创建超链接。操作步骤如下。

(1) 选择幻灯片。

(2) 单击"插入"选项卡下的"插图"组中的"形状"按钮,在弹出的下拉式列表中,选择"动作按钮"区域的"动作按钮:后退或前一项",如图 6-346 所示。

图 6-346　动作按钮

(3) 选中"动作按钮",单击右键,选择"编辑超链接",弹出"动作设置"对话框,选择"单击鼠标"选项卡,在"单击鼠标时动作"区域中选中"超链接到"单选按钮,并在其下拉式列表中选择"上一张幻灯片"选项,如图 6-347 所示。

(4) 单击确定按钮。

3. 使用动画方案

PowerPoint 2010 演示文稿中的文本、图片、形状、表格、SmartArt 图形和其他对象,可以制作成动画,赋予它们进入、退出、大小或颜色变化,甚至移动等视觉效果。PowerPoint 2010 中有以下四种不同类型的动画效果。

"进入"效果。例如,可以使对象逐渐淡入焦点,从边缘飞入幻灯片,或者跳入视图中。

"退出"效果。这些效果的示例包括,使对象缩小或放大,从视图中消失,或者从幻灯片旋出。

"强调"效果。这些效果的示例包括,使对象缩小或放大,更改颜色或沿着其中心旋转。

"动作路径"效果。使用这些效果可以使对象上下移动、左右移动或者沿着星形或圆形图案移动。

(1) "进入"动画的创建

操作步骤如下。

① 选中要添加动画的文本或图片。

② 单击"动画"选项卡下的"动画"组中的"其他"按钮 ,在弹出的下拉式列表中选择"进入"区域的"飞入"选项,创建"进入"的动画效果,如图 6-348 所示。

③ 添加动画效果后,文字或图片对象前面会显示一个动画编号标记 。

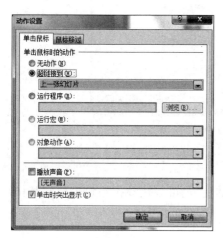

图 6-347 "动作设置"对话框

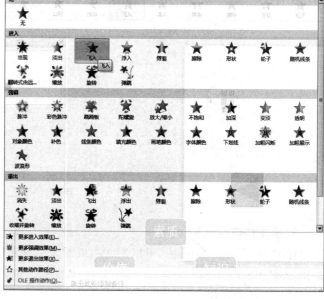

图 6-348 选择动画效果

（2）"退出"动画的创建

操作步骤如下。

① 选中要添加动画的文本或图片。

② 单击"动画"选项卡下的"动画"组中的"其他"按钮，在弹出的下拉式列表中选择"退出"区域的"收缩并旋转"选项，创建"退出"动画的效果。

（3）"强调"动画的创建

操作步骤如下。

① 选中要添加动画的文本或图片。

② 单击"动画"选项卡下的"动画"组中的"其他"按钮，在弹出的下拉式列表中选择"强调"区域的"彩色脉冲"选项，创建"强调"动画效果。

（4）"路径"动画的创建

操作步骤如下。

① 选中要添加动画的文本或图片。

② 单击"动画"选项卡下的"动画"组中的"动作路径"区域的"循环"选项，创建"路径"动画效果。

（5）动画的设置

① 动画顺序的调整

在放映过程中，也可以对幻灯片播放的顺序重新进行调整，操作步骤如下。

a. 在普通视图中，选择第 2 张幻灯片。

b. 单击"动画"选项卡下的"高级动画"组中的"动画窗格"按钮，弹出"动画窗格"窗口，如图 6-349 所示。

c. 选择"动画窗格"窗口中需要调整顺序的动画，如选择动画 2，然后单击"动画窗格"窗口下方"重新排序"命令左侧或右侧的向上按钮 或向下按钮 进行调整，如图 6-350 所示。

图 6-349　动画窗格

图 6-350　重新排序

② 动画时间的设置

创建动画之后,可以在"动画"选项卡上为动画指定开始、持续时间或者延迟计时。

设置动画的开始计时的操作步骤如下。

单击"计时"组中"开始"菜单右侧的下三角按钮,从弹出的下拉式列表中选择所需的计时。该下拉式列表包括"单击时"、"上一动画之后"和"与上一动画同时",如图 6-351 所示。

设置动画的持续时间及延时的操作步骤如下。

a. 在"计时"组中的"持续时间"文本框中输入所需的秒数,或者单击"持续时间"文本框后面的微调按钮,来调整动画要运行的持续时间。

b. 在"计时"组中的"延迟"文本框中输入所需有秒数,或者使用微调按钮来调整。 如图 6-352 所示。

图 6-351　设置动画的开始计时

图 6-352　设置动画的延迟时间

6.3.5　演示文稿的放映

幻灯片的放映方式包括演讲者放映、观众自行浏览和在展台浏览。

1. 设置放映方式

（1）演讲者放映的设置

操作步骤如下。

① 打开已编辑好的幻灯片。

② 单击"幻灯片放映"选项卡下的"设置"组中的"设置幻灯片放映"按钮,弹出"设置放映方式"对话框,如图 6-353 所示。

③ 在"设置放映方式"对话框的"放映类型"区域中,选中"演讲者放映(全屏幕)"单选按钮。

④ 在"设置放映方式"对话框的"放映选项"区域中,可以设置放映时是否循环放映、放映时是否加旁白及动画等。

⑤ 在"放映幻灯片"区域中,可以选择放映全部幻灯片,也可以选择幻灯片放映的范围。在"换片方式"区域中设置换片方式,可以选择手动或者根据排练时间进行换片。

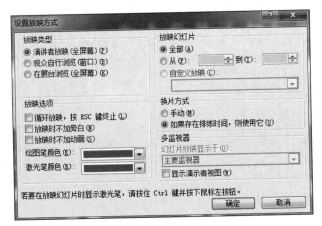

图 6-353　设置放映方式

（2）观众自行浏览的设置

操作步骤如下。

① 打开已经编辑好的幻灯片。

② 单击"幻灯片放映"选项卡下的"设置"组中的"设置幻灯片放映"按钮，弹出"设置放映方式"对话框。

③ 在"放映类型"区域中选择"观众自行浏览（窗口）"单选按钮。

④ 在"放映幻灯片"区域，选择要播放的幻灯片范围。

⑤ 单击"确定"按钮。

（3）在展台浏览的设置

操作步骤如下。

① 打开一张已经编辑好的幻灯片。

② 单击"幻灯片放映"选项卡下的"设置"组中的"设置幻灯片放映"按钮，弹出"设置放映方式"对话框。

③ 在"放映类型"区域中，选择"在展台浏览（全屏幕）"单选按钮。

④ 在"放映幻灯片"区域，选择要播放的幻灯片范围。

⑤ 单击"确定"按钮。

2. 设置自定义放映

自定义放映是指在一个演示文稿中，设置多个独立的放映演示分支，这样使一个演示文稿可以用超链接分别指向演示文稿中的每一个自定义放映。操作步骤如下。

（1）选中要放映的幻灯片。

（2）单击"幻灯片放映"选项卡下的"开始放映幻灯片"组中的"自定义幻灯片放映"按钮，在弹出的下拉菜单中选择"自定义放映"菜单命令，弹出"自定义放映"对话框，如图 6-354 所示。

（3）在"自定义放映"对话框中单击"新建"按钮，弹出"定义自定义放映"对话框，如图 6-355 所示。

（4）在"定义自定义放映"对话框的"在演示文稿中的幻灯片"列表框中，选择需要放映的幻灯片。

（5）单击"添加"按钮。

图 6-354　"自定义放映"对话框　　　　　　图 6-355　"定义自定义放映"对话框

（6）单击"确定"按钮。

3. 幻灯片的切换和定位

在演示文稿放映过程中，由一张幻灯片进入另一张幻灯片，就是幻灯片之间的切换。为了使幻灯片更具有趣味性，在幻灯片切换时可以使用不同的技巧和效果。

（1）细微型幻灯片效果的设置

操作步骤如下。

① 选中幻灯片。

② 单击"切换"选项卡下的"切换到此幻灯片"组中的"其他"按钮，在弹出的下拉式列表的"细微型"区域中选择-个细微型切换效果。

③ 单击"预览"按钮，用户就可以观看到为幻灯片添加的细微型切换效果。

（2）华丽型幻灯片效果的设置

操作步骤如下。

① 选中演示文稿中的一张幻灯片缩略图，作为要添加切换效果的幻灯片。

② 单击"切换"选项卡下的"切换到此幻灯片"组中的"其他"按钮，在弹出的下拉式列表的"华丽型"区域中选择一个切换效果。

③ 单击"预览"按钮，用户就可以观看到为幻灯片添加的华丽型切换效果。

（3）全部应用型幻灯片效果的设置

操作步骤如下。

① 单击演示文稿中的第一张幻灯片缩略图。

② 单击"切换"选项卡下的"切换到此幻灯片"组中的"其他"按钮，在弹出的下拉式列表的"华丽型"区域中选择百叶窗切换效果。

③ 单击"切换"选项卡下的"计时"组中的"全部应用"按钮，即可为所有的幻灯片设置切换效果，如图 6-356 所示。

图 6-356　选择全部应用按钮

（4）幻灯片定位

在幻灯片播放过程中，单击鼠标右键，会出现定位幻灯片选项，选取需要切换的幻灯片即可。

4. 设置排练计时

操作步骤如下。

（1）单击演示文稿中的一张幻灯片缩略图。

（2）在"幻灯片放映"选项卡下的"设计"组中，单击以选择"排练计时"按钮，切换到全屏放映模式，弹出"录制"对话框，如图 6-357 所示。

（3）同时记录张幻灯片的放映时间，供以后自动放映。

5．记录声音旁白

音频旁白可以增强幻灯片放映的效果。如果计划使用演示文稿创建视频，则要使视频更生动些，使用记录声音旁白就是一种非常好的方法。此外，还可以在幻灯片放映期间将旁白和激光笔的使用一起录制。

记录声音旁白的操作步骤如下。

（1）在"幻灯片放映"选项卡下的"设置"组中，单击"录制幻灯片演示"下三角按钮，弹出下拉菜单，如图 6-358 所示。

（2）选择"从头开始录制"命令或"从当前幻灯片开始录制"命令，弹出"录制幻灯片演示"对话框，如图 6-359 所示。

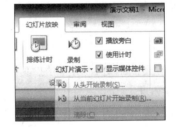

图 6-357　"录制"对话框　　　图 6-358　选择录制方式　　　图 6-359　录制幻灯片演示

（3）在弹出的"录制幻灯片演示"对话框中，选中"旁白和激光笔"复选框，并根据需要选中或取消"幻灯片和动画计时"复选框。

（4）单击"开始录制"按钮，幻灯片开始放映，并自动开始计时。

（5）若要结束幻灯片放映的录制，右击幻灯片，再单击"结束放映"按钮。

6．打包演示

如果要将幻灯片在另外一台计算机上放映，可以使用打包向导。该打包向导可以将演示文稿所需要的文件和字体打包到一起。操作步骤如下。

（1）在普通视图下打开幻灯片文件。单击"文件"选项卡，在弹出的下拉菜单中选择"保存并发送"命令，在展开的子菜单中选择"将演示文稿打包成 CD"命令，在右侧区域中单击"打包成 CD"按钮，则弹出"打包成 CD"对话框，如图 6-360 所示。

（2）在"打包成 CD"对话框中，选择"要复制的文件"列表框中的选项，单击"添加"按钮。在弹出的"添加文件"对话框中选择要添加的文件，如图 6-361 所示。

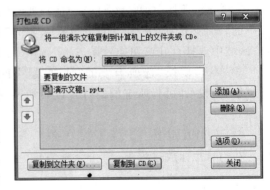

图 6-360　"打包成 CD"对话框

（3）单击"添加"按钮，返回到"打包成 CD"对话框。

图 6-361　选择要添加的文件

　　（4）单击"选项"按钮，在弹出的"选项"对话框中设置要打包文件的安全性等选项，如图 6-362 所示，如设置打开和修改演示文稿的密码为"12345678"。

　　（5）单击"确定"按钮，在弹出的"确认密码"对话框中输入两次确认密码，如图 6-363 所示。

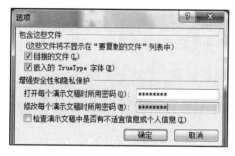

图 6-362　文件打包的安全性设置

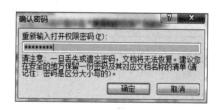

图 6-363　确认密码

　　（6）单击"确定"按钮，返回到"打包成 CD"对话框。单击"复制到文件夹"按钮，在弹出的"复制到文件夹"对话框的"文件夹名称"和"位置"文本框中分别设置文件夹名称和保存位置，如图 6-364 所示。

图 6-364　文件夹名称和保存位置

　　（7）单击"确定"按钮，弹出 Microsoft PowerPoint 提示对话框，单击"是"按钮，系统将自动把文件复制到文件夹，如图 6-365 所示。

图 6-365   系统自动复制文件到文件夹

（8）复制完成后，系统会自动打开生成的 CD 文件夹。如果所使用的计算机上没有安装
Power Point，操作系统将自动运行 autorun.inf 文件，并播放幻灯片文件。

6.3.6   演示文稿的打印

1. 页面设置

在打印之前，一般要对将打印的幻灯片进行页面设置。操作步骤如下。

（1）单击"文件"选项卡，在弹出的下拉菜单中选择"打印"选项，弹出打印设置界面，如
图 6-366 所示。

（2）设置完成后，单击"确定"按钮。

2. 页眉与页脚的设置

在母版中看到的页眉和页脚文本、幻灯片号码（或页码）及日期，它们出现在幻灯片、备注
或讲义的顶端或底端。页眉和页脚是加在演示文稿中注释的内容。典型的页眉和页脚的内容
是日期、时间和幻灯片的编号。

添加幻灯片页眉和页脚的操作步骤如下。

（1）单击"文件"选项卡下的"打印"命令，在展开的"打印"设置界面中单击右下角的"编辑
页眉和页脚"命令，弹出"页眉和页脚"对话框，如图 6-367 所示。

图 6-366   打印设置界面

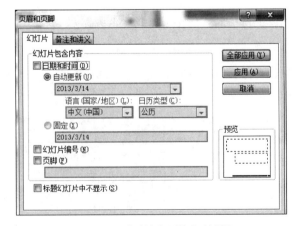

图 6-367   "页眉和页脚"对话框

（2）该对话框包括"幻灯片"和"备注讲义"两个选项卡。

（3）单击"幻灯片"选项卡，选中"幻灯片编号"和"页脚"复选框，在其下的文本框中输入需

要在"页脚"显示的内容,如"下一页"。单击"备注和讲义"选项卡,选中所有复选框,在"页眉"和"页脚"文本框中输入要显示的内容。

(4) 单击"全部应用"按钮,则在视图中可以看到每张幻灯片的页脚处都有"下一页"的文字和幻灯片的编号。

3. 打印预览及打印演示文稿

(1) 打印预览

操作步骤如下。

① 选择"文件"|"打印"设置。

② 选择"文件"|"打印"后,在最右侧的窗口显示了打印幻灯片的预览效果,如图 6-368所示。

图 6-368　打印预览效果

(2) 演示文稿的打印

选择"文件"|"打印"选项,在展开的"打印设置"界面中单击"打印"命令。

6.3.7　典型案例

操作步骤如下。

(1) 启动 PowerPoint 2010,进入 PowerPoint 工作界面。

(2) 单击"视图"选项卡下的"母版视图"中的"幻灯片母版"按钮,切换到幻灯片母版视图,并在左侧列表中单击第 1 张幻灯片,如图 6-369 所示。

(3) 单击"插入"选项卡"图像"组中的"图片"按钮,在弹出的对话框中浏览到"素材\背景.jpg",单击"插入"按钮。

(4) 插入图片并调整图片的位置。

(5) 使用工具形状在幻灯片底部绘制 1 个矩形框,并把颜色填充为蓝色,如图 6-370 所示。

(6) 使用形状工具绘制 1 个圆角矩形,并拖动圆角矩形左上方的黄点,调整圆角角度。设置"形状填充"为"无填充颜色",设置"形状轮廓"为"白色","粗细"为"4.5 磅",如图 6-371 所示。

(7) 在左上角绘制 1 个正方形,设置"形状填充"和"形状轮廓"为"白色",并用右键单击,在弹出的快捷菜单中选择"编辑顶点"选项,删除右下角的顶点,并单击斜边中点向左上方拖动,

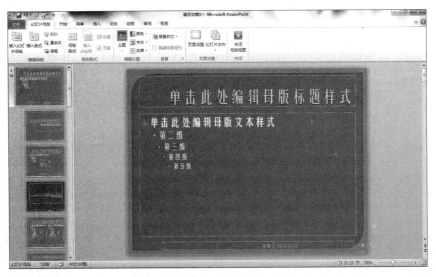

图 6-369　选择幻灯片母版

图 6-370　绘制矩形

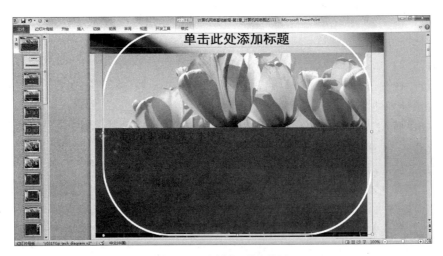

图 6-371　圆角矩形的设置

调整如图 6-372 所示。

图 6-372 调整正方形的形状

（8）按照上述操作，绘制并调整幻灯片其他角的形状。

（9）选中标题，将标题置于顶层，如图 6-373 所示。

图 6-373 将标题置于顶层

（10）在幻灯片母版视图中选择左侧列表的第 2 张幻灯片。

（11）选中"幻灯片母版"选项卡下的"背景"组中的"隐藏背景图形"复选框。

（12）右击，在弹出的"设置背景格式"对话框中的"填充"区域中选择"图片或纹理填充"单选按钮，并单击"文件"按钮，在弹出的对话框中选择"素材\首页.jpg"，如图 6-374 所示。

（13）按照以上的操作，绘制 1 个圆角矩形框，在四角绘制 4 个正方形，并调整形状顶点。最终结果如图 6-375 所示。

图 6-374 设置背景格式

图 6-375   最终效果

思考题

一、选择题

1. 启动 Word 2010 之后,空白文档的名字是(   )。

　　A. 文档 1. docx　　　　　　　　B. 新文档. docx

　　C. 文档. docx　　　　　　　　　D. 我的文档. docx

2. Word 2010 常用工具栏中的"格式刷"可用于复制文本或段落的格式,若要将选中的文本或段落格式重复应用多次,应怎样操作? (   )。

　　A. 单击格式刷　　B. 双击格式刷　　C. 右击格式刷　　D. 拖动格式刷

3. 调整段落左右边界以及首行缩进格式的最方便、直观、快捷的方法是(   )。

　　A. 菜单命令　　　　B. 工具栏　　　　C. 格式栏　　　　D. 标尺

4. 录入文档时,改写、插入切换方式可按(   )键。

　　A. Shift　　　　　　B. Delete　　　　C. Insert　　　　D. Ctrl

5. 在 Word 2010 中打开多个文档后,实现文档间快速切换的方法是(   )。

　　A. 单击"文件"菜单中的"打开"命令

　　B. 单击"打开"按钮

　　C. 单击"窗口"菜单中的"全部重排"命令

　　D. 单击"窗口"菜单下端的相应文件名

6. 在 Excel 2010 的一个工作簿中,最多可以包含(   )张工作表。

　　A. 3　　　　　　　　B. 8　　　　　　　C. 16　　　　　　D. 255

7. 在 Excel 2010 中多数据进行排序时,单击"数据"|"排序"命令,在"排序"对话框中必须指定的排序关键字为(   )。

　　A. 第一关键字　　B. 第二关键字　　C. 第三关键字　　D. 可以不指定

8. 编辑工作表时,要选择一些不连续的区域,须借助(   )。

　　A. Shift 键　　　　　B. Alt 键　　　　C. Ctrl 键　　　　D. 鼠标右键

9. 在 Excel 2010 中,为活动单元格输入文字型数据时默认为(　　)。

　　A. 居中　　　　　B. 左对齐　　　　　C. 右对齐　　　　　D. 随机

10. Excel 2010 中,计算总体个数的函数为(　　)。

　　A. Sum　　　　　B. Average　　　　C. Count　　　　　D. If

11. PowerPoint 2010 的主要功能是(　　)。

　　A. 创建演示文稿　　　　　　　　B. 数据处理

　　C. 图像处理　　　　　　　　　　D. 文件编辑

12. 对单个幻灯片编辑需在(　　)下进行。

　　A. 大纲视图　　　　　　　　　　B. 幻灯片浏览视图

　　C. 幻灯片视图　　　　　　　　　D. 备注视图

13. 在(　　)视图方式下,可以复制、删除幻灯片,调整幻灯片的顺序,但不能对幻灯片的内容进行编辑修改。

　　A. 幻灯片　　　　B. 幻灯片浏览　　　C. 幻灯片放映　　　D. 大纲

14. 在 PowerPoint 2010 中,若为幻灯片中的对象设置"飞入",应选择(　　)对话框。

　　A. 自定义动画　　B. 幻灯片版式　　　C. 自定义放映　　　D. 幻灯片放映

15. 每一页讲义可以包含(　　)幻灯片。

　　A. 3 张　　　　　B. 6 张　　　　　　C. 9 张　　　　　　D. 以上均可

二、简答题

1. Word 2010 段落的对齐方式有哪几种?

2. 简述获取联机帮助的常用方法。

3. Word 2010 中文件的"保存"命令和"另存为"命令有什么区别?

4. 在 Word 2010 中,"改写"状态与"插入"状态有什么区别? 如何切换这两种状态?

5. 若在一段中进行分栏和首字下沉,如何操作?

6. 简述 Excel 中工作簿、工作表、单元格之间的关系。

7. 什么是"填充柄"? 简述其"自动填充"功能。

8. 数据清除和数据删除的区别是什么?

9. 单元格地址有哪几种引用方式?

10. 简述 Excel 2010 提供的各种函数的功能。

11. PowerPoint 2010 中有哪些视图? 这些视图以及视图区有什么特点?

12. 为幻灯片设置背景时,在"背景"对话框中,"应用"按钮与"全部应用"按钮有何区别?

13. 如何在演示文稿中为文本添加超级链接效果? 写出主要操作步骤。

14. 如何通过排练计时设置幻灯片的放映时间?

15. 简述幻灯片从制作到放映的主要步骤。

Chapter 7

第7章　网络应用

7.1　互联网基础知识

自 20 世纪 50 年代后期,美国国防部建立了 ARPANET 至今,计算机网络取得了迅猛的发展,已经成为信息社会的命脉和发展知识经济的重要基础之一。

目前,计算机网络已经以万维网、电子邮件、FTP 及即时通信等各种形式广泛应用到社会生活的各个领域中。

本节主要介绍 Internet 的基本知识和 Internet 提供的信息服务。

7.1.1　什么是互联网

计算机网络,就是将地理上分散布置的、具有独立功能的多台计算机(系统)或由计算机控制的外部设备,利用通信手段通过通信设备和线路连接起来,按照特定的通信协议进行信息交流,以实现资源共享的系统。

互联网(International Network、Internetwork 或 Internet),即广域网、局域网及单机按照一定的通信协议组成的国际计算机网络,它把许许多多不同的网络连接到一起,所以也被称为网际网。互联网是指将两台计算机或者两台以上的计算机终端、客户端、服务端通过计算机信息技术的手段互相联系起来的结果,人们可以与远在千里之外的朋友相互发送邮件、共同完成一项工作、共同娱乐。

1995 年 10 月 24 日,"联合网络委员会"(The Federal Networking Council,FNC)通过了如下关于"互联网定义"的决议。

联合网络委员会认为,下述语言反映了对"互联网"这个词的定义。

"互联网"指的是全球性的信息系统。

(1) 通过全球唯一的网络逻辑地址在网络媒介基础之上逻辑地链接在一起。这个地址是建立在"网际协议"(IP)或今后其他协议基础之上的。

(2) 可以通过"传输控制协议"和"网际协议"(TCP/IP),或者今后其他接替的协议或与"网际协议"(IP)兼容的协议来进行通信。

(3) 以让公共用户或者私人用户享受现代计算机信息技术带来的高水平、全方位的服务。这种服务是建立在上述通信及相关的基础设施之上的。

这当然是从技术的角度来定义互联网。这个定义至少向我们揭示了三个方面的内容:首先,互联网是全球性的;其次,互联网上的每一台主机都需要有"地址";最后,这些主机必须按照共同的规则(协议)连接在一起。

事实上,目前的互联网还远远不是我们经常说到的"信息高速公路"。这不仅因为目前互联网的传输速度不够,更重要的是互联网还没有定型,还一直在发展、变化。因此,任何对互联网的技术定义也只能是当下的、现时的。

与此同时,在越来越多的人加入互联网中、越来越多地使用互联网的过程中,也会不断地从社会、文化的角度对互联网的意义、价值和本质提出新的理解。

7.1.2　互联网的起源和发展

Internet 诞生的时间不长,它最早起源于美国国防部高级研究计划署网络 DAA(Defense Advanced Research Projects Agency)的前身 ARPAnet,该网于 1969 年投入使用。ARPAnet 是现代计算机网络诞生的标志。

从 20 世纪 60 年代起,由 ARPA 提供经费,由联合计算机公司和大学共同研制而发展了 ARPAnet 网络。最初,ARPAnet 主要是用于军事研究目的,它主要是基于这样的指导思想:网络必须经受得住故障的考验而维持正常的工作,一旦发生战争,当网络的某一部分因遭受攻击而失去工作能力时,网络的其他部分应能维持正常的通信工作。ARPAnet 在技术上的另一个重大贡献是 TCP/IP 协议簇的开发和利用。作为 Internet 的早期骨干网,ARPAnet 的试验奠定了 Internet 存在和发展的基础,较好地解决了异种机网络互联的一系列理论和技术问题。

1983 年,ARPAnet 分裂为两部分:ARPAnet 和纯军事用的 MILnet。同时,局域网和广域网的产生和蓬勃发展对 Internet 的进步发展起了重要的作用。其中最引人注目的是美国国家科学基金会 NSF(National Science Foundation)建立的 NSFnet。NSF 在全国建立了按地区划分的计算机广域网,并将这些地区网络和超级计算机中心互联起来。NSFnet 于 1990 年 6 月彻底取代了 ARPAnet 而成为 Internet 的主干网。

NSFnet 对 Internet 的最大贡献是使 Internet 向全社会开放,而不像以前那样仅供计算机研究人员和政府机构使用。1990 年 9 月,由 Merit、IBM 和 MCI 公司联合建立了一个非营利的组织——先进网络科学公司 ANS(Advanced Network & Science Inc.)。ANS 的目的是建立一个全美范围的 T3 级主干网,它能以 45Mb/s 的速率传送数据。到 1991 年年底,NSFnet 的全部主干网都与 ANS 提供的 T3 级主干网相联通。

1994 年 4 月 20 日,"中国国家计算机与网络设施"(NCFC,国内称为"中关村教育与科研示范网")工程通过美国 Sprint 公司连入 Internet 的 64Kb/s 国际专线,实现了与 Internet 的全功能连接。从此,中国被国际上正式承认为真正拥有全功能 Internet 的国家。这个事件被中国新闻界评为 1994 年中国十大科技新闻之一,被国家统计公报列为中国 1994 年重大科技成就之一。

在网络应用范围上,近年来 Internet 逐渐放宽了对商业活动的限制,并朝商业化的方向发展。现在,Internet 早已从最初的学术科研网络变成了一个拥有众多的商业用户、政府部门、机构团体和个人信息的综合的计算机信息网络。可以说,Internet 的第二次飞跃归功于 Internet 的商业化,商业机构一踏入 Internet 这一陌生世界,很快发现了它在通信、资料检索、客户服务等方面的巨大潜力。于是,世界各地的无数企业纷纷涌入 Internet,带来了 Internet 发展史上的一个新的飞跃。

在发展规模上,目前 Internet 已经是世界上规模最大、发展最快的计算机互联网。从 1991 年开始,Internet 联网计算机的数量每年翻一番,目前每天大约有 4000 台计算机入网。

7.1.3　互联网在我国的发展

互联网在中国的发展历程可以大略地划分为以下三个阶段。

第一阶段为 1986 年 6 月至 1993 年 3 月,是研究试验阶段(仅有 E-mail 服务)。

在此期间,中国一些科研部门和高等院校开始研究 Internet 联网技术,并开展了科研课题和科技合作工作。这个阶段的网络应用,仅限于小范围内的电子邮件服务,而且仅为少数高等院校、研究机构提供电子邮件服务。

第二阶段为 1994 年 4 月至 1996 年,是起步阶段(Full Function Connection)。

1994 年 4 月,中关村地区教育与科研示范网络工程进入互联网,实现和 Internet 的 TCP/IP 连接,从而开通了 Internet 全功能服务。从此,中国被国际上正式承认为有互联网的国家。之后,Chinanet、CERnet、CSnet、ChinaGBnet 等多个互联网络项目在全国范围相继启动,互联网开始进入公众生活,并在中国得到了迅速的发展。1996 年年底,中国互联网用户数已达20 万,利用互联网开展的业务与应用逐步增多。

第三阶段从 1997 年至今,是快速增长阶段。

国内互联网的用户数自 1997 年以后,基本保持每半年翻一番的增长速度。增长到今天,上网用户数已超过一亿。据中国互联网络信息中心(CNNIC)公布的统计报告显示,截至 2005 年7 月的第 18 次中国互联网络发展状况统计报告,我国共有上网计算机约 4560 万台,其中专线上网的用户人数为 2970 万人,拨号上网的用户人数为 4590 万人。

互联网给全世界带来了非同寻常的机遇。人类经历了农业社会、工业社会,当前正在迈进信息社会。信息作为继材料、能源之后的又一重要战略资源,它的有效开发和充分利用已经成为社会和经济发展的重要推动力与取得经济发展的重要生产要素,它正在改变着人们的生产方式、工作方式、生活方式和学习方式。

首先,网络缩短了时空的距离,大大加快了信息的传递速度,使得社会的各种资源得以共享。

其次,网络创造出了更多的机会,可以有效地提高传统产业的生产效率,有力地拉动了消费需求,从而促进了经济增长,推动了生产力进步。

最后,网络也为各个层次的文化交流提供了良好的平台。互联网的确创造了一个奇迹,但在奇迹背后,存在着日益突出的问题,给人们提出了极大的挑战。比如,信息贫富差距开始扩大,财富分配出现不平等;网络的开放型和全球化,促进了人类知识的共享和经济的全球化。

7.1.4 互联网的工作原理与组成

Internet 采用了一种标准的计算机网络语言(即协议),以保证数据安全、可靠地到达指定的目的地。Internet 协议分为两个部分:TCP(传输控制协议)和 IP(网络层协议),用 TCP/IP表示。它是一种对计算机数据(电信号)打包寻址的标准方法,几乎可以没有任何损失而迅速地将计算机数据经路由器传输到全世界的任何地方。当一个 Internet 用户通过网络向其他机器发送数据时,TCP 把数据分成若干个小数据包,并给每个数据包加上特定的标志,当数据包到达目的地后,计算机去掉其中的 IP 地址信息,并利用 TCP 的装箱单检验数据是否有损失,然后将各数据包重新组合还原成原始的数据文件。由于传输路径的不同,接收端的计算机得到的可能是损坏的数据包,这时 TCP 将负责检查和处理错误,必要时要求重新发送。

各种不同类型的计算机网络之所以可以使用 TCP/IP 同 Internet 打交道,是由于采用了一种被称为网关(Gateway)的专用机器来负责计算机网的本地语言与 TCP/IP 语言相互转换。

计算机网络一般由网络硬件和网络软件组成。

1. 网络硬件

网络硬件包括以下设备。

(1) 服务器

服务器(Server)是在网络中提供资源和特定服务的计算机。服务器主要是运行网络操作系统,为网络提供通信控制,管理和共享资源。

（2）工作站

工作站（Workstation）也称客户机（Client），在网络中享受服务的计算机。一般服务器和客户机的角色会相互转变。

（3）外围设备

主要由通信介质和连接设备组成。

通信介质：分为有形介质和无形介质。有形介质有双绞线、同轴电缆、光纤等；无形介质有无线电、微波、卫星等。

连接设备：网卡、集线器、交换机、路由器等。

2. 网络软件

网络软件系统主要包括以下几种。

（1）网络协议

要想在同一个计算机网络中、不同计算机网络中共享网络资源,就需要在不同的系统设备中实现通信。要想成功地通信,它们之间必须具有同样的语言。交流什么、何时交流、怎样交流,即计算机网络中通信各方事先约定的通信规则,就称为网络协议。最出名、应用最广的协议是 TCP/IP 协议,也是 Internet 采用的协议,它是一个协议簇。

（2）网络操作系统

常用的有 Windows 2000 Server、Windows 2003 Server、Linux、UNIX 等。

（3）网络应用软件

如 IE、Outlook、FTP 软件等。

7.1.5　IP 地址与域名

为了在网络环境下实现计算机之间的通信,网络中任何一台计算机必须有一个地址,而且该地址在网络上是唯一的。在进行数据传输时,通信协议必须在所传输的数据中发送信息的计算机地址（源地址）和接收信息的计算机地址（目标地址）。

1. IP 地址

Internet 网络中所有的计算机均称为主机。每台主机都分配了一个唯一的地址,通常称为 IP 地址。IP 地址是 32 位的二进制数,是将计算机连接到 Internet 的网际协议地址,它是 Internet 主机的一种数字型标识,一般用小数点隔开的十进制数表示。

例如,32 位的地址 11000000 10101000 00101001 01000000 可写为 192.168.41.64。

IP 地址由网络号和主机号两部分组成。网络号用来区分 Internet 上互联的各个网络,网络号个数决定了每类 IP 地址的个数;主机号用来区分同一网络上的不同计算机（主机）,主机号个数决定了每个 IP 地址的主机个数。

IP 地址分为 A、B、C 三类。

A 类,IP 地址的前 8 位表示网络号,后 24 位表示主机号。

其有效范围为 1.0.0.1～126.255.255.254,主机可达到 16777214 台。

B 类,IP 地址的前 16 位表示网络号,后 16 位表示主机号。

其有效范围为 128.0.0.1～191.255.255.254,主机可达到 65534 台。

C 类,IP 地址的前 24 位表示网络号,后 8 位表示主机号。

其有效范围为 192.0.0.1～222.255.255.254,主机可达到 254 台。

网络 ID 必须向 Internet NIC（Internet Network Information Center,互联网络信息中心）

申请,在我国是向当地的电信部门申请。

全球 IP 地址的分配情况如下:

194.0.0.0~195.255.255.255 分配给欧洲;

198.0.0.0~199.255.255.255 分配给北美;

200.0.0.0~201.255.255.255 分配给中美和南美;

202.0.0.0~203.255.255.255 分配给亚洲和太平洋地区。

选择 IP 地址的原则是,网络中每台设备的 IP 地址必须唯一,在不同的设备上不允许出现相同的 IP 地址。

2. 域名

十进制形式的 IP 地址尽管比二进制形式的 IP 地址具有书写简洁的优势,但毕竟不便记忆,也不能直观地反映计算机的属性。为了克服十进制形式 IP 地址的缺陷,人们普遍使用域名来表示 Internet 中的主机。域名指的是用字母、数字形式来表示的 IP 地址,即域名是 IP 地址的字母符号化表示。适当地选择域名中的字符串,可以使得域名有一定的可读性。这样,域名就比 IP 地址容易记忆,也就更容易使用。

域名的一般构造形式如下:

主机名.机构名.网络名.最高层域名(顶级域名)

例如,西安石油学院的 IP 地址是 202.200.80.13,这样的标识很难记忆,而西安石油学院的域名是 www.xapi.edu.cn,记住这个域名显然比记住它对应的 IP 地址要容易多了。

3. IP 地址与域名的关系

计算机识别的是 IP 地址,为了方便人们记忆,才将 IP 地址用域名代替,犹如电话号码与用户姓名一样,打电话时电信公司交换机使用的是电话号码,而不是用户姓名。IP 地址与域名的关系是一一对应的,这种对应是整体对应,不是逐层对应,即不能将 IP 地址或者域名分开去对应。域名是通过一种称为域名服务器 DNS(Domain Name Server)的系统进行解释的。

7.1.6　连接到互联网的方式

对于普通用户,最简便的方式是通过电话线,使用调制解调器,采用拨号方式登录到 ISP(Internet Service Provider)的主机,再通过 ISP 的主机入网。

目前常用的 Internet 接入方式还有:ISDN(Integrated Service Digital Network),中文名称是综合业务数字网;DDN(Digital Data Network),数字数据网的简称,即专线入网;宽带网(Bride Band Net,BBN)是相对于拨号上网等窄带接入方式而言的一种高速网络接入方式。宽带网的接入方式主要有下面几种:基于有线电视系统的 HFC(Hybrid Fiber Coax,光纤同轴电缆混合体)方式;基于光纤到楼的局域网 LAN 接入方式;在传统电话系统基础上进行改造的 ADSL(Asymetric Digital Subscriber Loop,非对称数字用户环路技术)接入方式。

1. 拨号方式入网

拨号入网费用较低,比较适于个人和业务量小的单位使用。用户所需设备简单,只需在计算机前增加一台调制解调器和一根电话线,再到 ISP 申请一个上网账户即可使用。拨号上网的连接速率一般为 14.4~56Kb/s。

2. ISDN 方式入网

ISDN 入网方式又称"一线通",顾名思义,就是能在一根普通电话线上提供语音、数据、图像等综合性业务,从而将电话、传真、数据、图像等多种业务综合在一个统一的数字网络中进行传输和处理,ISDN 提供以 64Kb/s 速率为基础、可达到 128Kb/s 上网速度的数字连接,而且费用相对低廉。

3. DDN 专线入网

DDN 专线是利用光纤、数字微波或卫星等数字传输通道和数字交叉复用设备组成的,为用户提供高质量的数据传输通道,传送各种数据业务,以满足用户多媒体通信和组建中、高速计算机通信网的需要。DDN 区别于传统的模拟电话专线,其显著特点是质量高、延时小、通信速率可根据需要选择、可靠性高,目前可提供的传输速率为 64Kb/s～2Mb/s。

4. ADSL 方式入网

ADSL 利用现有的电话线,为用户提供上、下行非对称的传输速率(带宽),上行(从用户到网络)为低速的传输,可达 640Kb/s;下行(从网络到用户)为高速传输,可达 7Mb/s。它最初主要是针对视频点播业务开发的,随着技术的发展,逐步成为一种较方便的宽带接入技术。

5. LAN 方式入网

LAN 主要采用以太网技术,以信息化小区的形式为用户服务。在中心节点使用高速交换机,为用户提供光纤到小区及 LAN 双绞线到户的宽带接入,基本能做到千兆到小区、百兆到大楼、十兆到用户。用户只需一台电脑和一块网卡,就可享受网上冲浪、VOD(视频点播)、远程教育、远程医疗和虚拟社区等宽带网络服务。其特点是:接入设备成本低、可靠性好,用户只需一块 10Mb/s 的网卡即可轻松上网;解决了传统拨号上网方式的瓶颈问题,拨号 Modem 的最高速率是 56Kb/s,宽带接入用户上网的速率最高可达 10Mb/s;操作简单,无须拨号,用户开机即可联入互联网。

6. HFC 方式入网

HFC 是采用光纤和有线电视网络传输数据的宽带接入技术。有线电视 HFC 网络是一个城市非常宝贵的资源,通过双向化和数字化的发展,有线电视系统除了能够提供更多、更丰富、质量更好的电视节目外,还有着足够的频带资源来提供其他各种非广播业务、数字通信业务。在现有的 HFC 网络中,经调制后,可以在 6MHz 模拟带宽上传输 30Mb/s 的数据流,以现有 HFC 网络可以传输 860MHz 模拟信号计算,其数据传输能力为 4Gb/s。

7.2 网络应用

Internet 上主要的应用有电子邮件(E-mail)、文件传送(FTP)、万维网(WWW)、远程登录(Telnet)、新闻组、电子商务等。

7.2.1 万维网

万维网的英文全称是 World Wide Web,缩写为 WWW,所以也称作 WWW 网。

万维网起源于 1989 年的欧洲离子物理研究室 CERN,是由该研究室的物理学家 Tim Berners-lee 于 1989 年 3 月提出的。研制万维网的最初目的,是收集欧洲离子物理研究室物理学家们时刻变化的报告、蓝图、绘制图、照片和其他文献。而原来 Internet 上的一些应用都是简单的菜单系统,多以命令方式进行查询。

万维网是一种特殊的框架结构,它的目的是为了访问当时遍布 Internet 上数以千计的主机上的链接文档。

7.2.2　电子邮件

电子邮件是 Internet 中最常使用的一种应用。电子邮件的速度快,可以在 5~10 分钟内将发送的内容传送到世界上的任何位置。电子邮件除了可以传送文字外,还可以传送图形、图像、声音、视频和计算机程序文件等内容。

7.2.3　FTP

Internet 资源浩如烟海,有各个学科的各种专业资料、流行音乐、娱乐影片、游戏软件、计算机工具、各种书籍、画报图片、天气预报、航班车次、企业广告,等等,无所不包。

下载文件时,就需要使用文件传输协议 FTP。

文件传输是 Internet 上服务器和客户机之间进行的文件形式的数据传送。

7.2.4　即时通信

即时通信软件(Instant Messenger)在近年来应用面很广。即时通信软件采用对等连接(Peer-to-Peer,P2P)的方式,大大地提高了人们通信的效率,目前的即时通信已不仅仅是文字消息的传递了,音频、视频通信也很常见了。

常用的即时通信软件有:国内腾讯公司的 QQ、网易公司的网易泡泡,国外 AOL 公司的ICQ(I Seek You 的简写)、微软公司的 MSN、YAHOO 公司的 YAHOO Messenger,等等。

思考题

一、选择题

1. WWW 是(　　)的缩写,它是近年来迅速崛起的一种服务方式。

　　A. World Wide Wait　　　　　　　　B. Website of World Wide

　　C. World Wide Web　　　　　　　　 D. World Wais Web

2. http 是一种(　　)。

　　A. 高级程序设计语言　　　　　　　 B. 域名

　　C. 超文本传输协议　　　　　　　　 D. 网址

3. 用户要想在网上查询 WWW 信息,必须安装并运行一个被称为(　　)的软件。

　　A. http　　　　　B. Yahoo　　　　　C. 浏览器　　　　　D. 万维网

4. 192.168.0.1 是(　　)IP 地址。

　　A. A 类　　　　　B. B 类　　　　　　C. C 类　　　　　　D. D 类

5. 进入 IE 浏览器需要双击(　　)图标。

　　A. 网上邻居　　　B. 网络　　　　　　C. Internet　　　　D. Internet Explorer

二、简答题

1. 什么是互联网络?

2. IP 地址与域名的主要区别有哪些?

3. 接入 Internet 的方式主要有哪些?

4. Internet 提供了哪几种常用的服务?

5. 网络硬件主要有哪些?

第8章　程序设计基础

8.1　程序设计概述

　　程序设计,俗称编程,是一个比较专业的概念。初学者,甚至一部分开发人员,都不能很简单地解释这个概念,所以使初学者觉得程序设计是一门很有科技含量,或者是很高深的学科。其实,这些都是误解。那么,程序设计到底是什么呢?

　　程序,其实就是把需要做的事情用程序语言描述出来。类似作家,就是把自己头脑中的创意用文字描述出来。所以,学习程序主要就是3个问题:做什么、怎么做和如何描述,具体如下。

　　(1) 做什么:就是程序需要实现的功能。

　　(2) 怎么做:就是如何实现程序的功能,在编程中,称为逻辑,其实就是实现的步骤。

　　(3) 如何描述:就是把怎么做用程序语言的格式描述出来。

　　所以,对于有经验的程序设计人员来说,学习新的程序设计语言的速度会比较快,就是因为第1和第2个问题基本解决了,只须学习第3个问题即可了。

　　对于"做什么"的问题,可能初学者觉得会比较简单。其实,在大型项目开发中,例如ERP,企业都不能很详细地说明需要实现的具体功能。这就需要有专门的人员去发掘具体的功能,这个用程序的术语叫做需求分析。举个例子吧,例如某个人要找个女朋友,如果你大概去问他,他会说,找个中等的就可以了,但是这个还不是具体的需求,你可能需要问一下,要求女朋友的年龄是多少、身高是多少等具体的问题。所以说,搞清楚"做什么"也不是简单的事情,需要专门的人员从事该工作。

　　对于"怎么做"的问题,是初学者甚至很有经验的开发人员都头疼的事情。这个称作程序逻辑。因为实际的功能描述和程序设计语言之间不能直接转换,就像作家需要组织自己的思路和语言一样,程序设计人员也需要进行转换,而且现实世界和程序世界之间存在一定的差异。所以对于初学者来说,这是一个非常痛苦的过程,也是开始学习时最大的障碍。由于计算机自身的特点,"怎么做"的问题其实就是数据和操作的问题:"程序=数据结构+算法",把这个问题描述得简单准确。那么,"怎么做"的问题,就变成了持有哪些数据,以及如何操作这些数据的问题。先简单介绍这么多,大家仔细体会吧。

　　对于"如何描述"的问题,是学习程序最容易、也是最枯燥的问题。其实,就是学"透"一套格式,并且深刻理解语言的特点。学程序语言,就像学汉语差不多,需要学习字怎么写、学习语法结构等,只是不需要像汉语这样学那么多年,但是学好一门语言还是要耐得住寂寞。语法的学习需要细致,只有深刻领悟了语法的格式才能够熟练使用该语言。

　　前面介绍的是程序的概念。那么,为什么叫程序设计? 其实这个设计和现实中的设计一样。例如:你自己盖个小棚子,只需简单的规划即可,也就是编程中的小程序;而如果需要建造一栋大楼,肯定需要进行设计吧,程序也是这样。所以,把编程叫做程序设计。

人们在相互交谈时使用的是相互理解的语言,如汉语、英语、俄语等,这些语言统称为自然语言。人们用以同计算机"交谈"的语言,称为计算机语言。计算机每做的一次动作、一个步骤,都是按照已经用计算机语言编好的程序来执行的。程序是计算机要执行的有序指令的集合,而程序全部都是我们用所掌握的语言来编写的。所以人们要控制计算机,一定要通过计算机语言向计算机发出命令。

8.2　算法

8.2.1　算法定义

算法(Algorithm)是一系列解决问题的清晰指令。通俗地讲,一个算法就是完成一项任务的步骤。算法代表着用系统的方法描述解决问题的策略机制。也就是说,能够对一定规范的输入,在有限的时间内获得所要求的输出。如果一个算法有缺陷,或不适合于某个问题,执行这个算法将不会解决这个问题。不同的算法可能用不同的时间、空间或效率来完成同样的任务。一个算法的优劣,可以用空间复杂度与时间复杂度来衡量。

算法可以理解为由基本运算及规定的运算顺序所构成的完整的解题步骤,或者看成按照要求设计好的、有限的、确切的计算序列,并且这样的步骤和序列可以解决一类问题。

下面举例说明。

任务:将 3、74、23、89、22、99、65、109、55、45 十个数,按从小到大的顺序排列。

算法:每次找出未排序的 n 个数中的最小的数,并将其排列在这些数的最前面,接着再同样排列其余 $n-1$ 个数。

结果:3、22、23、45、55、65、74、89、99、109。

所谓算法,是指精确定义的一系列规则,这些规则指定了一系列操作顺序,以便在有限的步骤内产生出所求问题的解答。算法可以使用自然语言、伪代码、流程图等多种不同的方法来描述,一个算法应该具有以下五个重要的特征。

(1) 有穷性:算法中每条指令的执行次数有限,执行每条指令的时间有限;一个算法必须保证执行有限步之后结束。

(2) 确切性:算法的每一步骤必须有确切的定义。

(3) 输入:一个算法有 0 个或多个输入,以刻画运算对象的初始情况,所谓 0 个输入是指算法本身定义了初始条件。

(4) 输出:一个算法有一个或多个输出,以反映对输入数据加工后的结果。没有输出的算法是毫无意义的。

(5) 可行性:算法中执行的任何计算步骤都可以被分解为基本的可执行的操作步骤,即每个计算步骤都可以在有限时间内完成。

8.2.2　算法的复杂度

同一问题可用不同算法解决,而一个算法的质量优劣将影响到算法乃至程序的效率。算法分析的目的在于选择合适算法和改进算法。对一个算法的评价,主要从时间复杂度和空间复杂度来考虑。

1. 时间复杂度

算法的时间复杂度是指算法需要消耗的时间资源。一般来说,计算机算法是问题规模 n

的函数 $f(n)$，算法的时间复杂度也因此记作：$T(n)=O(f(n))$。

因此，问题的规模 n 越大，算法执行时间的增长率与 $f(n)$ 的增长率正相关，称作渐进时间复杂度（Asymptotic Time Complexity）。

2. 空间复杂度

算法的空间复杂度是指算法需要消耗的空间资源。其计算和表示方法与时间复杂度类似，一般都用复杂度的渐近性来表示。同时间复杂度相比，空间复杂度的分析要简单得多。

8.2.3　算法描述方法

1. 用自然语言描述算法

自然语言：人们日常生活中使用的语言。

自然语言的特点：通俗、易懂，缺乏直观性和简洁，且易产生歧义。

使用此种语言的注意事项：描述要求尽可能精确、详尽。

例如，求和问题 sum＝1＋2＋3＋4＋…＋n，用自然语言描述如下。

（1）输入 n 的值。

（2）设 i 的值为 1；sum 的值为 0。

（3）如果 $i \leqslant n$，则执行第（4）步，否则转到第（7）步执行。

（4）计算 sum＋i，并将结果赋给 sum。

（5）计算 i＋1，并将结果赋给 i。

（6）重新返回到第（3）步开始执行。

（7）输出 sum 的结果。

2. 用流程图描述算法

特点：描述算法形象、直观，容易理解。

流程图符号见图 8-1 所示。

(a) 端点符　　(b) 处理　　(c) 判断　　(d) 预定义处理　　(e) 连接符

图 8-1　程序流程图的常用图形符号

端点符：表示算法由此开始或结束。

处理：表示一些操作，应在方框中对该操作做简要的标记和说明。

判断：表示判断操作，应该在框中表明判断条件。此框具有两个或两个以上出口，在每个出口处应标明条件的真值（真或假）。

预定义处理：代表未详细说明的一个或一组操作，通常用来表示调用一个已知的算法或函数，框中标明这个算法或函数的名字或入口地址。

连接符：框中标有数字或字母。当程序流程图较复杂或分布在多个页面时，用连接符表示各图之间的联系，相同符号的连接符表示相互连接。

使用流程图描述算法，具有简捷、直观和清晰的特点。

例如，求和问题 sum＝1＋2＋3＋4＋…＋n 的程序流程图，如图 8-2 所示。

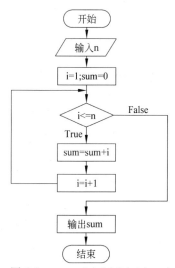

图 8-2　sum＝1＋2＋3＋4＋…＋n 的程序流程图

8.3　结构化程序设计

在程序设计过程中,选择一种良好的程序设计方法,有助于提高程序设计的效率,并可保证程序的可靠性,增强程序的可扩充性,改进程序的可维护性。

结构化程序设计方法是 20 世纪 70 年代开始广泛应用的一种指导程序设计的方法,它的很多思想如模块化、结构化,至今对程序设计还有着重要的意义。

8.3.1　程序设计思想与计算机语言的发展

一般的程序都是由两个主要方面构成。

(1) 算法的集合(指解决某个特定问题的一系列方法和步骤)。

(2) 数据的集合(算法在这些数据上进行操作,以提供问题的解决方案)。

纵观计算机语言的发展史,这两个主要方面(算法和数据)一直保持不变,发展变化的是它们之间的关系,也就是所谓的程序设计方法(Programming Paradigm)。

在 20 世纪 60 年代,软件曾出现过严重危机,由软件错误而引起的信息丢失、系统报废等事件屡有发生。为此,荷兰学者 E. W. Dijkstra 提出了程序设计中常用的 GOTO 语句的三大危害:破坏了程序的“静动”一致性;程序不易测试;限制了代码优化。此举引起了软件界持续多年的论战,并由此产生了结构化程序设计方法。结构化程序设计思想采用了模块分解与功能抽象和自顶向下、分而治之的方法,从而有效地将一个较复杂的程序系统设计任务分解成许多易于控制和处理的子程序,便于软件的开发和维护。

到了 20 世纪 70 年代末期,随着计算机科学的发展和应用领域的不断扩大,对计算机软件技术的要求越来越高。结构化程序设计语言和结构化分析与设计已无法满足用户需求的变化,于是有人提出了面向对象(Object Orient,OO)的思想。面向对象程序设计在软件开发领域引起了巨大的变革,极大地提高了软件开发的效率,为解决软件危机带来了新的途径。

随着程序设计思想的不断发展,程序设计语言也经历了一个从低级到高级的发展过程;从最初的机器语言,发展到今天流行的面向对象语言,语言的抽象程度越来越高,程序设计语言的风格越来越接近人类自然语言的风格,因此程序设计过程也越来越接近人类的思维过程,但计算机所能识别的语言只有机器语言。

1. 机器语言

计算机能直接识别并运行的指令称为机器指令,机器指令也称为机器语言,它是特定计算机的“自然语言”,它由计算机的硬件设计所确定。对于人而言,机器语言是非常难懂的,如下面是一段将加班工资和基本工资相加,然后把结果存储到总工资中的机器语言程序。

```
0101110000101110
0101000000110011
0100110000111100
```

机器语言的程序设计要求设计者具备深厚的专业知识,同时须对机器硬件有充分的了解,并且其程序的可维护性、可移植性差,因而大大地限制了其在计算机中的应用。

2. 汇编语言

机器指令一般分为操作码和操作数两部分,操作码代表机器的操作类型。如果用有代表意义的符号来代替相应的操作码,而用普通易读的十进制数或十六进制数来代替相应的操作数,则程序的可读性会大大加强。代替操作码的符号称作助记符,人们将这种助记符语言称作汇编语言。汇编语言编写出来的程序还不能直接运行,需要通过一种叫汇编程序的软件将它翻译成机器语言程序。下面这段程序可实现加班工资和基本工资相加,然后把结果存储到总工资中,与机器语言程序相比,它更清楚、明白一些。

```
Load   BasePay
Add    OverPay
Store  GrossPay
```

汇编语言虽然可读性比机器语言要好,但同样也存在可维护性差、可移植性差等缺点。

3. 高级语言

高级语言也称为通用程序设计语言。与汇编语言相比,高级语言的表达方式更接近人类自然语言的表达习惯,可读性大大提高,而且高级语言不依赖于计算机的具体型号(硬件特性),具有良好的可移植性。比如,用高级语言来实现上面的一段程序可能会是如下一条语句:

```
GrossPay = BasePay + OverPay
```

显然,从程序员的角度来看,高级语言比机器语言或汇编语言会更受欢迎。

目前的高级语言有许多,从程序设计类型的角度,可分为结构化程序设计语言(又叫过程式程序设计语言)、函数式程序设计语言、逻辑式程序设计语言和面向对象程序设计语言等。

(1) 结构化程序设计语言

在结构化程序设计中,程序段的编写都基于三种基本结构:分支结构、循环结构和顺序结构。程序具有明显的模块化特征,每个模块具有唯一的入口和出口,程序中尽量不使用GOTO 之类的转移语句。这类语言的典型代表有 C、PASCAL 等。

(2) 函数式程序设计语言

最早的函数式程序设计语言是 LISP 语言,这是一种为了人工智能应用而设计的语言。LISP 语言的发展过程一直因其率先引入程序设计语言中的新概念和新技术而著称,比如率先在高级语言中引入了递归、语言形式化定义、无用内存自动释放等概念。LISP 语言已经被很多高校作为学习程序设计概念和程序设计语言的基础语言。目前,LISP 实际上成为一个语言族,该语言族里包含了相似风格的各种函数式程序设计语言,如 LISP、ML、Standard ML 和Scheme 等。

(3) 逻辑式程序设计语言

逻辑式程序设计的概念来自日本的"第五代"计算机的系统语言 PROLOG。PROLOG 主要应用在人工智能领域,在自然语言处理、数据库查询、算法描述等方面都有应用,尤其适于作为专家系统的开发工具。PROLOG 是一种陈述式语言,使用 PROLOG 编写程序不需要描述具体的解题过程,只需要给出一些必要的事实和规则。这些规则是解决问题方法的规范说明。根据这些规则和事实,计算机利用谓词逻辑,通过演绎推理得到求解问题的执行序列。

(4) 面向对象程序设计语言

面向对象程序设计技术将对象作为程序的基本结构单元,对象将数据及对该数据的操作封装在一起成为一个相对独立的实体,以简单的接口对外提供服务。面向对象程序设计语言通过提供继承与派生、多态性、模板等概念和语法,使开发者能最大限度地重用已有的程序代码,大大提高了程序开发效率。目前常见的面向对象程序设计语言有 C++、Java 等。

8.3.2 结构化程序设计方法

结构化方法 Structured Methodology 是计算学科的一种典型的系统开发方法,它采用了系统科学的思想方法,从层次的角度自顶向下地分析和设计系统。结构化方法包括结构化分析 Structured Analysis(SA)、结构化设计 Structured Design(SD)和结构化程序设计 Structured Program Design(SP)三部分内容。其中,SA 和 SD 主要属于学科抽象形态的内容,SP 则主要属于学科设计形态方面的内容。

8.3.3 结构化方法的核心问题

模型问题是结构化方法的核心问题,建立模型(简称建模)是为了更好地理解我们要模拟的现实世界。建模通常是从系统的需求分析开始,在结构化方法中就是使用 SA 方法构建系统的环境模型,然后使用 SD 方法确定系统的行为和功能模型,最后使用 SP 方法进行系统的设计并确定用户的现实模型。

1. 结构化程序设计的基本概念

随着程序规模的扩大和复杂性的提高,程序的可读性、可维护性变得越来越重要。提高程序可读性、易维护性的途径之一,是按照模块化、层次化方法来设计程序,即结构化程序设计方法。这里的结构化主要体现在以下三个方面。

(1) 自顶向下、逐步求精

自顶向下、逐步求精即从需要解决的问题出发,将复杂问题逐步分解成一个个相对简单的子问题,每个子问题可以再进一步分解,步步深入,逐层细分,直到问题简单到可以很容易地解决。例如,开发一个字处理软件,可以将它首先分为文件处理、编辑、视图、格式处理等几个子问题。对于文件处理这部分,又可以进一步分解为新建文件、打开文件等几个子问题,这样,一个大程序就可以分解为若干个小程序,从而减小了程序的复杂度,使得程序更容易实现。

(2) 模块化

模块化即将整个程序分解成若干个模块,每个模块实现特定的功能,最终的程序由这些模块组成。模块之间通过接口传递信息,使得模块之间具有良好的独立性。事实上,可以将模块看做对要开发的软件系统实施的自顶向下、逐步求精形成的各子问题的具体实现。即每个模块实现一个子问题,如果一个子问题被进一步地划分为更加具体的子问题,它们之间将形成上下层的关系,上层模块的功能需要调用下层模块实现。

(3) 语句结构化

支持结构化程序设计方法的语言,都应该提供过程(函数是过程的一种表现形式)来实现模块化功能。结构化程序设计要求,每一个模块应该由顺序、分支和循环三种流程结构的语句组成,如图 8-3 所示,而不允许有 GOTO 之类的转移语句。这三种流程结构的共同特点是:每种结构只有一个入口和一个出口。这对于保证程序的良好结构、检验程序正确性是十分重要的。

PASCAL 和 C 是支持结构化程序设计的典范。它们以过程或函数作为程序的基本单元,在每个过程中仅使用顺序、分支和循环这三种流程结构的语句,因此,又将这类程序设计语言称为过程式语言。用过程式语言编写的程序的主要特征,可以用下面的公式形象地表达出来:

$$程序=过程+过程调用$$

其中,过程是结构化程序设计方法中模块的具体体现,过程调用需要遵循模块之间的接口定义,通过过程调用将各个过程(模块)组装起来形成一个完整的程序。程序的执行就是一个过程调用另一过程。

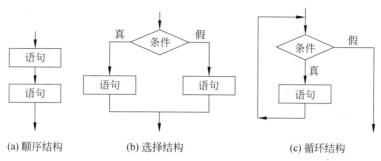

图 8-3　用程序流程图表示的三种程序结构

结构化程序设计方法可以提高程序编写的效率和质量。因为自顶向下、逐步求精可以尽可能地在每一个抽象级别上保证设计过程的正确性及最终程序的正确性,而模块化的结构可以使得程序具有良好的可读性,从而提高程序的可维护性。

2. 三种结构程序的设计特点

（1）顺序结构

顺序结构是程序设计中最基本的结构。在该结构中,程序的执行是按命令出现的先后顺序依次执行的,其流程如图 8-4 所示。图中的 S_1 和 S_2 表示两个处理步骤,这些处理步骤可以是一个非转移操作或多个非转移操作序列,甚至可以是空操作,也可以是三种基本结构中的任一结构。整个顺序结构只有一个入口点 a 和一个出口点 b。这种结构的特点是:程序从入口点 a 开始,按顺序执行所有操作,直到出口点 b 处,所以称为顺序结构。其总体结构流程都是自上而下执行的。

（2）选择结构

选择结构（分支结构）表示程序的处理步骤出现了分支,它需要根据某一特定的条件选择其中的一个分支执行。选择结构有单选择、双选择和多选择三种形式。在任何条件下,无论分支多少,只能选择其一。

双选择是典型的选择结构形式,其流程如图 8-5 所示,图中的 S_1 和 S_2 与顺序结构中的说明相同。由图中可见,在结构的入口点 a 处是一个判断框,表示程序流程出现了两个可供选择的分支,如果条件满足执行 S_1 处理,否则执行 S_2 处理。值得注意的是,在这两个分支中,只能选择一条且必须选择一条执行,但不论选择了哪一条分支执行,最后流程都一定到达结构的出口点 b 处。

当 S_1 和 S_2 中的任意一个处理为空时,说明结构中只有一个可供选择的分支,如果条件满足执行 S_1 处理,否则顺序向下到流程出口 b 处。也就是说,当条件不满足时,什么也没执行,所以称为单选择结构,如图 8-6 所示。

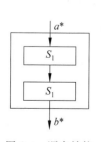

图 8-4　顺序结构

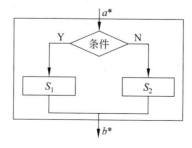

图 8-5　双分支选择结构

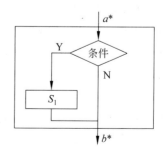

图 8-6　单分支选择结构

多选择结构是指程序流程中遇到如图 8-7 所示的 S_1、S_2、$\cdots$、S_n 多个分支,程序执行方向将根据条件确定。如果满足条件 1 则执行 S_1 处理,如果满足条件 n 则执行 S_n 处理。总之,要根据判断条件选择多个分支的其中之一执行。不论选择了哪一条分支,最后流程要到达同一个出口处。如果所有分支的条件都不满足,则直接到达出口。有些程序语言不支持多选择结构,但所有的结构化程序设计语言都是支持的,C 语言是面向过程的结构化程序设计语言,它可以非常简便地实现这一功能。

（3）循环结构

循环结构是一种重复结构,程序的执行发生了自下而上的往复,某一程序段将重复执行。按循环的嵌套层次,循环可分为单循环结构和多循环结构。按循环体执行的条件性质,循环又可分为记数循环和条件循环。无论何种类型的循环结构,都要确保循环的重复执行能得到终止。在循环结构中最主要的是:什么情况下执行循环? 哪些操作需要循环执行?

循环结构的基本形式有两种:当型循环和直到型循环,其流程如图 8-8 所示。图中虚线框内的操作称为循环体,是指从循环入口点 a 到循环出口点 b 之间的处理步骤,这就是需要循环执行的部分。而什么情况下执行循环,则要根据条件判断。

当型结构:表示先判断条件,当满足给定的条件时执行循环体,并且在循环终端处流程自动返回到循环入口;如果条件不满足,则退出循环体,直接到达流程出口处。因为是"当条件满足时执行循环",即先判断后执行,所以称为当型循环。其流程如图 8-8(a)所示。

直到型循环:表示从结构入口处直接执行循环体,在循环终端处判断条件,如果条件不满足,返回入口处继续执行循环体,直到条件为真时再退出循环,到达流程出口处,是先执行后判断。因为是"直到条件为真时为止",所以称为直到型循环。其流程如图 8-8(b)所示。

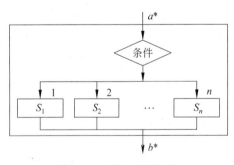

图 8-7　多分支选择结构

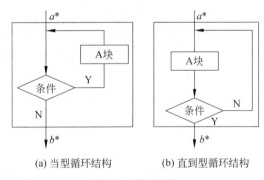

(a) 当型循环结构　　(b) 直到型循环结构

图 8-8　循环结构

同样,循环型结构也只有一个入口点 a 和一个出口点 b,循环终止是指流程执行到了循环的出口点。图中所表示的 S 处理可以是一个或多个操作,也可以是一个完整的结构或一个过程。

整个虚线框中是一个循环结构。

通过三种基本控制结构可以看到,结构化程序中的任意基本结构都具有唯一入口和唯一出口,并且程序不会出现死循环,在程序的静态形式与动态执行流程之间具有良好的对应关系。

（4）N-S 流程图

N-S 流程图是结构化程序设计方法中用于表示算法的图形工具之一。对于结构化程序设计来说,传统流程图已很难完全适应了。因为传统流程图出现得较早,它更多地反映了机器指令系统设计和传统程序设计方法的需要,难以保证程序的结构良好。另外,结构化程序设计的一些基本结构在传统流程图中没有相应的表达符号。例如,在传统流程图中,循环结构仍采用判断结构符号来表示,这样不易区分到底是哪种结构。特别是传统流程图由于转向的问题而无法保证自顶而下的程序设计方法,使模块之间的调用关系难以表达。为此,两位美国学者Nassi 和 Shneiderman 于 1973 年就提出了一种新的流程图形式,这就是 N-S 流程图,它是以两位创作者姓名的首字母取名的,也称为 Nassi Shneiderman 图,如图 8-9 所示。

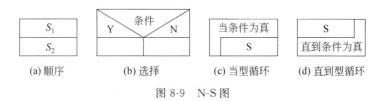

图 8-9　N-S 图

N-S 图的基本单元是矩形框,它只有一个入口和一个出口。长方形框内用不同形状的线来分割,可表示顺序结构、选择结构和循环结构。在 N-S 流程图中,完全去掉了带有方向的流程线,程序的三种基本结构分别用三种矩形框表示,将这种矩形框进行组装就可表示全部算法。这种流程图从表达形式上就排除了随意使用控制转移对程序流程的影响,限制了不良程序结构的产生。

与顺序、选择和循环这三种基本结构相对应的 N-S 流程图的基本符号如图 8-9 所示。图 8-9(a)和图 8-9(b)分别是顺序结构和选择结构的 N-S 图表示,图 8-9(c)和图 8-9(d)是循环结构的 N-S 图表示。由图可见,在 N-S 图中,流程总是从矩形框的上面开始,一直执行到矩形框的下面,这就是流程的入口和出口,这样的形式是不可能出现无条件的转移情况的。

值得注意的是,N-S 流程图是适合结构化程序设计方法的图形工具,对于非结构化的程序,用 N-S 流程图是无法表示的。

3. 结构化程序设计的基本过程

结构化程序设计主要是面向过程的,它从接受任务、分析问题开始,到最后通过计算机运行得到正确的结果。程序设计的一般过程可以分为以下 4 个步骤。

(1)针对具体问题建立相应的数学模型。

(2)设计相应的算法。

(3)编程实现算法。

(4)测试与调试。

(5)整理资料,编写文档。

下面通过一个例子说明结构化程序设计的过程。

【例 8-1】　编程实现求解一元二次方程 $ax^2+bx+c=0$ 的根。

第一步,确定求解的数学模型,这个可以根据已有的数学知识或通过分析得到。一元二次方程的两个根可以用下面的公式得到:

$$x_{1,2}=\frac{-b\pm\sqrt{b^2-4ac}}{2a}$$

第二步,根据数学模型设计算法是关键的一步。算法描述了解决问题的具体步骤,是程序设计的基础和精髓。算法的描述通常有以下几种方式。

自然语言方式:以自然语言方式描述的算法风格不定,但符合人的自然习惯,每一步都很容易理解,但大型的程序不宜采用此方法,因为它描述的层次结构不清晰。

伪代码方式:指用接近某种高级计算机语言的方式来描述算法。它的优点是,贴近于自然语言描述,易于理解,表达方式简洁,而且由于接近于某种计算机语言,因此比较容易将算法直接转化为程序。

算法如下:

```
[begin]
    input number to a,b,c;
    s=b*b-4*a*c;
    if (s>=0)
        p=-b/(2*a);
        q=sqrt(s)/(2*a);
        x₁=p+q;x₂=p-q;
        print(x₁,x₂);
    else
        print("error");
    end if;
[end]
```

程序流程图方式:程序流程图由多个节点和有向边构成。程序流程图描述了算法中所进行的操作以及这些操作执行的逻辑顺序。程序流程图的详细内容见 8.2.3 小节。

使用流程图描述算法,具有简捷、直观和清晰的特点。图 8-10 是采用程序流程图方式描述例 8-1 中算法的示意图。

【例 8-2】 编程实现求函数值 m 的值,其中,$m=\begin{cases}a(c-x)+c^3 & x>a \\ bx+a^2 & x\leq a\end{cases}$。

第一步,确定求解的数学模型,这个可以根据已有的数学知识或通过分析得到。

第二步,用 N-S 流程图表示例 8-2 中求的算法,其流程如图 8-11 所示。

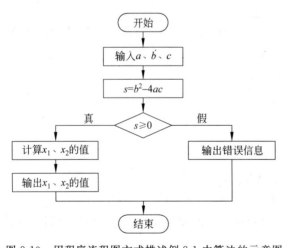

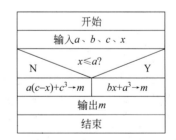

图 8-10　用程序流程图方式描述例 8-1 中算法的示意图　　图 8-11　计算函数值的 N-S 图

其他描述算法的方式还有 PAD 图方式等。

第三步,根据算法用某种计算机语言编写出相应的程序。使用计算机系统提供的某种程序设计语言,根据上述算法描述,将已设计好的算法表达出来,使得非形式化的算法转变为形式化的由程序设计语言表达的算法,这个过程称为编码。程序编写过程中需要经过反复调试,才能得到可以运行且结果正确的程序。

第四步,测试程序。程序编码经过调试认为正确后,还要经过测试。测试中发现问题可一步步回溯,看问题出在建模、算法设计、编码的哪一个环节,直到测试通过。测试一方面可以最大限度地保证程序的正确性;测试另一方面可以对程序的性能作出评估。

在上面的步骤中,算法是决定程序效率的关键因素。对于同一组待处理的数据,可以选择不同的数据结构来表示,这里的数据结构用来表示数据之间的逻辑关联(逻辑结构)及其组织形式,它在某种程度上制约着算法的选择范围。因此,有人用"程序＝数据结构＋算法"这个简单公式形象地描述结构化程序设计的主体内容,即结构化程序功能的实现依赖于算法,算法依赖于待处理数据的数据结构。因此,选择适当的数据结构来设计算法,是程序设计过程的核心任务。

对于结构化程序设计来说,和一般的程序设计过程主要的不同点在于,如何设计算法。结构化程序设计要求按照结构化的思想来设计、描述算法。结构化程序设计一般需要两个基本过程:自顶向下、逐步求精的分析过程和自底向上、逐步实现的综合过程。

分析过程是指通过对需要解决的问题的详细分析,不断地将其进行分解,每分解一次都是对问题的进一步细化。最后,将较复杂的问题分解为几个相对简单、相对独立的子问题,并用不同的模块分别描述它们的求解过程。而实现过程与之相反,它从底层模块开始,每个模块都由顺序、选择、循环三种结构实现,底层模块同时也成为实现上层模块的基础。

例如,设计一个程序,判断从键盘输入的任意一个数是否是素数。可以将这个问题分解成三个子模块:输入、判断素数、输出结果。图 8-12 是判断某数是否是素数的模块分解示意图。顶层模块通过调用输入、判断素数、输出结果子模块实现。

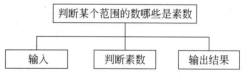

图 8-12　判断某数是否是素数的模块分解图

如果待解决的问题很复杂,模块分解可以继续下去,直到底层模块所对应的问题足够简单为止。因此,选择适当的数据结构来设计算法,对于结构化程序设计来说尤其重要。

8.4　面向对象程序设计

结构化程序设计方法促进了计算机软件业的发展,但是随着程序规模的不断扩大,它的弱点还是渐渐地暴露出来,迫使人们再次寻求更加科学、更加先进的程序设计方法,这样就产生了面向对象程序设计方法。用这种方法进行程序设计的过程,称为面向对象程序设计。

8.4.1　面向对象设计方法

面向对象方法英文为 Object-Oriented,简称 OO 方法,是以面向对象思想为指导进行系统开发的一类方法的总称。这类方法以对象为中心、以类和继承为构造机制来抽象现实世界,并构建相应的软件系统。

在 OO 方法中,对象和类是其最基本的概念。其中,对象是系统运行时的基本单位,是类的具体实例,是一个动态的概念;而类是对具有相同属性和操作或称方法服务的对象进行的抽象描述,是对象的生成模板,是一个静态的概念。

类可以形式化地定义为:

```
Class=<ID,INH, ATT, OPE, ITF>
```

其中：

ID——类名；

INH——类的继承性集；

ATT——属性集；

OPE——操作集；

ITF——接口消息集。

8.4.2　面向对象方法的核心问题

面向对象方法与结构化方法一样，其核心问题也是模型问题。面向对象模型主要由 OOA 模型、OOD 模型组成。其中，OOA 主要属于学科抽象形态方面的内容，OOD 主要属于学科设计形态方面的内容。

1. OOA 模型

OOA 模型是在一个系统的开发过程中进行了系统业务调查以后，按照面向对象的思想来分析问题。OOA 与结构化分析有较大的区别。OOA 所强调的是在系统调查资料的基础上，针对 OO 方法所需要的素材进行的归类分析和整理，而不是对管理业务现状和方法的分析。

OOA(面向对象的分析)模型由 5 个层次(主题层、对象类层、结构层、属性层和服务层)和 5 个活动(标识对象类、标识结构、定义主题、定义属性和定义服务)组成。在这种方法中定义了两种对象类之间的结构，一种称为分类结构，另一种称为组装结构。分类结构就是所谓的一般与特殊的关系。组装结构则反映了对象之间的整体与部分的关系。

(1) OOA 模型的层次

① 主题层

主题给出 OOA 模型中各图的概况，为分析员和用户提供了一个相互交流的机制，有助于人们理解复杂系统的模型构成。

② 对象层

对象是属性及其专用服务的一个封装体，是对问题域中的人、事和物等客观实体进行的抽象描述。对象由类创建，类是对一个或多个对象的一种描述。这些对象能用一组同样的属性和服务来刻画。

③ 结构层

在 OO 方法中，组装结构和分类结构是两种重要的结构类型，它们分别刻画整体与部分组织以及一般与特殊组织。组装结构的整体与部分遵循了人类思维普遍采用的第二个基本法则，即区分整体对象及其组成部分。

分类结构即一般与特殊遵循了人类思维普遍采用的第三个法则，在 OO 方法中就是类成员和它们之间的区别。

④ 属性层

属性是描述对象或分类结构实例的数据单元。类中的每个对象都具有它的属性值，属性值就是一些状态的信息数据。

⑤ 服务层

一个服务就是收到一条信息后所执行的处理操作。服务是对模型化的现实世界的进一步抽象。

(2) OOA 的主要原则

① 抽象：从许多事物中舍弃个别的、非本质的特征，抽取共同的、本质性的特征，就叫做

抽象。抽象是形成概念的必需手段。

② 封装：就是把对象的属性和服务结合为一个不可分的系统单位，并尽可能隐蔽对象的内部细节。

③ 继承：特殊类的对象拥有的其一般类的全部属性与服务，称作特殊类对一般类的继承。

④ 分类：就是把具有相同属性和服务的对象划分为一类，用类作为这些对象的抽象描述。分类原则实际上是抽象原则运用于对象描述时的一种表现形式。

⑤ 聚合：又称组装，其原则是，把一个复杂的事物看成若干比较简单的事物的组装体，从而简化对复杂事物的描述。

⑥ 关联：是人类思考问题时经常运用的思想方法，即通过一个事物联想到另外的事物。能使人发生联想的原因是事物之间确实存在着某些联系。

⑦ 消息通信：这一原则要求对象之间只能通过消息进行通信，而不允许在对象之外直接存取对象内部的属性。通过消息进行通信是由于封装原则而引起的。在 OOA 中，要求用消息连接表示出对象之间的动态联系。

⑧ 粒度控制：一般来讲，人在面对一个复杂的问题域时，不可能在同一时刻既能纵观全局，又能洞察秋毫。因此，需要控制自己的视野。考虑全局时，注意其大的组成部分，暂时不详察每一部分的具体细节；考虑某部分的细节时，则暂时撇开其余的部分。这就是粒度控制原则。

⑨ 行为分析：现实世界中事物的行为是复杂的。由大量的事物所构成的问题域中各种行为往往相互依赖、相互交织。

（3）OOA 方法的基本步骤

在用 OOA 具体地分析一个事物时，大致上遵循如下五个基本步骤。

① 确定对象（Object）和类（Class）。这里所说的对象，是对数据及其处理方式的抽象，它反映了系统保存和处理现实世界中某些事物的信息的能力。类是多个对象的共同属性和方法集合的描述，它包括如何在一个类中建立一个新对象的描述。

② 确定结构（Structure）。结构是指问题域的复杂性和连接关系。类成员结构反映了泛化与特化的关系，整体与部分结构反映整体和局部之间的关系。

③ 确定主题（Subject）。主题是指事物的总体概貌和总体分析模型。

④ 确定属性（Attribute）。属性就是数据元素，可用来描述对象或分类结构的实例，可在图中给出，并在对象的存储中指定。

⑤ 确定方法（Method）。方法是在收到消息后必须进行的一些处理方法。方法要在图中定义，并在对象的存储中指定。对于每个对象和结构来说，那些用来增加、修改、删除和选择一个方法本身都是隐含的（虽然它们是要在对象的存储中定义的，但并不在图上给出），而有些则是显示的。

2. OOD 模型

面向对象设计（Object-Oriented Design，OOD）方法是 OO 方法中一个中间过渡环节。其主要作用是对 OOA 分析的结果作进一步的规范化整理，以便能够被 OOP 直接接受。面向对象设计（OOD）是一种软件设计方法，是一种工程化规范。OOA 与 OOD 不存在转换的问题，OOD 根据设计的需要仅对 OOA 在问题域方面建立的 5 个抽象层次进行必要的增补和调整。

OOD 设计过程中要展开的主要几项工作如下所述。

（1）对象定义规格的求精过程

对于 OOA 所抽象出来的对象和类以及汇集的分析文档，OOD 需要有一个根据设计要求整理和求精的过程，使之更能符合 OOP 的需要。这个整理和求精过程主要有两个方面：一是要根据面向对象的概念、模型,整理分析所确定的对象结构、属性、方法等内容,改正错误的内容,删去不必要和重复的内容等。二是进行分类整理,以便于下一步数据库设计和程序处理模块设计的需要。整理的方法主要是进行归类,对类和对象、属性、方法和结构、主题进行归类。

(2) 数据模型和数据库设计

数据模型的设计,需要确定类和对象属性的内容、消息连接的方式、系统访问、数据模型的方法等。最后,每个对象实例的数据都必须落实到面向对象的库结构模型中。

(3) 优化

OOD 的优化设计过程,是从另一个角度对分析结果和处理业务过程的整理、归纳和优化,包括对象和结构的优化、抽象、集成。

对象和结构的模块化表示 OOD 提供了一种范式,这种范式支持对类和结构的模块化。这种模块符合一般模块化要求的所有特点,如信息隐蔽性好、内部聚合度强和模块之间耦合度弱等。

8.5　高级语言及编译系统

计算机所能识别的语言只有机器语言,利用所有计算机语言编写的程序,在运行时必须翻译成机器语言。

源程序:用编程语言(如汇编语言或者高级语言)编写的程序叫做源程序,或者源代码。

编译程序(Compiler)是把高级语言编写的程序翻译为目标代码的程序,又称为编译器。

编译器(Compiler)是一种计算机程序,它可以把一种计算机语言翻译成另一种计算机语言。编译器的输入叫做源代码,输出叫做目标代码。通常,编译器的输出往往能够被其他程序处理(例如链接器),不过也有些编译器输出可读的文本文件。

翻译源代码通常是为了创建可执行程序。"编译器"最初是指那些高级语言代码翻译成较低级语言(如汇编语言或机器码)的程序。把低级语言翻译成高级语言的程序,叫做反编译器。

编译器通常需要进行这些操作:词法分析、预处理、解析、文法分析、代码生成以及代码优化。

目标代码:编译器对源代码编译后生成的代码,称为"机器代码程序"或者"目标程序",是计算机能够直接识别的代码。

链接程序:链接程序使用编译器生成的 OBJ 文件和库文件连接,生成可以装载入内存中运行的可执行文件。

高级语言按转换方式可将它们分为两类。

(1) 解释类:应用程序源代码一边由相应语言的解释器"翻译"成目标代码,一边执行。这种方式效率比较低,而且不能生成可独立执行的可执行文件,应用程序不能脱离其解释器,但这种方式比较灵活,可以动态地调整、修改应用程序。

(2) 编译类:编译是指在应用源程序执行之前,就将程序源代码"翻译"成目标代码,因此其目标程序可以脱离其语言环境独立执行。现在,大多数的编程语言都是编译型的。

8.6　信息系统与人工智能

8.6.1　信息的概念、分类及特性

1. 信息的概念

信息是现代社会的重要资源,而且发挥着越来越重要的作用。传统的管理不认为信息是一种资源。能源、物质和信息并列为人类社会发展的三大资源。信息化水平的高低已成为衡

量一个国家现代化水平和综合国力的重要标志。信息化的实质,就是使信息——这一社会主导资源充分发挥作用。信息是关于客观事实的可通信的知识。数据是记录下来的、可以被鉴别的符号,本身没有意义。

数据与信息的定义如下。

数据(Data):通常指记录下的原始事实,是反映客观实体的性质、形态、结构和特征的一组物理符号。

信息(Information):是经过加工处理后对使用者有用的数据,是对数据的解释和内涵的提取。

2. 信息的分类

按产生信息的客体性质可分为:自然信息、生物信息、机器信息和社会信息。

按反映形式可分为:数字信息、文字信息、图像信息和语言信息等。

按信息的依附载体可分为:文献信息、口头信息和电子信息。

按应用领域可分为:管理信息、社会信息、科技信息、文化信息、体育信息和军事信息等。

按照加工顺序可分为:原始信息(原生信息)、二次信息(再生信息)和三次信息等。

按照信息稳定性可分为:固定信息和流动信息。

按照管理的层次或重要性可分为:战略信息、战术信息和作业信息等。

按信息的使用性可分为:累积信息和累计信息。

3. 信息的特性

管理信息是反映控制管理活动中经过加工的数据,是管理上一项极为重要的资源。信息流一方面是物质流的表现和描述,另一方面又是用于掌握、指挥和控制社会和企业生产过程的软资源。信息流的巨大数量及其复杂的高度组织,是生产社会化程度的重要标志和重要组成部分。

信息具有以下特性。

(1) 客观性:客观事实是信息的中心价值。

(2) 时效性:信息的时效是指从信息源发送信息,经过接受、加工、传递、利用,所经历的时间间隔及其效率。时间间隔愈短、使用愈及时、使用程度愈高,则时效性愈强。

(3) 不完全性:只有正确舍弃无用和次要信息,才能正确地使用信息。

(4) 价值性:信息是经过加工并对生产经营活动产生影响的数据,是劳动创造,是一种资源,因而有价值。

(5) 等级性:管理信息系统是分等级的。通常把管理信息系统分为以下三级,即战略级、策略级(或称战术级)、作业级。

8.6.2　信息系统的概念和内容

1. 信息系统的定义及信息资源管理

系统是指在一定环境中为了实现某种目标,由若干个相互联系、相互作用的元素(Element)组成的有机集合体。

信息系统是一个人造系统。它由人、计算机硬件、计算机软件和数据资源组成。任何一个使用信息系统或信息系统所产生的信息的人,叫做终端用户,但终端用户不包括系统分析员和程序员。

信息资源有信息源、信息服务、信息系统。信息源是信息的资源、信息的渠道、可能得到信息的任何来源。信息服务是信息的传输、存储、处理和使用。信息系统是将信息资源进行处理的方法和工具,以实现信息的有序化。

信息资源管理(Information Resources Management，IRM)定义：对信息资源及其开发利用活动的计划、组织、控制和协调。狭义的信息资源管理强调信息本身，称信息管理(IM)。

IRM包括以下内容。

管理对象：对信息活动中各种要素(信息源、信息、人员、设备、资金等)的管理。

管理内容：对信息资源进行计划、组织、控制和协调，具体包括信息的收集、加工、存储、检索、传输和应用等的管理。

管理目的：最大限度地满足企业和组织的信息需求，充分挖掘信息的价值，确保利用信息资源实现战略目标。

管理方法：借助现代信息技术，实现信息资源的合理配置，其重要环节是信息系统的开发、建设。

IRM的产生和发展，经历了以下三大阶段，即手工管理、计算机管理、信息系统。

信息系统(Information System)：是一个人造系统，是由人、计算机硬件、计算机软件和数据资源组成，目的是及时、正确地收集、加工、存储、传输和提供决策所需的信息，实现组织中各项活动的管理、调节和控制。信息系统是一套有组织的程序。

信息系统的功能为：信息采集、信息存储、信息处理、信息传输、信息输出。其中，信息处理是将数据加工处理成信息，信息传输并不改变信息本身的内容，只是把信息从一处传到另一处。

信息系统的发展过程：信息系统的发展经历了电子数据处理系统、信息报告系统、决策支持系统的发展过程。其中，信息报告系统包括生产状态报告系统、服务状态报告系统、研究状态报告系统。

2. 信息系统的分类

从信息系统的发展和系统特点来看，可分为数据处理系统(Data Processing System，DPS)、管理信息系统(Management Information System，MIS)、决策支持系统(Decision Sustainment System，DSS)、专家系统(人工智能(AI)的一个子集)和虚拟办公室(Office Automation，OA)五种类型。但在现实世界中可以分为以下几个类型。

(1) 数据处理系统

20世纪50年代初期，计算机开始应用在经营管理工作中的数据处理上，主要是在会计和统计工作上，代替算盘、手摇计算机、现金出纳机等，形成了所谓电子数据处理系统(EDPS)。由于它是用来处理一些具体事务，所以也叫做事务处理系统(Transaction Processing System，TPS)。这类系统由于主要用于运作层，所以现在也有人把它叫做运作型信息系统或运作型信息处理系统(IPS)，如图8-13所示。

(2) 管理信息系统

图8-14给出了管理信息系统的结构图。

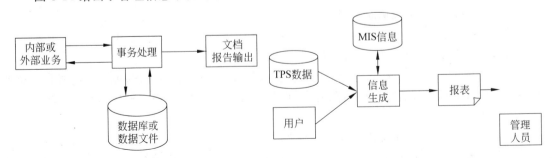

图8-13　数据处理系统(DPS)的结构图　　　　图8-14　管理信息系统的结构图

管理信息系统的特点如下。

① 管理信息系统为各管理层提供信息,而事务处理系统仅仅为基层处理事务数据。

② 管理信息系统使用户随时能得到及时的信息,而事务处理系统则只是定期输出可提供信息的报表。管理信息系统也能以定期报表为主。

③ 管理信息系统涉及各个职能部门,涉及综合职能,而事务处理系统仅仅面向单一职能。

④ 管理信息系统的操作有一定的灵活性,而事务处理系统却没有这种灵活性。

事务处理系统与管理信息系统的比较如下。

① 事务处理系统是面向数据、以处理数据为核心的,管理信息系统则是面向信息、以生成有用信息为核心的。

② 事务处理系统是针对某一种职能(如计价、库存)自成一个独立系统,管理信息系统则是综合性的,不但包含了各职能子系统,还包含上层的综合功能。

③ 事务处理系统处理详尽的数据,管理信息系统要处理一些综合性、带有指标、趋势性的信息。

由于管理信息系统要从多个部门或过程获得信息,所以常常是建立在计算机网络基础之上的。

（3）决策支持系统

决策支持系统是面向决策的,它通常也还需要面向数据的事务处理系统与面向信息的管理信息系统的支持。图 8-15 给出了决策支持系统的结构图。

事务处理系统是以数据为焦点,管理信息系统以信息为焦点,决策支持系统是以知识为焦点,利用知识来进行分析、选择。

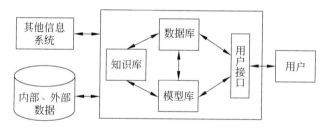

图 8-15 决策支持系统的结构图

（4）主管信息系统

主管信息系统是从通常的管理信息系统、事务处理系统中抽提信息,经过综合汇总整理。这类系统所需要的信息与专供领导层决策使用的决策支持系统所需要的信息很类似,所以,有些系统就把主管信息系统作为高层决策支持系统的一个组成部分。加上分析、比较、评价,形成有决策支持功能的系统,这种系统也叫做主管(首长)支持系统(ESS)。

主管信息系统的功能包括:信息挖掘,信息交流,企业管理,决策支持,办公助理。

（5）办公信息系统

由人和办公技术环境构成的一体化信息系统,也称为办公自动化系统。

办公信息系统功能包括:办公信息处理、文档管理、信息通信、时程管理、辅助办公决策。

（6）集成一体化信息系统

计算机不仅在经营管理方面有所应用,而且在设计、生产控制、销售等方面也有所应用,因此,企业中的信息系统,有的是专门针对管理、控制、设计等单一用途的,也有的是把它们结合为一体而构建出一种多功能系统,这样更能发挥信息技术的作用。物料需求计划(MRP)系统、制造资源计划(MRP Ⅱ)系统、企业资源规划(ERP)系统、计算机集成制造系统(CIMS)都是这种典型的系统。下面介绍常见的这类系统。

① 物料需求计划系统

以库存控制为主的物料需求计划(Material Requirement Planning,MRP),是根据销售预测和订货情况制订主生产计划,再利用计算机将未来时段的产品需求按照产品结构分解为零部件需求计划,以作业指令提出采购部门所需购买的原材料,推动生产部门制造产品的部件及成品。

② 制造资源计划系统

集生产现场控制、销售、财务为一体的制造资源计划 MRP Ⅱ (Manufacturing Resource Planning)系统,是一项计算机辅助企业管理咨询与诊断的系统工程,以生产计划为主线,对企业的制造资源(物料、人员、设备、资金、信息、技术、能源、市场、空间、时间等)进行计划、组织、领导、控制。

③ 企业资源计划系统

企业资源计划(Enterprise Resourses Planning,ERP)系统,是在先进的企业管理思想的基础上,应用信息技术实现对整个企业资源的一体化管理。ERP 是一种可以提供跨地区、跨部门甚至跨公司整合实时信息的企业管理信息系统。它在企业资源最优化配置的前提下,整合企业内部主要或所有的经营活动,包括财务会计、管理会计、生产计划及管理、物料管理、销售与分销等主要功能模块,以达到效率化经营的目标。

④ 客户关系管理系统

客户关系管理(Customer Relationship Management,CRM)系统,是一种以客户为中心的管理理念。它以客户为企业的重要资源,通过完善的服务和深入的客户分析来满足客户需求,识别客户,为客户提供个性化服务,从而吸引和保持有价值客户。

客户关系管理系统一般包括客户信息管理、销售过程自动化、营销自动化、客房服务与支持管理、客户分析系统等功能。

⑤ 供应链管理系统

供应链管理系统,是围绕核心企业,将供应商、制造商、分销商、零售商及用户,通过对信息流、物流、资金流的管理连成一个整体的网链结构,执行从供应商到最终用户的物流计划和控制职能。

供应链管理一般有供应、生产计划、物流和需求管理的功能模块,实现订单处理、原材料或半成品存储、生产计划和作业排序、货物运输、产品库存、顾客服务等功能。

⑥ 计算机集成制造系统

计算机集成制造系统(Computer Integrated Manufacturing System,CIMS)。它是随着计算机辅助设计与制造的发展而产生的,是计算机辅助设计(CAD)、计算机辅助制造(CAM)、计算机辅助工艺规程(CAPP)、计算机辅助工程(CAE)、计算机辅助质量控制系统(CAQ)、产品数据管理(PDM)、企业资源计划(ERP)及其管理信息系统的技术集成。它是在信息技术、自动化技术的基础上,通过计算机技术,把分散在产品设计制造过程中各种孤立的自动化子系统有机地集成起来,形成适用于多品种、小批量生产,实现整体效益的集成化和智能化制造系统。集成化反映了自动化的广度,它把系统的范围扩展到了市场预测、产品设计、加工制造、检验、销售及售后服务等的全过程。智能化则体现了自动化的深度,它不仅涉及物资流控制的传统体力劳动自动化,还包括信息流控制的脑力劳动的自动化。我国的 CIMS 已经改变为现代集成制造系统(Contemporary Integrated Manufacturing System)。"现代"的含义是计算机化、信息化、智能化。"集成"有更广泛的内容,它包括信息集成、过程集成及企业间集成三个阶段的集成优化。

（7）电子商务系统

电子商务是利用企业电子手段实现的商务及运作管理的整个过程,是各参与方通过电子方式,而不是直接物理交换或直接物理接触方式来完成的任何业务交易。

电子商务系统是在网络基础上,以实现各项商务活动为目标,支持企业各项管理和决策的信息系统,企业的商品展示、物流管理和支付过程等都是电子商务系统的范畴。

电子商务系统由消费者、商家、制造企业、分销商、银行、海关、物流配送企业、政府管理部门、认证中心等通过网络连成一体,包括网站系统、电子支付系统、物流和供应链管理系统、客户关系管理、组织内部管理系统及外部系统接口。

电子商务系统的模式有 B2B(Business to Business)、B2C(Business to Consumer)、B2G(Business to Government)、C2C(Consumer to Consumer)。

（8）地理信息系统

地理信息系统(Geographical Information System,GIS),也称为空间信息系统(Spatial Information System),是对地球表面位置进行数据采集、管理和应用的信息系统,是集计算机科学、空间科学、信息科学、测绘遥感科学、环境科学和管理科学为一体的新兴交叉学科。

地理信息系统的主要应用有：城市规划管理、物流管理(配合全球定位系统,Global Position System,GPS)、环境资源管理等。

3. 信息系统的结构及开发要求

（1）信息系统的结构

图 8-16 所示为信息系统的结构图。

① 信息系统的物理结构

信息系统的物理结构是指系统的硬件、软件、数据等资源构成的一个实体系统,包括计算机硬件、软件、通信网络、数据及存储的介质、信息采集设备、规章制度及人员。计算机和网络是系统躯干,软件是血肉。

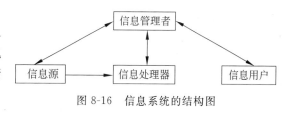

图 8-16　信息系统的结构图

② 信息系统的类型

信息系统的类型有以下三种。

a. 集中式、分布式、分布—集中式。

b. 客户/服务器(C/S)。C/S 模式主要由客户应用程序、服务器管理程序和中间件三部分组成。客户应用程序用于用户进行数据交互,服务器应用程序用于管理系统资源,中间部件用于连接客户应用程序和服务器管理程序。C/S 模式适用于安全性要求高、要求有强的交互性、地点固定、数据处理量大的系统。

c. 浏览器/服务器(B/S)。B/S 模式是一种以 Web 技术和因特网协议为基础的新型信息系统平台模式,它将传统的 C/S 模式中的服务器分解为一个数据服务器、多个应用服务器及 Web 服务器组成的 3 层结构或多层结构的客户机服务器体系。B/S 模式适用于地点灵活范围广、功能变动频繁、安全性和交互性要求不高的系统。

（2）信息系统开发的任务

信息系统的开发,要完成对开发对象的描述、开发对象的分析、开发对象的实现,创造和选择开发工具和开发平台,要进行对开发结果的评价,管理和控制开发质量。

8.6.3 人工智能

1. 人工智能的概念

什么是人工智能？顾名思义，人工智能就是人造智能，其英文表示是 Artificial Intelligence，简称 AI。当然，这只是人工智能的字面解释或广义解释。目前的"人工智能"一词是指用计算机模拟或实现的智能，同时，人工智能又是一个学科名称。

作为学科，人工智能研究的是如何使机器(计算机)具有智能的科学和技术，特别是自然智能如何在计算机上实现或再现的科学和技术。因此，从学科角度讲，当前的人工智能是计算机科学的一个分支。

人工智能虽然是计算机科学的一个分支，但它的研究却不仅涉及计算机科学，而且还涉及脑科学、神经生理学、心理学、语言学、逻辑学、认知(思维)科学、行为科学、生命科学和数学，以及信息论、控制论和系统论等许多学科领域。

智能的内涵指"知识＋思维"；智能的外延指发现规律、运用规律的能力和分析、解决问题的能力。

2. 为什么要研究人工智能

我们知道，计算机是迄今为止最有效的信息处理工具，以至于人们称它为"电脑"。但现在的普通计算机系统的智能还相当低下，譬如缺乏自适应、自学习、自优化等能力，也缺乏社会常识或专业知识等，而只能是被动地按照人们为它事先安排好的工作步骤进行工作。因而，它的功能和作用就受到很大的限制，难以满足越来越复杂和越来越广泛的社会需求。既然计算机和人脑一样都可进行信息处理，那么，是否也能让计算机同人脑一样，也具有智能呢？这正是人们研究人工智能的初衷。

研究人工智能也是当前信息化社会的迫切要求。我们知道，人类社会现在已经进入了信息化时代。信息化的进一步发展，就必须有智能技术的支持。例如，当前迅速发展着的国际互联网(Internet)就强烈地需要智能技术。特别是当我们要在 Internet 上构筑信息高速公路时，其中有许多技术问题就要用人工智能的方法去解决。这就是说，人工智能技术在 Internet 和未来的信息高速公路上将发挥重要作用。

智能化也是自动化发展的必然趋势。自动化发展到一定水平，再向前发展就是智能化，即智能化是继机械化、自动化之后，人类生产和生活中的又一个技术特征。

另外，研究人工智能，对探索人类自身智能的奥秘也可提供有益的帮助。因为我们可以通过电脑对人脑进行模拟，从而揭示人脑的工作原理，发现自然智能的渊源。

3. 人工智能的目标

人工智能的研究目标可分为远期目标和近期目标。远期目标是要制造智能机器，具体来讲，就是要使计算机具有看、听、说、写等感知和交互功能，具有联想、推理、理解、学习等高级思维能力，还要有分析问题、解决问题和发明创造的能力。简言之，也就是使计算机像人脑一样，具有自动发现规律和利用规律的能力，或者说，具有自动获取知识和利用知识的能力，从而扩展和延伸人的智能。

从目前的技术水平来看，要全面实现上述目标，还存在很多困难。人工智能的近期目标是实现机器智能，即先部分地或某种程度地实现机器的智能，从而使现有的计算机更灵活、更好用和更有用，成为人类的智能化信息处理工具。

人类目前已掌握的智能技术有：1997年，"深蓝"打败了世界象棋冠军斯帕罗夫；比如各种机器人，水下机器人、爬壁机器人、鱼形机器人、旅游机器人、足球机器人(RoboCup)、篮球机器人等,各具特色。

4. 人工智能的表现形式

人工智能的表现形式至少有这么几种：智能软件、智能设备、智能网络、智能计算机、智能机器人和更一般的 Agent 等。

智能软件的范围比较广泛,譬如：它可以是一个完整的智能软件系统,如专家系统、知识库系统等；也可以是具有一定智能的程序模块,如推理程序、学习程序等,这种程序可以作为其他程序系统的子程序；智能软件还可以是有一定知识或智能的应用软件,如字处理软件 Word 就有一定的英语语法知识,所以在英文文稿的录入、编辑过程中,Word 就表现出一定的智能。

智能设备包括具有一定智能的仪器、仪表、机器、设施等,如采用智能控制的机床、汽车、武器装备、家用电器等。这种设备实际上是被嵌入了某种智能软件的设备。

智能网络也就是智能化的信息网络。具体来讲,从网络的构建、管理、控制、信息传输,到网上信息发布和检索以及人机接口等,都是智能化的。

智能计算机如前所述,而智能机器人则是一种拟人化的智能机器。

Agent 是智能主体或主体,即具有智能的实体,具有自主性、反应性、适应性和社会性,是热门方向。

5. 人工智能的研究途径与方法

(1) 结构模拟,神经计算

所谓结构模拟,就是根据人脑的生理结构和工作机理,实现计算机的智能,即人工智能。我们知道,人脑的生理结构是由大量神经细胞组成的神经网络。人脑是由大约 10^{11} 个神经细胞组成的一个动态的、开放的、高度复杂的巨系统,以至于人们至今对它的生理结构和工作机理还未完全弄清楚。这一学派被称为连接主义学派或生理学派。

(2) 功能模拟,符号推演

由于人脑的奥秘至今还未彻底揭开,所以,人们就在当前的数字计算机上,对人脑从功能上进行模拟,实现人工智能。这种途径称为功能模拟法。

具体来讲,功能模拟法就是以人脑的心理模型,将问题或知识表示成某种逻辑网络,采用符号推演的方法,实现搜索、推理、学习等功能,从宏观上来模拟人脑的思维,实现机器智能。这一学派被称为符号主义学派、心理学派或逻辑学派。

(3) 行为模拟,控制进化

除了上述两种研究途径和方法外,还有一种基于感知-行为模型的研究途径和方法。我们称其为行为模拟法。这种方法是模拟人在控制过程中的智能活动和行为特性,如自寻优、自适应、自学习、自组织等,来研究和实现人工智能。基于这一方法研究人工智能的典型代表,要算 MIT 的 R. Brooks 教授,他研制的六足行走机器人(也称为人造昆虫或机器虫),曾引起人工智能界的轰动。这个机器虫可以看做新一代的"控制论动物",它具有一定的适应能力,是一个运用行为模拟(即控制进化方法)研究人工智能的代表作。这一学派被称为行为主义、进化主义或控制论学派。

6. 人工智能的分支领域

(1) 基于脑功能模拟的领域划分

① 机器感知

机器感知就是计算机直接"感觉"周围世界。具体来讲,就是计算机像人脑一样,通过"感觉器官"直接从外界获取信息。如通过视觉器官获取图形、图像信息,通过听觉器官获取声音信息。所以，要使机器具有感知能力，就首先必须给机器配置各种感觉器官，如视觉器官、听觉器官、嗅觉器官，等等。于是，机器感知还可以再分为机器视觉、机器听觉等分支课题。

要研究机器感知，首先要涉及图像、声音等信息的识别问题。为此，现在已发展了一门称为"模式识别"的专门学科。模式识别的主要目标，就是用计算机来模拟人的各种识别能力。当前主要是对视觉能力和听觉能力的模拟，并且主要集中于图形识别和语音识别。

图形识别主要是研究各种图形（如文字、符号、图形、图像和照片等）的分类。例如，识别各种印刷体和某些手写体文字，识别指纹、白血球和癌细胞，等等。这方面的技术已经进入实用阶段。

语音识别主要是研究各种语音信号的分类。语音识别技术近年来发展很快，现已有商品化产品（如汉字语音录入系统）上市。

模式识别的过程，大体是先将摄像机、送话器或其他传感器接收的外界信息转变成电信号序列，计算机再进一步对这个电信号序列进行各种预处理，从中抽出有意义的特征，得到输入信号的模式，然后与机器中原有的各个标准模式进行比较，完成对输入信息的分类识别工作。

② 机器联想

仔细分析人脑的思维过程，可以发现，联想实际是思维过程中最基本、使用最频繁的一种功能。例如，当听到一段乐曲，我们头脑中可能会立即浮现出几十年前的某一个场景，甚至一段往事，这就是联想。

机器联想就是机器具有联想的功能。要实现联想，无非就是建立事物之间的联系，比如通过指针、函数、链表、关系等。

传统的信息查询是基于传统计算机的按地址存取方式进行的。而研究表明，人脑的联想功能是基于神经网络的按内容记忆方式进行的，与存储地址无关。

当前对机器联想功能的研究中，人们就是利用这种按内容记忆原理，采用一种称为"联想存储"的技术实现联想功能。

联想存储的特点是：可以存储许多相关（激励，响应）模式对；通过自组织过程可以完成这种存储；以分布、稳健的方式（可能会有很高的冗余度）存储信息；可以根据接收到的相关激励模式产生并输出适当的响应模式；即使输入激励模式失真或不完全时，仍然可以产生正确的响应模式；可在原存储中加入新的存储模式。

③ 机器推理

机器推理就是计算机推理，也称自动推理。它是人工智能的核心课题之一。因为，推理是人脑的一个基本功能和重要功能。机器推理是人工智能的基本的、重要的研究方向。事实上，几乎所有的人工智能领域都与推理有关。因此，要实现人工智能，就必须将推理的功能赋予机器，实现机器推理。

实现机器推理要模拟人脑推理的宏观过程，按照符号推演的方法，依据形式逻辑、数理逻辑的推理规则进行，也可以采用数值计算的方法实现。还有采用并行推理，如神经网络计算机，是重要的研究方向。

机器推理可分为确定性（精确）推理和不确定推理。

④ 机器学习

机器学习就是机器自己获取知识。具体来讲，机器学习主要有这几层意思：对人类已有知识的获取（这类似于人类的书本知识学习）；对客观规律的发现（这类似于人类的科学发现）；对自身行为的修正（这类似于人类的技能训练和对环境的适应）。学习分为符号学习和连接学习。

⑤ 机器理解

机器理解就是使机器能够理解包括自然语言和图形在内的各种符号。

机器理解主要包括自然语言理解和图形理解等。

自然语言理解就是计算机理解人类的自然语言,如汉语、英语等,并包括口头语言和文字语言两种形式。试想,计算机如果能理解人类的自然语言,那么计算机的使用将会变得十分方便和简单,而且机器翻译也将真正成为现实。

例如,美国认知心理学家 G. M. Ulson 曾为理解提出了四条判别标准:能够成功地回答与输入与材料有关的问题;能够具有对所给材料进行摘要的功能;能用不同的词语叙述所给材料;具有从一种语言转译成另一种语言的能力。

图形理解是图形识别的自然延伸,也是计算机视觉的组成部分。理解实际是感知的延伸,或者说是深层次的感知。

⑥ 机器行为

机器行为主要指机器人的行动规划,它是智能机器人的核心技术。规划功能的强弱反映了智能机器人的智能水平。因为,虽然感知能力可使机器人认识对象和环境,但解决问题还要依靠规划功能拟定行动步骤和动作序列。

（2）基于研究途径与实现技术的领域划分

① 符号智能

符号智能就是以符号知识为基础,通过符号推理进行问题求解而实现的智能。这也就是所说的传统人工智能或经典人工智能。符号智能研究的主要内容,包括知识工程和符号处理技术。知识工程涉及知识获取、知识表示、知识管理、知识运用以及知识库系统等一系列知识处理技术。符号处理技术指基于符号的推理和学习技术,它主要研究经典逻辑和非经典逻辑理论以及相关的程序设计技术。简而言之,符号智能就是基于人脑的心理模型,运用传统的程序设计方法实现的人工智能。

② 计算智能

计算智能是以数据为基础,通过数值计算进行问题求解而实现的智能。计算智能研究的主要内容包括人工神经网络、进化计算（包括遗传算法、遗传程序设计、进化规划、进化策略等）、模糊技术以及人工生命等。计算智能主要模拟自然智能系统,研究其数学模型和相关算法,并实现人工智能。计算智能是当前人工智能学科中一个十分活跃的分支领域。

（3）基于应用领域的领域划分

① 难题求解

这里的难题,主要指那些没有算法解,或虽有算法解,但在现有机器上无法实施或无法完成的困难问题。例如:路径规划、运输调度、电力调度、地质分析、测量数据解释、天气预报、市场预测、股市分析、疾病诊断、故障诊断、军事指挥、机器人行动规划、机器博弈,等等。

② 自动定理证明

自动定理证明就是机器定理证明,这也是人工智能的一个重要研究领域,也是最早的研究领域之一。定理证明是最典型的逻辑推理问题之一,它在发展人工智能方法上起过重大作用。

自动定理证明的方法主要有以下四类。

自然演绎法:它的基本思想是依据推理规则,从前提和公理中可以推出许多定理,如果待证的定理恰在其中,则定理得证。

判定法:它对一类问题找出统一的、计算机上可实现的算法解。在这方面一个著名的成果是我国数学家吴文俊教授 1977 年提出的初等几何定理证明方法。

定理证明器：它研究一切可判定问题的证明方法。

计算机辅助证明：它是以计算机为辅助工具,利用机器的高速度和大容量,帮助人完成手工证明中难以完成的大量计算、推理和穷举。

③ 自动程序设计

自动程序设计就是让计算机设计程序。具体来讲,就是人只要给出关于某程序要求的非常高级的描述,计算机就会自动生成一个能完成这个要求目标的具体程序。所以,这相当于给机器配置了一个"超级编译系统",它能够对高级描述进行处理,通过规划过程,生成所需的程序。但这只是自动程序设计的主要内容,它实际是程序的自动综合。自动程序设计还包括程序自动验证,即自动证明所设计程序的正确性。

④ 自动翻译

自动翻译即机器翻译,就是完全用计算机作为两种语言之间的翻译。机器翻译由来已久,早在电子计算机问世不久,就有人提出了机器翻译的设想,随后就开始了这方面的研究。当时人们总以为,只要用一部双向词典及一些语法知识,就可以实现两种语言文字间的机器互译,结果遇到了挫折。机器翻译的实现,依赖于自然语言理解研究的进展。

⑤ 智能控制

智能控制就是把人工智能技术引入控制领域,建立智能控制系统。自从国际知名美籍华裔科学家傅京孙(K. S. Fu)在 1965 年首先提出把人工智能的启发式推理规则用于学习控制系统以来,国内外众多的研究者投身于智能控制研究,并取得一些成果。

智能控制系统的智能可归纳为以下几方面。

先验智能：有关控制对象及干扰的先验知识,可以从一开始就考虑到控制系统的设计中。

反应性智能：在实时监控、辨识及诊断的基础上,对系统及环境变化的正确反应能力。

优化智能：包括对系统性能的先验性优化及反应性优化。

组织与协调智能：表现为对并行耦合任务或子系统之间的有效管理与协调。

⑥ 智能管理

智能管理就是把人工智能技术引入管理领域,建立智能管理系统。智能管理是现代管理科学技术发展的新动向。智能管理是人工智能与管理科学、系统工程、计算机技术及通信技术等多学科、多技术的互相结合、互相渗透而产生的一门新技术、新学科。它研究如何提高计算机管理系统的智能水平,以及智能管理系统的设计理论、方法与实现技术。

⑦ 智能决策

智能决策就是把人工智能技术引入决策过程,建立智能决策支持系统。智能决策支持系统是在 20 世纪 80 年代初提出来的。它是决策支持系统与人工智能,特别是专家系统相结合的产物。

一般来说,智能部件中可以包含如下一些知识：建立决策模型和评价模型的知识;如何形成候选方案的知识;建立评价标准的知识;如何修正候选方案,从而得到更好候选方案的知识;完善数据库,改进对它的操作及维护的知识。

⑧ 智能通信

智能通信就是把人工智能技术引入通信领域,建立智能通信系统。智能通信就是在通信系统的各个层次和环节上实现智能化。例如在通信网的构建、网管与网控、转接、信息传输与转换等环节,都可实现智能化。这样,网络就可运行在最佳状态,使呆板的网变成活化的网,使其具有自适应、自组织、自学习、自修复等功能。

⑨ 智能仿真

智能仿真就是将人工智能技术引入仿真领域,建立智能仿真系统。我们知道,仿真是对动态模型的实验,即行为产生器在规定的实验条件下驱动模型,从而产生模型行为。

⑩ 智能 CAD

智能 CAD(简称 ICAD)就是把人工智能技术引入计算机辅助设计领域,建立智能 CAD系统。事实上,AI 几乎可以应用到 CAD 技术的各个方面。从目前发展的趋势来看,至少有四个方面:设计自动化、智能交互、智能图形学、自动数据采集。

从具体技术来看,ICAD 技术大致可分为 5 种方法:规则生成法、约束满足方法、搜索法、知识工程方法、形象思维方法。

⑪ 智能 CAI

智能 CAI 就是把人工智能技术引入计算机辅助教学领域,建立智能 CAI 系统,即 ICAI。ICAI 的特点是,能对学生因材施教地进行指导。为此,ICAI 应具备下列智能特征。

- 自动生成各种问题与练习。
- 根据学生的水平和学习情况,自动选择与调整教学内容与进度。
- 在理解教学内容的基础上,自动解决问题生成解答。

(4) 基于应用系统的领域划分

① 专家系统

所谓专家系统,就是基于人类专家知识的程序系统。专家系统的特点是,拥有大量的专家知识(包括领域知识和经验知识),能模拟专家的思维方式,面对领域中复杂的实际问题,能作出专家水平级的决策,像专家一样解决实际问题。

② 知识库系统

所谓知识库系统,从概念来讲,它可以泛指所有包含知识库的计算机系统(这是广义理解);也可以仅指拥有某一领域广泛知识以及常识的知识咨询系统(这是一种狭义理解)。按广义理解,专家系统、智能数据库系统等也都是知识库系统。这里我们对知识库系统按狭义理解。

知识库系统是人工智能从数据处理到知识的必然结果。

③ 智能数据库系统

智能数据库系统就是给传统数据库系统中再加上智能成分。例如:演绎数据库、面向对象数据库、主动数据库,等等,都是智能数据库系统。

④ 智能机器人系统

智能机器人是这样一类机器人:它能认识工作环境、工作对象及其状态,能根据人给予的指令和“自身”认识外界的结果来独立地决定工作方法,实现任务目标,并能适应工作环境的变化。它具有感知、思维、人机通信和运动四种机能。

(5) 基于计算机系统结构的领域划分

① 智能操作系统

智能操作系统就是将人工智能技术引入计算机的操作系统之中,从质上提高操作系统的性能和效率。

智能操作系统的基本模型,将以智能机为基础,并能支撑外层的 AI 应用程序,以实现多用户的知识处理和并行推理。

② 智能多媒体系统

智能多媒体技术是当前计算机最为热门的研究领域之一。多媒体计算机系统就是能综合处理文字、图形、图像和声音等多种媒体信息的计算机系统。智能多媒体就是将人工智能技术引入多媒体系统,使其功能和性能得到进一步的发展和提高。事实上,多媒体技术与人工智能所研究的机器感知、机器理解等技术也不谋而合。

③ 智能计算机系统

智能计算机系统就是人们正在研制的新一代计算机系统。这种计算机系统从基本元件到体系结构,从处理对象到编程语言,从使用方法到应用范围,同当前的诺依曼型计算机相比,都有质的飞跃和提高,它将全面支持智能应用开发,且自身就具有智能。

④ 智能网络系统

智能网络系统就是将人工智能技术引入计算机网络系统。如在网络构建、网络管理与控制、信息检索与转换、人机接口等环节,运用 AI 的技术与成果。研究表明,AI 的专家系统、模糊技术和神经网络技术,可用于网络的连接接纳控制、业务量管制、业务量预测、资源动态分配、业务流量控制、动态路由选择、动态缓冲资源调度等许多方面。

(6) 基于实现工具与环境的领域划分

① 智能软件工具

智能软件工具包括开发建造智能系统的程序语言和工具环境等,这方面现已有不少成果,如:函数程序设计语言(LISP)、逻辑程序设计语言(PROLOG)、对象程序设计语言(Smalltalk、C++、Java)、框架表示语言(FRL)、产生式语言(OPS5)、神经网络设计语言(AXON)、智能体(Agent)程序设计语言,等等,以及各种专家系统工具、知识工程工具、知识库管理系统等。

② 智能硬件平台

智能硬件平台指直接支持智能系统开发和运行的机器硬件,这方面现在也取得了不少成果,如:LISP 机、PROLOG 机、神经网络计算机、知识信息处理机、模糊推理计算机、面向对象计算机、智能计算机等,以及由这些计算机组成的网络系统,有的已研制成功,有的正在研制之中。

(7) 基于体系结构的领域划分

基于智能系统的体系结构,人工智能可以分为集中式人工智能和分布式人工智能。前者研究的是个体智能,而后者研究的则是群体智能。个体智能是指个体的推理、学习、理解等智能行为。群体智能则是若干个体共同协作所表现出来的智能。

分布式人工智能(Distributed Artificial Intelligence,DAI)主要研究在逻辑上或物理上分散的智能个体或智能系统如何并行地、相互协作地实现大型复杂问题求解。

7. 人工智能的基本技术

(1) 推理技术

几乎所有的人工智能领域都要用到推理,因此,推理技术是人工智能的基本技术之一。需指出的是,对推理的研究往往涉及对逻辑的研究。逻辑是人脑思维的规律,从而也是推理的理论基础。机器推理或人工智能用到的逻辑,主要包括经典逻辑中的谓词逻辑和由它经某种扩充、发展而来的各种逻辑。后者通常称为非经典或非标准逻辑。

(2) 搜索技术

所谓搜索,就是为了达到某一"目标",而连续地进行推理的过程。搜索技术就是对推理进行引导和控制的技术,它也是人工智能的基本技术之一。事实上,许多智能活动的过程,甚至所有智能活动的过程,都可看作或抽象为一个"问题求解"过程。而所谓"问题求解"过程,实质上就是在显式的或隐式的问题空间中进行搜索的过程。即在某一状态图,或者与或图,或者在某种逻辑网络上进行搜索的过程。

搜索技术也是一种规划技术。因为对于有些问题,其解就是由搜索而得到的"路径"。搜索技术是人工智能中发展最早的技术。在人工智能研究的初期,"启发式"搜索算法曾一度是人工智能的核心课题。截至目前,对启发式搜索的研究,人们已取得了不少成果。如著名的 A^* 算法和 AO^* 算法就是两个重要的启发式搜索算法。但至今,启发式搜索仍然是人工智能的重要研究课题之一。

（3）知识表示与知识库技术

知识表示是指知识在计算机中的表示方法和表示形式,它涉及知识的逻辑结构和物理结构。知识库类似于数据库,所以知识库技术包括知识的组织、管理、维护、优化等技术。对知识库的操作要靠知识库管理系统的支持。显然,知识库与知识表示密切相关。

需说明的是,知识表示实际也隐含着知识的运用,知识表示和知识库是知识运用的基础,同时也与知识的获取密切相关。

智能就是发现规律、运用规律的能力,而规律就是知识。知识是智能的基础和源泉。所以,知识表示与知识库技术是人工智能的核心技术。

（4）归纳技术

所谓归纳技术,是指机器自动提取概念、抽取知识、寻找规律的技术。显然,归纳技术与知识获取及机器学习密切相关,因此,它也是人工智能的重要基本技术。归纳可分为基于符号处理的归纳和基于神经网络的归纳。这两种途径目前都有很大发展。

基于符号处理的归纳除归纳学习方法外,还有近年发展起来的基于数据库的数据挖掘（Data Mining,MD）和知识发现（Knowledge Discovering from Database,KDD）。

（5）联想技术

如前面所述,联想是最基本、最基础的思维活动,它几乎与所有的 AI 技术息息相关。因此,联想技术也是人工智能的一个基本技术。联想的前提是联想记忆或联想存储,这也是一个富有挑战性的技术领域。

以上我们介绍了人工智能的一些基本理论和技术,因为这些理论和技术仍在不断发展和完善之中,所以,它们同时也是人工智能的基本课题。

8. 人工智能的发展概况

（1）人工智能学科的产生

现在公认,人工智能学科正式诞生于 1956 年。需要指出的是,人工智能学科虽然正式诞生于 1956 年的那次学术研讨会,但实际上,它是逻辑学、心理学、计算机科学、脑科学、神经生理学、信息科学等学科发展的必然趋势和必然结果。单就计算机来看,其功能从数值计算到数据处理,再下去必然是知识处理。实际上就其当时的水平而言,也可以说计算机已具有某种智能的成分了。

天才的英国计算机科学家图灵（A. M. Turing）就于 1950 年发表了题为"计算机与智能"的论文,提出了著名的"图灵测试",为人工智能提出了更为明确的设计目标和测试准则。

（2）符号主义的发展途径概况

1956 年之后的 10 多年间,人工智能的研究取得了许多引人瞩目的成就。从符号主义的研究途径来看,主要有:

1956 年,美国的纽厄尔、肖和赛蒙合作,编制了一个名为逻辑理论机（Logic Theory Machine,LT）的计算机程序系统。

1956 年,塞缪尔研制成功了具有自学习、自组织、自适应能力的跳棋程序。

1959 年,籍勒洛特发表了证明平面几何问题的程序,塞尔夫里奇推出了一个模式识别程序;1965 年,罗伯特(Robert)编制出了可以分辨积木构造的程序。

1960 年,纽厄尔、肖和赛蒙等人通过心理学试验,总结出了人们求解问题的思维规律,编制了通用问题的求解程序(General Problem Solving,GPS)。

1960 年,麦卡锡研制成功了面向人工智能程序设计的表处理语言 LISP。该语言以其独特的符号处理功能,很快在人工智能界风靡起来。它武装了一代人工智能学者,至今仍然是人工智能研究的一个有力工具。

1965 年,鲁滨逊(Robinson)提出了消解原理,为定理的机器证明做出了突破性的贡献。

以上研究成就是以推理为中心,是人工智能的早期,称为人工智能的推理期。

1965 年,美国斯坦福大学的费根鲍姆教授研制了基于知识的 DENDRAL 专家系统,标志人工智能新时期的开始。随后出现了许多专家系统,用于诊病、找矿等工作。1977 年,费根鲍姆教授提出了"知识工程"的概念,使人工智能进入以知识为中心的知识期。

(3) 连接主义的发展途径概况

从连接主义的研究途径看,早在 20 世纪 40 年代,就有一些学者开始了神经元及其数学模型的研究。例如,1943 年,心理学家 McCulloch 和数学家 Pitts 提出了形式神经元的数学模型——现在称为 MP 模型,1944 年,Hebb 提出了改变神经元连接强度的 Hebb 规则。MP 模型和 Hebb 规则至今仍在各种神经网络中起重要作用。

神经网络学科的发展和应用,也迎来了脑神经科学、认知科学、心理学、微电子学、控制论和机器人学、信息技术和数理科学等学科的相互促进、相互发展的空前活跃时期,特别是在计算机科学研究领域,将从根本上改变人们传统的数值、模拟、串行、并行、分布等计算与处理概念的内涵和外延,出现了分布式并行新概念、数值模拟混合的新途径,探索和开创光学计算机、生物计算机、第 n 代计算机的新构想,为 21 世纪计算机科学与技术的飞速发展奠定了思想和理论基础。

(4) 当前发展趋势

首先指出,由于人工智能技术的飞速发展和作者视野的限制,所以,很难在这样一个小节的篇幅里,对人工智能的当前发展趋势作出全面、准确的评估。但一般认为,当前人工智能的发展,呈现出如下特点。

① 传统的符号处理与神经计算各取所长,联合作战。

② 一批新思想、新理论、新技术不断涌现。

③ Agent(称为"主体",或"智能主体"、"智能体"等)技术和分布式人工智能(DAI)正异军突起,蓬勃发展。

④ 应用研究愈加深入而广泛。当今的人工智能研究与实际应用的结合越来越紧密,受应用的驱动越来越明显。事实上,现在的人工智能技术已同整个计算机科学技术紧密地结合在一起了,其应用也与传统的计算机应用越来越相互融合了。

(5) 我国人工智能研究发展简况

由于众所周知的原因,我国人工智能的研究起步较晚。20 世纪 70 年代末,我国才有一批学者认真地开始了人工智能的研究。1977 年,涂序彦(现任中国人工智能学会理事长)和郭荣江在《自动化》第 1 期上发表了国内首篇关于 AI 的论文——《智能控制及其应用》,拉开了我国人工智能研究的序幕。从此,我国在人工智能方面的研究便蓬勃兴起。

8.7 软件工程概述

8.7.1 软件工程的产生

1. 计算机软件及其特点

随着计算机硬件性能的极大提高和计算机体系结构的不断变化,计算机软件系统更加成熟和更为复杂,从而促使计算机软件的角色发生了巨大的变化,其发展历史大致可以分为如图 8-17 所示的 4 个阶段。

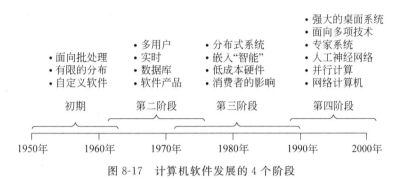

图 8-17　计算机软件发展的 4 个阶段

第一阶段是 20 世纪 50 年代初期至 20 世纪 60 年代初期的十余年,是计算机系统开发的初级阶段。当时的软件几乎都是为每个具体应用而专门编写的,编写者和使用者往往是同一个或同一组人。这些个体化的软件设计环境,使软件设计成为在人们头脑中进行的一个隐含过程,最后除了程序清单外,没有其他文档资料保存下来。

实际上,初期开发的计算机系统采用批处理技术,提高了计算机的使用效率,但不利于程序设计、调试和修改。在这个阶段,人们认为计算机的主要用途是快速计算,软件编程简单,不存在什么系统化的方法,开发没有任何管理,程序的质量完全依赖于程序员个人的技巧。

第二阶段跨越了从 20 世纪 60 年代中期到 20 世纪 70 年代末期的十余年,多用户系统引入了人机交互的新概念,实时系统能够从多个源收集、分析和转换数据,从而使得进程的控制和输出的产生以毫秒而不是分钟来进行,在线存储的发展产生了第一代数据库管理系统。

在这个时期,出现了软件产品和"软件作坊"的概念,设计人员开发软件不再像早期阶段那样只为自己的研究工作需要,而是为了用户更好地使用计算机,但"软件作坊"仍然沿用早期形成的个体式的软件开发方法。随着计算机应用的日益普及,软件需求量急剧膨胀。在程序运行时发现的错误必须设法更正;用户有了新需求时,必须相应地修改或添加程序;硬件或操作系统更新时,又可能要修改程序以适应新的环境。这样,软件的维护工作以惊人的比例耗费资源,更严重的是,程序设计的个体化和作坊化特性使软件最终成为不可维护的,从而出现了早期的软件危机。人们随之也就开始寻求采用软件工程的方法来解决软件危机问题。

第三阶段是 20 世纪 70 年代中期至 20 世纪 80 年代末期,分布式系统极大地提高了计算机系统的复杂性,网络的发展对软件开发提出了更高的要求,特别是微处理器的出现和广泛应用,孕育了一系列的智能产品。硬件的发展速度已经超过了人们对软件的需求速度,因此使得硬件价格下降,软件的价格急剧上升,导致了软件危机的加剧,致使更多的科学家着手研究软件工程学的科学理论、方法和时限等一系列问题。软件开发技术的度量问题受到重视,最著名的有软件工作量估计 COCOMO 模型、软件过程改进模型 CMM 等。

第四阶段是从 20 世纪 80 年代末期开始的。这个阶段是强大的桌面系统和计算机网络迅速发展的时期,计算机体系结构由中央主机控制方式变为客户机/服务器方式,专家系统和人工智能软件终于走出实验室进入了实际应用,虚拟现实和多媒体系统改变了与最终用户的通信方式,出现了并行计算和网络计算的研究,面向对象技术在许多领域迅速取代了传统软件开发方法。

在软件的发展过程中,软件的需求成为软件发展的动力,软件的开发从自给自足模式发展为在市场中流通以满足广大用户的需要。软件工作的考虑范围也发生了很大变化,人们不再只顾及程序的编写,而是涉及软件的整个生命周期。

软件同传统的工业产品相比,有以下独特的特性。

(1) 软件是一种逻辑产品,与物质产品有很大的区别。软件产品是看不见摸不着的,因而具有无形性,是脑力劳动的结晶,是以程序和文档的形式出现的,保存在计算机存储器和光盘介质上,通过计算机的执行才能体现其功能和作用。

(2) 软件产品的生产主要是研制,软件产品的成本主要体现在软件的开发和研制上。软件一旦研制开发成功后,通过复制就产生了大量软件产品。

(3) 软件在使用过程中,没有磨损、老化的问题。软件在使用过程中不会因为磨损而老化,但会为了适应硬件、环境以及需求的变化而进行修改,而这些修改又不可避免地引入错误,导致软件失效率升高,从而使得软件退化。当修改的成本变得难以接受时,软件就被抛弃。

(4) 软件对硬件和环境有着不同程度的依赖性。这导致了软件移植的问题。

(5) 软件的开发主要是进行脑力劳动,至今尚未完全摆脱手工作坊式的开发方式,生产效率低,且大部分产品是"定做"的。

(6) 软件是复杂的,而且以后会更加复杂。软件是人类有史以来生产的复杂度最高的工业产品。软件涉及人类社会的各行各业、方方面面,软件开发常常涉及其他领域的专门知识,这对软件工程师提出了很高的要求。

(7) 软件的成本相当昂贵。软件开发需要投入大量、高强度的脑力劳动,成本非常高,风险也大。现在软件的开销已大大超过了硬件的开销。

(8) 软件工作牵涉很多社会因素。许多软件的开发和运行涉及机构、体制和管理方式等问题,还会涉及人们的观念和心理等因素。这些人的因素,常常成为软件开发的困难所在,直接影响到项目的成败。

2. 软件危机

在 19 世纪 60 年代,很多软件最后都得到了悲惨的结局。很多软件项目的开发时间大大超出了规划的时间。一些项目导致了财产的流失,甚至某些软件导致了人员伤亡,同时软件开发人员也发现软件开发的难度越来越大。

20 世纪 60 年代末至 20 世纪 70 年代初,"软件危机"一词在计算机界广为流传。事实上,软件危机几乎从计算机诞生的那一天起就出现了,只不过到了 1968 年,北大西洋公约组织的计算机科学家在联邦德国召开的国际学术会议上第一次提出了"软件危机"(Software Crisis)这个名词。

软件危机是指在计算机软件的开发和维护过程中所遇到的一系列严重问题。这类问题绝不仅仅是"不能正常运行的软件"才具有的,实际上几乎所有软件都不同程度地存在这类问题。概括来说,软件危机包含两方面问题:其一是如何开发软件,以满足不断增长、日趋复杂的需求;其二是如何维护数量不断膨胀的软件产品。

具体来说,软件危机主要有下列表现。

(1) 对软件开发成本和进度的估计常常不准确。开发成本超出预算,实际进度比预定计划一再拖延的现象并不罕见。

(2) 用户对"已完成"系统不满意的现象经常发生。

(3) 软件产品的质量往往靠不住。"缺陷"一大堆,"补丁"一个接一个。

(4) 软件的可维护程度非常之低。

(5) 软件通常没有适当的文档资料。

(6) 软件的成本不断提高。

(7) 软件开发生产率的提高,赶不上硬件的发展和人们需求的增长。

之所以出现软件危机,其主要原因,一方面是与软件本身的特点有关;另一方面是与软件开发和维护的方法不正确有关。

8.7.2　软件工程的定义

软件工程是一门研究如何用系统化、规范化、数量化等工程原则和方法去进行软件的开发和维护的学科。可以定义为:软件工程是一类设计软件的工程。软件工程应用计算机科学、数学及管理科学等原理,借鉴传统工程的原则、方法,创建软件以达到提高质量、降低成本的目的。其中:计算机科学、数学用于构建模型与算法;工程科学用于制定规范、设计规范、评估成本及确定权衡;管理科学用于计划、资源、质量、成本等管理。软件工程学是一门指导计算机软件开发和维护的科学。

软件工程包括两方面内容:软件开发技术和软件项目管理。其中,软件开发技术包括软件开发方法学、软件工具和软件工程环境,软件项目管理包括软件度量、项目估算、进度控制、人员组织、配置管理、项目计划等。

统计数据表明,大多数软件开发项目的失败,并不是由于软件开发技术方面的原因,而是由于不适当的管理造成的。遗憾的是,尽管人们对软件项目管理重要性的认识有所提高,但在软件管理方面的进步远比在设计方法学和实现方法学上的进步小,至今还提不出一套管理软件开发的通用指导原则。

在软件的长期发展中,人们针对软件危机的表现和原因,经过不断的实践和总结,越来越清楚地认识到:按照工程化的原则和方法组织软件开发工作,是摆脱软件危机的一个主要出路。今天,尽管"软件危机"并未被彻底解决,但软件工程三十多年的发展仍可以说是硕果累累。

8.7.3　软件工程的研究对象和基本原理

软件工程是相当复杂的。涉及的因素很多,不同软件项目使用的开发方法和技术也是不同的,而且有些项目的开发无现成的技术,带有不同程度的试探性。一般来说,软件工程包含4个关键元素:方法(Methodologies)、语言(Languages)、工具(Tools)和过程(Procedures)。

软件方法提供如何构造软件的技术,包括以下内容:与项目有关的计算和各种估算,系统和软件需求分析,数据结构设计,程序体系结构,算法过程,编码,测试和维护等。软件工程的方法通常引入各种专用的图形符号,以及一套软件质量的准则。概括地说,软件工程方法规定了以下内容:明确的工作步骤与技术,具体的文档格式,明确的评价标准。

软件语言用于支持软件的分析、设计和实现。随着编译程序和软件技术的完善,传统的编程语言表述能力更强、更加灵活,而且支持过程实现更加抽象的描述。与此同时,规格说明语言和设计语言也开始有更大的可执行子集。而且现在还发展了原型开发语言,所谓原型开发语言就是除必须具有可执行的能力外,还必须具有规格说明和设计这两种语言的能力。

软件工具是人类在开发软件的活动中智力和体力的扩展和延伸,为方法和语言提供自动或半自动化的支持。软件工具最初是零散的,后来根据不同类型软件项目的要求建立了各种软件工具箱,支持软件开发的全过程。更进一步,人们将用于开发软件的软、硬件工具和软件工程数据库(包括分析、设计、编码和测试等重要信息的数据结构)集成在一起,建立集成化的计算机辅助软件工程(Computer-aided Software Engineering,CASE)系统。

软件过程贯穿于软件开发的各个环节。软件过程定义了方法使用的顺序、可交付产品(文档、报告以及格式)的要求、为保证质量和协调变化所需要的管理,以及软件开发过程各个阶段完成的标志。

从内容上说,软件工程包括软件开发理论和结构、软件开发技术以及软件工程管理和规范。软件开发理论和结构包括:程序正确性证明理论、软件可靠性理论、软件成本估算模型、软件开发模型以及模块划分原理。软件开发技术包括:软件开发方法学、软件工具以及软件环境。软件工程管理和规范包括:软件管理(人员、计划、标准、配置)以及软件经济(成本估算、质量评价)。即软件工程可分为理论、结构、方法、工具、环境、管理和规范等。理论和结构是软件开发的基础;方法、工具、环境构成软件开发技术;好的工具促进方法的研制,好的方法能改进工具;工具的集合构成软件开发环境;管理是技术实现与开发质量的保证;规范是开发遵循的技术标准。

在软件工程中,软件的可靠性是软件在所给条件下和规定的时间内,能完成所要求的功能的性质。软件工程的可靠性理论及其评价方法,是贯穿整个软件工程各个阶段所必须考虑的问题。

软件工程的目标在于,研究一套科学的工程化方法,并与之相适应,发展一套方便的工具与环境,供软件开发者使用。

8.7.4　软件的生存期及常用的开发模型

1. 软件的生存期

从某个待开发软件的目的被提出并着手实现,直到最后停止使用的这个过程,一般称为软件生存期。软件工程采用的生命周期方法学就是从时间角度对软件开发和维护的复杂问题进行分解,把软件生存的漫长周期依次划分为若干个阶段,每个阶段有相对独立的任务,然后逐步完成每个阶段的任务。

把软件生存周期划分成若干个阶段,每个阶段的任务相对独立,而且比较简单,便于不同人员分工协作,从而降低了整个软件开发工程的困难程度。在软件生存周期的每个阶段,都采用科学的管理技术和良好的技术方法,而且在每个阶段结束之前,都从技术和管理两个角度进行严格的审查,合格之后才开始下一阶段的工作。这就使软件开发工程的全过程以一种有条不紊的方式进行,保证了软件的质量,特别是提高了软件的可维护性。

目前划分软件生存周期阶段的方法有许多种,一般来说,软件生存周期可以划分为以下几个阶段。

(1) 定义阶段

定义阶段主要是确定待开发的软件系统要做什么。即软件开发人员必须首先确定处理的是什么信息,要达到哪些功能和性能,建立什么样的界面,存在什么样的设计限制,以及要求一个什么样的标准来确定系统开发是否成功;还要弄清系统的关键需求;然后确定该软件。定义阶段大致分为 3 个步骤。

① 系统分析

在这个阶段,系统分析员通过对实际用户的调查,提出关于软件系统的性质、工程目标和规模的书面报告,同用户协商,达成共识。

② 制订软件项目计划

软件项目计划包括确定工作域、风险分析、资源规定、成本核算,以及工作任务和进度安排等。

③ 需求分析

对待开发的软件提出的需求进行分析并给出详细的定义。开发人员与用户共同讨论决定哪些需求是可以满足的,并对其加以确切的描述。

(2) 开发阶段

开发阶段主要是要确定待开发的软件应怎样做,即软件开发人员必须确定,对所开发的软件采用怎样的数据结构和体系结构,怎样的过程细节,怎样把设计语言转换成编程语言,以及怎样进行测试等。这个阶段大致分为 3 个步骤。

① 软件设计

软件设计主要是把对软件的需求翻译为一系列的表达式(如图形、表格、伪码等),以描述数据结构、体系结构、算法过程以及界面特征等。一般又分为总体设计和详细设计。其中,总体设计主要进行软件体系结构的分析,详细设计主要进行算法过程的实现。

② 编码

编码主要依据设计表达式写出正确的、容易理解的、容易维护的程序模块。程序员应该根据目标系统的性质和实际环境,选取一种适当的程序设计语言,把详细设计的结果翻译成用选定的语言书写的程序,并且仔细测试编写出的每一个模块。

③ 软件测试

软件测试主要是通过各种类型的测试及相应的调试,以发现功能、逻辑和实现上的缺陷,使软件达到预定的要求。

(3) 维护阶段

维护阶段主要是进行各种修改,使系统能持久地满足用户的需要。维护阶段要进行再定义和再开发,所不同的是在软件已经存在的基础上进行。

通常有 4 类维护活动。改正性维护,即诊断和改正在使用过程中发现的软件错误;适应性维护,即修改软件使之能适应环境的变化;完善性维护,即根据用户的新要求扩充功能和改进性能;预防性维护,即修改软件为将来的维护活动预先作准备。

在软件工程中的每一个步骤完成后,为了确保活动的质量,必须进行评审。为了保证系统信息的完整性和软件使用的方便,还要有相应的详细文档。

2. 常用的软件开发模型

软件开发模型是软件开发的全部过程、活动和任务的结构框架。软件开发模型能清晰、直观地表达软件开发全过程,明确规定了要完成的主要活动和任务,是用来作为软件项目开发的基础。常见的软件工程模型有:瀑布模型、原型模型、演化模型、螺旋模型、喷泉模型、第四代技术过程模型等。下面简介前 4 种模型。

(1) 瀑布模型

瀑布模型(Waterfall Model)依据软件生命周期方法学开发软件,各阶段的工作自顶向下、从抽象到具体按顺序进行,如图 8-18 所示。

利用瀑布模型开发软件系统时,每一阶段完成确定的任务后,若其工作得到确认,就将产生的文档及成果交给下一个阶段；否则返回前一阶段，甚至更前面的阶段进行返工。而不同阶段的任务，一般来说是由不同级别的软件开发人员承担的。

这种软件开发方法其特点是，阶段间具有顺序性和依赖性，便于分工合作，文档便于修改，并有复审质量保证，但与用户见面晚、纠错慢，工期延期的可能性大。适合在软件需求比较明确、开发技术比较成熟、工程管理比较严格的场合下使用。

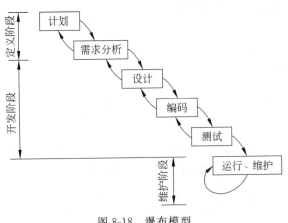

图 8-18   瀑布模型

（2）原型模型

原型模型（Prototype Model）是针对瀑布模型提出来的一种改进方法。其基本思想是从用户需求出发，快速建立一个原型，使用户通过这个原型初步表达出自己的要求，并通过反复修改、完善，逐步靠近用户的全部需求，最终形成一个完全满足用户要求的新系统。

依据这种模型开发软件时，开发人员和用户在"原型"上达成一致，避免了许多由于不同理解而造成的错误，因而提高了系统的实用性、正确性以及用户的满意度。由于它是对一个有形的"原型产品"进行修改和完善，即使前面的设计有缺陷，也可以通过不断地修改原型产品，最终解决问题，因而缩短了开发周期，加快了工程进度。由于原型模型本身不需要大量验证性测试以及前两点的原因，所以降低了系统的开发成本。但当开发者在不熟悉的领域中不易分清主次时，产品原型在一定程度上限制了开发人员的创新；资源规划和管理较为困难，随时更新文档也带来麻烦；开发者还有可能只注意原型是否满意，忽略了原型环境与用户环境的差异。

一般又把原型分为3类：抛弃式，目的达到即被抛弃，原型不作为最终产品；演化式，系统的形成和发展是逐步完成的，是高度动态迭代和高度动态的，每次迭代都要对系统重新进行规格说明、重新设计、重新实现和重新评价，所以是对付变化最为有效的方法，这也是与瀑布模型开发的主要不同点；增量式，系统是一次一段地增量构造，与演化式原型的最大区别在于，增量式开发是在软件总体设计基础上进行的。很显然，其对付变化比演化式差。

（3）演化模型

演化模型（Evolutionary Model）主要针对事先不能完整定义需求的软件开发。用户可以给出待开发系统的核心需求，并且当看到核心需求实现后，能够有效地提出反馈，以支持系统的最终设计和实现。软件开发人员根据用户的需求，首先开发核心系统。当该核心系统投入运行后，用户试用之，并提出精化系统、增强系统能力的需求。软件开发人员根据用户的反馈，实施开发的迭代过程。第一迭代过程均由需求、设计、编码、测试、集成等阶段组成，为整个系统增加一个可定义的、可管理的子集。

演化模型在开发模式上采取分批循环开发的办法，每循环开发一部分的功能，成为这个产品的原型的新增功能。于是，设计就不断地演化出新的系统。实际上，这个模型可看作是重复执行的多个"瀑布模型"。

演化模型要求开发人员有能力把项目的产品需求分解为不同组，以便分批循环开发。这种分组并不是绝对随意性的，而是要根据功能的重要性及对总体设计的基础结构的影响而作出判断。

演化模型的特点是通过逐步迭代，建立软件系统，其适用场合为需求没有或者难以完整定义的软件。要注意与原型模型之间的区别。

（4）螺旋模型

螺旋模型（Spiral Model）将瀑布模型与原型模型结合起来，并且加入风险分析，构成具有特色的模式，弥补了前两种模型的不足，是演化模型的一种具体形式。螺旋模型将工程划分为 4 个主要活动：制订计划、风险分析、实施工程、用户评价。这 4 个活动螺旋式地重复执行，直到最终得到用户认可的产品。

在螺旋模型中，软件开发是一系列的增量发布。在每一个迭代中，被开发系统的更加完善的版本逐步产生。螺旋模型被划分为若干个框架活动，也称为任务区域。一般情况下，有以下任务区域。

① 客户交流：建立开发者和客户之间的有效通信，正确定义需求。

② 计划：定义资源、进度及其他相关项目信息，即确定软件目标，选定实施方案，弄清项目开发的限制条件。

③ 风险分析：评估技术的及管理的风险，即分析所选方案，考虑如何识别和消除风险。

④ 工程：建立应用的一个或多个表示，即设计软件原型。

⑤ 设计与制作：构造、测试、安装和提供用户支持，即实施软件开发。

思考题

1. 简述你对学习程序的三个问题"做什么、怎么做和如何描述"的理解。

2. 什么叫算法？算法应具有哪些特征？

3. 如何评价一个算法？试描述算法的复杂度。

4. 算法有几种描述方法？各有什么特点？

5. 程序设计语言经历了哪些发展阶段？每个阶段各有什么特点？

6. 从程序设计类型的角度，高级语言可分为几种？

7. 列举你所知道的目前比较流行的高级语言。

8. 简述结构化程序设计和面向对象程序设计的区别。

9. 简述结构化程序设计的三种基本控制结构。

10. 高级语言按转换方式可将编译器分为哪两类？试述它们之间的区别。

11. 简述数据与信息的区别和联系。

12. 信息有哪些特征？

13. 从信息系统的发展和系统特点来看，信息系统可分为哪几类？

14. 理解信息系统的含义。举例说明常见的信息系统的功能及特点。

15. 试结合实例说明研究人工智能的意义。

16. 人工智能的研究方法主要有哪些？

17. 简述人工智能的分支领域。

18. 计算机软件系统经历了哪四个发展阶段？各阶段有哪些特点？

19. 简述软件生存周期的六个阶段。

20. 常用的软件开发模型有哪些？各有哪些特点？

21. 名词解释：

程序　算法　面向对象　编译器　信息　信息系统　人工智能　软件工程　软件危机

软件生存周期

Chapter 9
第9章　VB. NET 程序设计基础

9.1　VB.NET 开发环境

VB. NET 是 Visual Basic. NET 的简称，它集成在 VS. NET（Visual Studio. NET）中。VB. NET 简单、易学，采用事件可视化驱动的编程机制，具有开发环境和面向对象的程序特性。

在本章，我们使用 VB. NET 可以快速建立各种类型的项目。并通过四个项目来简单学习 VB. NET 编程方法，同时理解面向对象的一些基本概念。

1. 项目

一个独立的编程单位（包含窗体文件及其他一些相关文件）、若干项目即组成一个解决方案。解决方案可以含有以下类型的文件。

解决方案文件（. sln）：可包括用不同语言开发的项目。

项目文件（. vbproj）：由引用的组件和代码模块组成。

代码模块文件（. vb）：包括窗体文件、类模块或其他代码文件。

2. 创建项目的步骤

（1）打开 Visual Studio 2008 集成开发环境。单击"开始"|"程序"| Microsoft Visual Studio 2008|Microsoft Visual Studio 2008，打开如图 9-1 所示的集成开发环境界面。

（2）单击"文件"|"新建项目"命令（也可在如图 9-1 所示的集成开发界面中单击"起始页"窗口中的"创建项目"按钮），弹出"新建项目"对话框，如图 9-2 所示。在该对话框中，在"项目类型"列表框中选择"Visual Basic 项目"，在"模板"列表框中选择相应的程序类型，比如我们选择"Windows 应用程序"，在"名称"文本框中输入名称，比如我们输入"test1"，并在其下方的"位置"列表框中为其选定一个保存路径。之后单击"确定"按钮，便在VB. NET 中创建了一个名为 test1 的新项目。

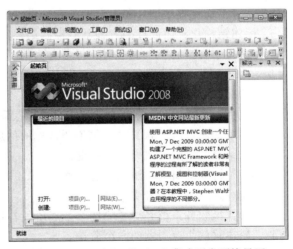

图 9-1　Visual Studio 2008 集成开发环境界面

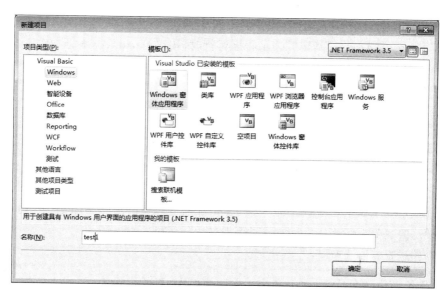

图 9-2　VB. NET 的"新建项目"对话框

9.2　简单程序

掌握启动与退出 VB. NET 的方法；掌握建立、编辑和运行一个简单的 VB. NET 应用程序的全过程。通过编写一个简单的应用程序，学会使用 VB. NET 中的常用控件并设置控件的属性，运行程序并保存文件。

9.2.1　知识点

1. 窗体

窗体是一块画布，是所有控件的容器，可以根据需要利用工具箱上的控件在窗体上画界面。窗体有以下两个窗口。

（1）窗体设计器窗口：建立 VB. NET 应用程序的界面（一个应用程序可以有多个窗体，通过"项目"|"添加 Windows 窗体"命令增加新窗体）。

（2）代码设计窗口：专门用来进行代码设计，包括各种事件过程、过程和类等源程序代码的编写和修改。

（3）打开代码设计窗口的方法：双击窗体、控件，或单击代码窗口上方的选项卡组中的对应项。

2. 对象

窗体和控件称为对象。

3. 属性

（1）每个对象用一组属性来描述其外部特征，如颜色、大小等。

（2）属性窗口用于显示和设置所选定对象的属性。属性窗口由四部分组成：对象和名称空间列表框、属性显示排列方式、属性列表框及属性含义说明。

（3）对象属性的设置方法如下。

设计阶段：利用属性窗口直接设置属性值。

程序运行时：通过语句"对象名.属性名＝属性值"进行设置。

例如，"Button1.Text="确定""表示程序运行时，按钮 Button1 上显示"确定"。

> **注意**　若属性只能在设计阶段设置，在程序运行阶段不可改变，称为只读属性。

4.事件

事件是发生在对象上的事情。同一事件，对不同的对象，会引发不同的反应。

VB.NET 为对象预先定义了一系列的事件。例如单击(Click)、获取焦点(GotFocus)、按下键(KeyPress)等。

事件过程是应用程序处理事件的步骤，它针对某一对象并与该对象的一个事件相联系。应用程序设计的主要工作就是为对象编写事件过程的代码。

定义事件过程的语法如下：

```
Sub 对象名_事件(对象引用,事件信息) Handles 事件处理程序
    ...            '事件过程代码
End Sub
```

5.方法

方法是一个对象能做的事情。

方法的实现：通过系统设计好的特殊的过程和函数。

调用：

```
[对象.]方法 [参数名表]
```

若省略对象，表示当前对象，一般指窗体。

例如：

```
Textbox1.Focus
```

使 Textbox1 控件获得焦点，光标在本文框内闪烁。

6.常用控件

VB.NET 编程中最常用的控件见表 9-1。

表 9-1　最常用的控件

控件名称	作　　用	工具箱显示图标	简　　称
TextBox	用来在程序运行时接收用户输入，也可以显示运行的结果，以完成用户与程序的交互	abl TextBox	文本框
Button	用户可以单击按钮，执行已写入 Click 事件过程中的代码	ab Button	按钮
Label	用于显示文本，主要是用于显示其他控件名称，描述程序运行状态或标识程序运行的结果信息等，响应程序的事件或跟踪程序运行的结果	A Label	标签
ListBox	显示一组项目的列表，用户可以根据需要从中选择一个或多个选项。列表框可以为用户提供所有选项的列表。虽然也可设置列表框为多列列表的形式，但在缺省时列表框单列垂直显示所有的选项。如果项目的数目超过了列表框可显示的数目，控件上将自动出现滚动条	ListBox	列表框

9.2.2　项目一

新建一个 VB. NET 项目,创建一个最为简单的应用程序。该程序由一个文本框(Textbox)和一个按钮(Button)组成,单击该按钮时,文本框会出现"你好! 这是我的第一个程序。",同时,按钮上的文本由"你好"变为"谢谢"。

创建项目的步骤如下。

(1) 创建一个新的项目,名为 test1。

(2) 打开或创建项目后,默认的窗体是 Form1,使用窗体是 Form1 作为应用程序的用户界面。

(3) VB. NET 的工具箱默认是折叠在工作区的左侧的(见图 9-3),光标指向它时,会展开工具箱;光标移开时,它又会自动折叠。

(4) 为了使用方便,可以在用光标展开工具箱后,单击工具箱右侧中间的那个图钉,将工具箱固定在工作区的左侧,如图 9-4 所示。

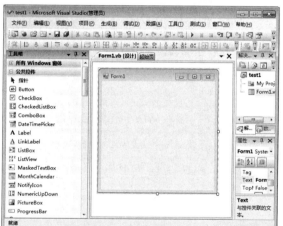

图 9-3　VB. NET 展开工具箱对话框　　　　图 9-4　VB. NET 用图钉固定的工具箱对话框

(5) 向窗体添加一个文本框控件和一个按钮控件。方法很简单:在工具箱中找到 Textbox 和 Button 控件后,拖到 Form1 窗体上即可,并且还可以拖动以改变其在窗体上的位置。添加控件后的窗体如图 9-5 所示。

(6) 设置 Form1 的 Text 属性。单击 Form1 窗体的空白处,在工作区右侧的属性窗口中,在 Form1 的 Text 属性值中输入"你好! 这是我的第一个程序。",如图 9-6 所示。

(7) 设置按钮的 Text 属性。单击选中 Form1 窗体上的按钮,在右侧的属性窗口中将其 Text 属性值输入"你好!"。经过以上两步操作的窗体,如图 9-7 所示。可以看到,Form1 窗体的标题栏上的文字变成了"你好!",按钮上的文字变成了"你好!",这是由于我们分别设置了两个控件的 Text 属性的缘故。

(8) 编写程序代码。双击 Form1 窗体上的按钮控件,在出现的代码窗口中,默认的事件过程是 Click 事件(单击时发生的事件),此例不需要改动。在 Sub 和 End Sub 之间输入如下语句,如图 9-8 所示。

```
Textbox1.Text=" 你好!这是我的第一个程序。"
Button1.Text=" 谢谢"
```

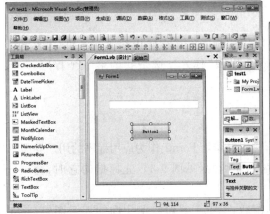

图 9-5   添加一个文本框控件和一个按钮控件

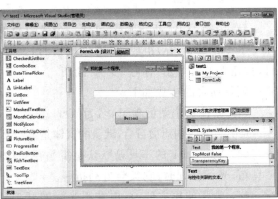

图 9-6   设置窗体 Form1 的 Text 属性

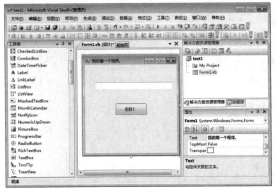

图 9-7   设置按钮控件的 text 属性

图 9-8   编写事件过程 Click 事件程序代码

注意   代码中的符号均是英文标点。

(9) 单击工具栏中的"调试"|"启动调试",或按 F5 键即可运行该程序。运行窗口中的文本框的值为空,按钮的标题为"你好!",如图 9-9 所示。单击"你好!"按钮后,触发了按钮的 Click 事件,调用其 Click 事件过程代码,将文本框和按钮的 Text 属性值分别变为"你好! 这是我的第一个程序。"和"谢谢",如图 9-10 所示。

图 9-9   程序运行后的界面

图 9-10   单击"你好!"按钮后的界面

(10) 单击工具栏中的"文件"|"全部保存",选择保存位置,单击"保存"按钮即可,如图 9-11 所示。

图 9-11　保存文件的界面

9.3　选择结构编程

在本节,我们要学会各种数据类型变量的定义方法,了解各种运算符,掌握 InputBox、MsgBox 函数的使用,掌握条件分支语句和情况语句的使用。

9.3.1　知识点

1. 常量与变量

(1) 常量

常量是用有意义的名字取代经常用到的数值或字符串。常量是在程序运行中不变的量,VB.NET 中有三种常量。

① 直接常量:其常数值直接反映了其类型。

② 符号常量:用户声明,便于程序阅读或修改。

```
Const 符号常量名 [As 类型] = 表达式
```

例如:

```
Const PI=3.14
```

③ 系统常量:系统提供许多内部常量和枚举。

例如,vbCrLf 为回车/换行组合符。

(2) 变量

在执行应用程序期间,用变量临时存储数值。变量具有名字(用来引用变量所包含的值的词)和数据类型(确定变量能够存储的数据的种类)。使用变量前,必须先声明变量。

声明变量的格式如下:

```
Dim 变量名 [As 数据类型][=初始值]
```

例如:

```
dim a as Integer     //a 是变量名,数据类型是整型
```

变量名命名原则如下。

① 必须以字母开头。

② 不能包含嵌入的(英文)句号或者嵌入的类型声明字符。

③ 不得超过 255 个字符。

④ 在同一个范围内必须是唯一的。

2. 数据类型

常用的数据类型见表 9-2。

表 9-2　常用的数据类型

类　　型	占用空间/字节	描　　述
Integer(整型)	4	32 位整数型,范围为－2147483.648～2147483.648
Long(长整型)	8	64 位整数型,范围为－9223372036854775.808～9223372036854775.807
Short(短整型)	2	16 位整数型,范围为－32768～32767
Single (单精度浮点型)	4	32 位浮点数值型,范围:负数为－3.402823E38～－1.401298E－45;正数为 1.401298E－45～3.402823E38
Double (双精度浮点型)	8	64 位浮点数值型,范围:负数为－1.79769313486231E308～－4.94065645841247E－324;正数为 4.94065645841247E－324～1.79769313486231E308
Decimal (十进制型)	12	无小数点的整数范围是－79228162514264337593543950335～79228162514264337593543950335

3. 运算符与表达式

(1) 运算符

常用的运算符见表 9-3。

表 9-3　常用的运算符

运 算 类 型	运 算 符	运 算 类 型	运 算 符
算术运算(Arithmetic)	^、＊、/、\、mod、＋、－	连接运算(concatenation)	＋、&.
赋值运算(Assignment)	＝	逻辑运算(Logical)	Not、And、Or
比较运算(Comparison)	＜、＜＝、＞、＞＝、＜＞、＝		

(2) 表达式

① 表达式的组成

变量、常量、函数、运算符和圆括号。

② 表达式的书写规则

a. 运算符不能相邻。例如,a＋－b 是错误的。

b. 乘号不能省略。例如,x 乘以 y 应写成 x＊y。

c. 括号必须成对出现(均使用圆括号)。

d. 表达式从左到右在同一基准上书写,无高低、大小。

③ 不同数据类型的转换

运算结果的数据类型向精度高的数据类型靠。

Integer＜Long＜Single＜Double＜Currency

④ 运算符的优先级

运算符的优先级由高到低依次如下:

算术运算符≥字符运算符＞关系运算符＞逻辑运算符

4. 用户交互的函数

(1) InputBox 函数

作用:打开一个对话框,等待用户输入,返回字符串类型的输入值。

格式：

`InputBox(提示[,标题][,默认值][,x坐标位置][,y坐标位置])`

（2）MsgBox 函数

作用：打开一个信息框，等待用户选择一个按钮。

格式 1：

`变量[%]=MsgBox(提示[,按钮][,标题])` //MsgBox 函数返回所选按钮的值

格式 2：

`MsgBox 提示[,按钮][,标题]`

按钮项是一整型表达式或枚举值（MsgBoxStyle），决定信息框按钮的数目和类型及出现在信息框上的图标形式。返回结果整型表达式或枚举值（MsgBoxResult 枚举），参考表 9-4。

表 9-4　MsgBox 按钮的设置

分　组	枚 举 值	值	描　　述
按钮数目	OkOnly	0	"确定"按钮
	OkCancel	1	"确定"、"取消"按钮
	AboutRetryIgnore	2	"终止"、"重试"、"忽略"按钮
	YesNoCancel	3	"是"、"否"、"取消"按钮
	YesNo	4	"是"、"否"按钮
	RetryCancel	5	"重试"、"取消"按钮
图标类型	Critical	16	关键信息图标
	Question	32	询问信息图标
	Exclamation	48	警告信息图标
	Information	64	信息图标
默认按钮	DefaultButton1	0	第 1 个按钮为默认
	DefaultButton2	56	第 2 个按钮为默认
	DefaultButton3	512	第 3 个按钮为默认

5. 选择结构

（1）单分支 If 语句格式

`If 条件表达式 Then 语句`

流程图见图 9-12 所示。

例如，使用 InputBox 输入一个数，判断这个数的奇偶性。

（图 9-13 所示为输入数，图 9-14 为运行后的结果。）

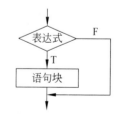

图 9-12　单分支 If 语句流程图

```
Private Sub Button1_Click (ByVal sender As System.Object, ByVal e As _
                   System.EventArgs) Handles Button1.Click
    Dim a As Integer
    a =InputBox("输入一个数")
    If a Mod 2 =1 Then
      MsgBox(a & "是奇数")
```

```
    Else
        MsgBox(a & "是偶数")
    End if
End Sub
```

图 9-13　输入一个数　　　　　　　　　　图 9-14　运行后的结果

注意　在程序代码中使用了条件表达式：a Mod 2 = 1,根据这个表达式的值,程序决定 MsgBox 显示的内容。

（2）双分支 If 语句格式

```
If 条件表达式 Then
    语句块 1
Else
    语句块 2
End If
```

流程图见图 9-15 所示。

（3）多分支 If 语句格式

```
If 条件表达式 1 Then
    语句块 1
ElseIf 条件表达式 2 Then
    语句块 2
    ⋮
Else
    语句块 n
End If
```

流程图见图 9-16 所示。

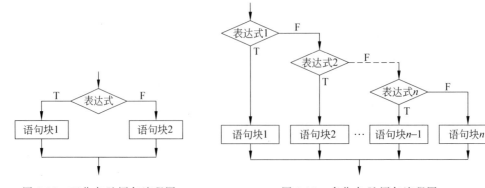

图 9-15　双分支 If 语句流程图　　　　　　图 9-16　多分支 If 语句流程图

例如,使用 InputBox 输入一个字符,判断你输入的字符的种类。

若是数字,则提示为数字;若是小写字母,则提示此字母为小写字母,并将该字母转换为大写字母;若为大写字母,则提示此字母为大写字母,并将该字母转换为小写字母;否则输出其他字符。如图 9-17 所示。

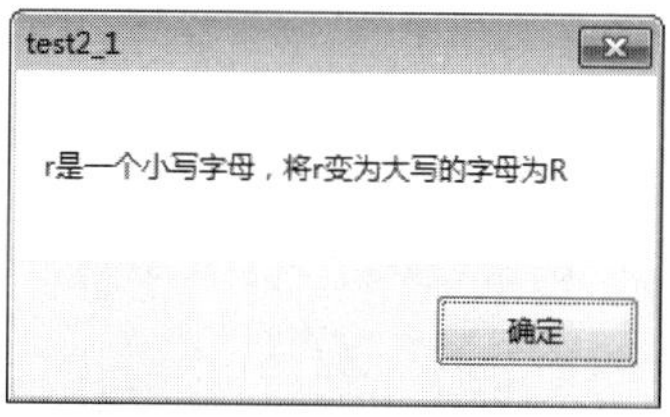

```
Private Sub Button1_Click(ByVal sender As Object, _
    ByVal e As System.EventArgs) Handles Button1.Click
        Dim a As String
        Dim b As String
        a = InputBox("请输入一个字符")
        If a <= "9" And a >= "0" Then
            MsgBox(a & "是一个数字")
        ElseIf a >= "A" And a <= "Z" Then
            b = Chr(Asc(a) + 32)          '也可以写为 b = LCase(a)
            MsgBox(a & "是一个大写字母,将" & a & "变为小写的字母为" & b)
        ElseIf a >= "a" And a <= "z" Then
            b = UCase(a)                  '也可以写为 b=Chr(Asc(a) - 32)
            MsgBox(a & "是一个小写字母,将" & a & "变为大写的字母为" & b)
        Else
            MsgBox(a & "是其他字符")
        End If
End Sub
```

图 9-17　程序运行的结果

注意　总是可以添加更多的 ElseIf 块到 If...Then 结构中去。但是,当每个 ElseIf 都将相同的表达式比作不同的数值时,这个结构编写起来很乏味。在这种情况下,可以使用 Select Case 判定结构。

（4）Select Case 结构格式

```
Select Case 表达式
    Case 表达式列表 1
        语句块 1
    Case 表达式列表 2
        语句块 2
    Case 表达式列表 3

        ⋮

Case Else
    语句块 n
End Select
```

Select Case 结构中可以使用任意多个 Case 子句。Case 子句中也可以包括多个 Value 值,多个 Value 值之间使用逗号分隔。

例如,输入一个数字(1~7),用英文显示星期一至星期日。相应的信息显示在标签对象中。

```
Private Sub Button1_Click(ByVal sender As Object, ByVal e As _
                    System.EventArgs) Handles Button1.Click
Dim xq As Integer
    xq = InputBox("请输入 1~7 的数字")
    Select xq
        Case 1
```

```
            Label1.Text ="Monday"
        Case 2
            Label1.Text =" Tuesday"
        Case 3
            Label1.Text =" Wednesday"
        Case 4
            Label1.Text =" Thursday"
        Case 5
            Label1.Text =" Friday"
        Case 6
            Label1.Text =" Saturday"
        Case 7
            Label1.Text =" Sunday "
        Case Else
            Label1.Text ="Error!"
    End Select
End Sub
```

💡注意　Select Case 结构每次都要在开始处计算表达式的值,而 If…Then…Else 结构为每个 ElseIf 语句计算不同的表达式,只有在 If 语句和每个 ElseIf 语句计算相同的表达式时,才能使用 Select Case 结构替换 If…Then…Else 结构。

9.3.2　项目二

编写一个模拟袖珍计算器的完整程序,界面如图 9-18 和图 9-19 所示。

要求:输入两个操作数和一个操作符,根据操作符决定所做的运算。

图 9-18　单击"计算"按钮得到的结果

图 9-19　单击"清空"按钮得到的结果

1. 分析

(1) 为了程序运行正确,对存放操作符的采用列表框 ListBox1,将操作符直接添加到 ListBox1 的 Items 属性中。

(2) 操作数 1、操作数 2 及操作结果分别采用文本框 TextBox1、TextBox2 及 TextBox3。

(3) 设计 2 个按钮:"计算"(Button1)、"清空"(Button2)。

(4) 根据选择的操作符,利用 Select Case 语句实现。

2. 创建项目二的步骤

(1) 创建一个名为 test2 的新项目。

(2) 打开或创建项目后,默认的窗体是 Form1,使用它来作为应用程序的用户界面。

(3) 设置 Form1 的 text 属性,在 Form1 的 text 属性值中输入"模拟袖珍计算器"。

(4) 向窗体添加 1 个列表框 ListBox1、3 个文本框控件 Textbox1、Textbox2、TextBox3 和 2 个按钮控件 Botton1、Botton2。按照图 9-20 设置控件的属性,添加控件后的窗体如图 9-20 所示。其中:

① ListBox1 的 Items 属性选择"字符串集合编辑器",输入＋、－、＊、/。如图 9-21 所示。

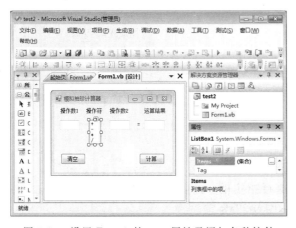

图 9-20 设置 Form1 的 text 属性及添加各种控件　　　图 9-21 设置 ListBox1 的 Items 属性

② Botton1 的 Text 属性设置为"计算"。

③ Botton2 的 Text 属性设置为"清空"。

（5）编写程序代码：本例有两个事件过程。

```vb
Public Class Form1
'单击"计算"按钮编程
Private Sub Button1_Click_1(ByVal sender As System.Object, ByVal e As _
                        System.EventArgs) Handles Button1.Click
    Select Case ListBox1.SelectedIndex
        Case 0
            TextBox3.Text =Val(TextBox1.Text) +Val(TextBox2.Text)
        Case 1
            TextBox3.Text =Val(TextBox1.Text) -Val(TextBox2.Text)
        Case 2
            TextBox3.Text =Val(TextBox1.Text) * Val(TextBox2.Text)
        Case 3
            TextBox3.Text =Val(TextBox1.Text) / Val(TextBox2.Text)
    End Select

    End Sub
'单击"清空"按钮编程
Private Sub Button2_Click_1(ByVal sender As System.Object, ByVal e As _
                        System.EventArgs) Handles Button2.Click
    TextBox1.Text =""
    TextBox2.Text =""
    TextBox3.Text =""
    End Sub
End Class
```

9.4 循环结构的编程

在本节,我们要掌握 For…Next 语句、While…End While 语句和 Do…Loop 语句的使用;学会用单重循环的编程方法;理解循环嵌套的概念,学会多重循环语句的使用,掌握多重循环的规则和程序设计的方法。

9.4.1　知识点

循环结构

（1）For...Next 循环格式

```
For 循环变量=初值 To 终值 [Step 步长值]
    语句块 1
[Exit For]
    语句块 2
Next[循环变量]
```

For...Next 循环在事件过程中重复执行指定的一组语句，直到达到指定的执行次数为止。图 9-22 为它的流程图。

例如，下面的 For...Next 循环在程序运行时计算机扬声器快速响铃四声：

```
For i=1 To 4
    Beep
Next
```

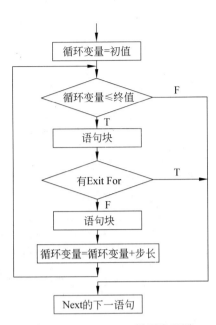

图 9-22　For...Next 循环流程图

上面的循环与过程中重复书写 4 条 Beep 语句是等价的。对编译器来说，上述循环相当于：

```
Beep
Beep
Beep
Beep
```

例如，设计一个程序，计算 2～200 的偶数和。

```
Dim sum, i As Integer
sum = 0
For i = 2 To 200 Step 2
    sum = sum + i
Next
MsgBox("sum=" & sum, , "sum=2+4+...+200")
```

计算结果如图 9-23 所示。

下面是循环嵌套、多重循环的范例。

例如，计算一个 3 位数组成水仙花的个数（一个数的各位的立方和等于这个数本身的数）。

运行界面设计：使用一个多行的 Textbox 文本框及一个 ListBox 列表框，分别显示结算结果。运行界面如图 9-24 所示。

图 9-23　计算 2～200 的偶数和结果

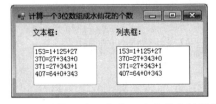

图 9-24　计算一个 3 位数组成水仙花的结果

分析：使用三重循环分别代表三位数。

```
Private Sub Form1_Click(ByVal sender As Object, ByVal e As System.EventArgs) Handles_
                    Me.Click
        Dim a%, b%, c%, x%
        a = 1 : b = 0 : c = 0
        For a = 1 To 9
            For b = 0 To 9
                For c = 0 To 9
                    x = 100 * a + 10 * b + c
                    If x = a ^ 3 + b ^ 3 + c ^ 3 Then
                        If TextBox1.Text = "" Then
                            TextBox1.Text = x & "=" & (a ^ 3) & "+" & (b ^ 3) & "+" & (c ^ 3)
                        Else
                            TextBox1.Text = TextBox1.Text & vbCrLf & x & "=" & (a ^ 3) _
                                    & "+" & (b ^ 3) & "+" & (c ^ 3)
                        End If
                        ListBox1.Items.Add(x & "=" & (a^3) & "+" & (b^3) & "+" & (c^3))
                    End If
                Next
            Next
        Next
End Sub
```

（2）Do 循环

程序中除了使用 For…Next 循环外，也可以使用 Do 循环重复执行一组语句，直到某个条件为 True 时终止循环。对于事先不知道循环要执行多少次的情况来说，Do 循环十分有用和方便。图 9-25 为 Do 循环的流程图。

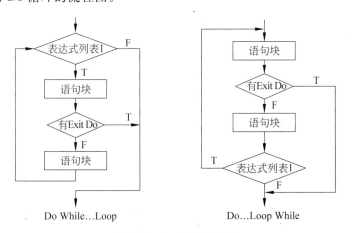

图 9-25　Do 循环流程图

Do 循环有几种格式，其中常用的语法格式如下：

```
Do [{While|Until} 条件表达式]
    语句块 1
    [Exit Do]
    语句块 2
Loop
```

或

```
Do
    语句块 1
    [Exit Do]
    语句块 2
Loop [{While|Until} 条件表达式]
```

如果条件为 Null,则这个条件被认为是 False。

例如,下面的 Do 循环重复处理用户输入,直到用户输入单词 End 时为止。

```
Do While InputName<>"End"
    inputName=InputBox("Enter your name or type End to quit.")
    If inputName<>"End" Then
        Label1.Text=inputName
    End If
Loop
```

例如,编写一个"计算 20 以内的素数"程序。该程序运行后,会在窗体中显示 20 以内所有的素数,如图 9-26 所示。

图 9-26　20 以内的素数运行结果

```
Private Sub Form1_Click(ByVal sender As Object, _
    ByVal e As System.EventArgs) Handles Me.Click
    Dim i%=2, j%
    Do While (i<=20)
        j=2
        While j<=System.Math.Sqrt(i)
            If i Mod j=0 Then
                Exit While
            End If
            j+=1
        End While
        If j>System.Math.Sqrt(i) Then
            TextBox1.Text=TextBox1.Text & i & vbCrLf
        End If
        i+=1
    Loop
End Sub
```

9.4.2　项目三

求自然对数 e 的近似值,其误差小于 0.00001。近似公式如下:

$$e = 1 + \frac{1}{1!} + \frac{1}{2!} + \frac{1}{3!} + \cdots + \frac{1}{n!} + \cdots = \sum_{i=0}^{\infty} \frac{1}{i!}$$

1. 分析

本例涉及程序设计中的两个重要运算:累加、阶乘 $i!$。

(1) 累加:在原有和的基础上再加一个数;

(2) 连乘:在原有积的基础上再乘以一个数。

(3) 该题先求 i!,再将 1/i! 进行累加,循环次数预先未知,可先设置一个循环次数很大的值,然后在循环体内判断是否到达精度,当然也可用 Do...While 来实现。

2. 创建项目三的步骤

(1) 创建一个名为 test3 的新项目。

(2) 打开或创建项目后,默认的窗体是 Form1,使用它来作为应用程序的用户界面。

(3) 设置 Form1 的 text 属性,在 Form1 的 text 属性值中输入"求自然对数 e 的近似值"。

(4) 向窗体添加一个标签框 Label1,并设置 Label1.Text="",添加控件后,单击窗体后显示的代码设计窗口,如图 9-27 所示。

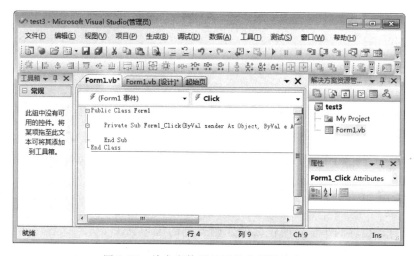

图 9-27　单击窗体后显示的代码设计窗口

(5) 编写程序代码:单击窗体的 Click 事件。

```
Private Sub Form1_Click(ByVal sender As Object, ByVal e As System.EventArgs) _
                 Handles Me.Click

    Dim i, jc As Integer
    Dim sum, xs As Single
    sum = 0
    xs = 1
    i = 1
    jc = 1

    Do While (xs > 0.00001)
        sum = sum + xs
        i = i + 1
        jc = jc * i
        xs = 1 / jc
    Loop

    Label1.Text = "求自然对数 e 的近似值=" & sum
End Sub
```

运行结果的界面如图 9-28 所示。

(6) 单击工具栏中的"文件"|"全部保存"按钮,选择保存位置,之后单击"保存"按钮,如图 9-29 所示。

图 9-28　求自然对数 e 的近似值的运行结果

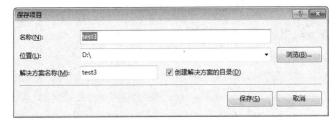

图 9-29　完整保存项目

9.5　综合应用

9.5.1　知识点

随机函数 Rnd。Rnd 函数返回 0 和 1(包括 0,但不包括 1)之间的双精度随机数。

每次运行时,要产生不同序列的随机数,先执行 Randomize 语句。例如:

```
Int(Rnd * (b-a)+a)      //产生 a~b 的随机整数
```

9.5.2　项目四

编写一个自动出题的小学生两位数的四则运算的练习题。要求:该程序运行后,会显示练习的题目,在文本框 Textbox1 输入答案,然后单击"确定"按钮,在文本框 Textbox2 显示正确与否,并保留所有的题目及答案;当单击"计分"按钮时,在文本框 Textbox2 显示一共做了几题,得多少分。当单击"退出"按钮,结束程序运行,如图 9-35 所示。

1. 分析

操作数和运算符通过随机函数 Rnd 产生,操作数的范围是 1～10;运算符 1～4 分别代表 ＋、－、×、÷。Rnd 产生的数是在 0～1 之间的实数,为了产生 1～10 的整数作为操作数,可通过 Int(10 ＊ Rnd ＋ 1)表达式实现。

(1) 当产生表达式后,在文本框输入计算结果,单击"确定"按钮,在文本框显示正确与否,并保留所有的题目及答案。

(2) 当单击"计分"按钮,计算机显示得分结果。

(3) 当单击"退出"按钮,结束程序运行。

2. 创建项目四的步骤

(1) 创建一个名为 test4 的新项目。

(2) 打开或创建项目后,默认的窗体是 Form1,使用窗体 Form1 作为应用程序的用户界面,如图 9-30 所示。

(3) 设置 Form1 的 text 属性,在 Form1 的 text 属性值中输入"小学生两位数的四则运算的练习题",如图 9-31 所示。

(4) 向窗体添加 1 个标签控件 Label1、2 个文本框控件 Textbox1、Textbox2 和 3 个按钮控件 Button1、Button2、Button3。按照图 9-32 设置控件的属性,添加控件后的窗体如图 9-32 所示。

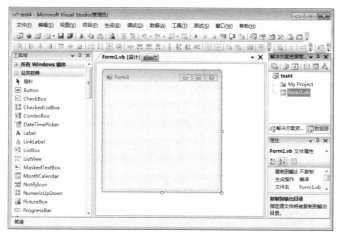

图 9-30　创建"test4"项目，默认的窗体 Form1

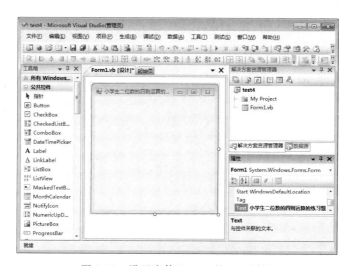

图 9-31　设置窗体 Form1 的 text 属性

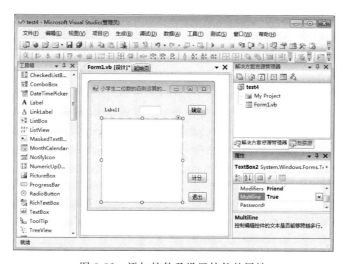

图 9-32　添加控件及设置控件的属性

其中:

① Textbox2 的 Multiline 属性设置为 True。

② Botton1 的 Text 属性设置为"确定"。

③ Botton2 的 Text 属性设置为"计分"。

④ Botton3 的 Text 属性设置为"退出"。

(5) 编写程序代码:本例有三个事件过程,为了便于事件过程中的数据共享,在事件过程前定义了窗体级变量。

① 单击 Form1 窗体,在事件过程前定义了窗体级变量。

```
Public Class Form1
        Dim tm As String                    '存放产生的题目,文本型
        Dim result As Single                '存放计算机计算结果
        Dim dtok, dterr As Integer          '存放答对题计数、答错题计数
        Dim N1%, N2%, NOp%, Op$             '存放操作数1、操作数2、操作符对应数、操作符
End Class
```

② 当运行开始需要自动出题,在窗体 Form1_Load,事件过程代码是在第一次显示窗体前发生的。通过产生随机数生成题目,就可达到程序运行开始就自动出题的需求。

```
Private Sub Form1_Load(ByVal sender As System.Object, ByVal e As System.EventArgs)_
                       Handles MyBase.Load
        Randomize()
        N1 = Int(10 * Rnd() + 1)
        N2 = Int(10 * Rnd() + 1)
        NOp = Int(4 * Rnd() + 1)
        Select Case NOp
            Case 1
                Op = "+" : result = N1 + N2
            Case 2
                Op = "-" : result = N1 - N2
            Case 3
                Op = "×" : result = N1 * N2
            Case 4
                Op = "÷" : result = N1 / N2
        End Select
        tm = N1 & Op & N2 & "="
        Label1.Text = tm
End Sub
```

③ 双击 Form1 窗体上的"确定"按钮控件,在出现的代码窗口中,默认的事件过程是 Button1_Click 事件(单击时发生的事件),在 Sub 和 End Sub 之间输入如 Button1 下语句(在文本框输入答案后按"确定"按钮,在 TextBox2 显示正确与否的结果,同时产生下一道题目。这段程序与 Form1_Load 相同,也可通过过程调用合为一个)。

```
'在文本框输入答案后单击"确定"按钮,在 TextBox2 显示正确与否的结果
Private Sub Button1_Click(ByVal sender As System.Object, ByVal e As System.EventArgs)_
                       Handles Button1.Click
    If Val(TextBox1.Text) = result Then
        TextBox2.Text &= tm & TextBox1.Text & Space(3) & "√ " & vbCrLf
        dtok += 1
```

```
Else
    TextBox2.Text &=tm & TextBox1.Text & Space(3) & "×" & vbCrLf
    dterr +=1
End If
'产生下一道题目
Randomize()
N1 =Int(10 * Rnd() +1)
N2 =Int(10 * Rnd() +1)
NOp =Int(4 * Rnd() +1)
Select Case NOp
    Case 1
        Op ="+" : result =N1 +N2
    Case 2
        Op ="-" : result =N1 -N2
    Case 3
        Op ="×" : result =N1 * N2
    Case 4
        Op ="÷" : result =N1 / N2
End Select
tm =N1 & Op & N2 & "="
Label1.Text =tm
TextBox1.Text =""
End Sub
```

④ 双击 Form1 窗体上的"计分"按钮控件,在出现的代码窗口中,默认的事件过程是
Button1_Click 事件(单击时发生的事件),在 Sub 和 End Sub 之间输入如 Button1 下语句(在
文本框输入答案后按"确定"按钮,在 TextBox2 显示正确与否的结果,同时产生下一道题目。
这段程序与 Form1_Load 相同,也可通过过程调用合为一个)。

```
'当单击"计分"按钮,计算机显示得分结果
Private Sub Button2_Click(ByVal sender As System.Object, ByVal e As System.EventArgs)_
                Handles Button2.Click
    Label1.Text =""
    TextBox2.Text &="----------------------" & vbCrLf
    TextBox2.Text &="一共计算" & (dtok +dterr) & "道题" & vbCrLf
    TextBox2.Text &="得分:" & CInt(dtok / (dtok +dterr) * 100) & "分" & vbCrLf
End Sub
```

⑤ 双击 Form1 窗体上的"退出"按钮控件,在出现的代码窗口中,默认的事件过程是
Button1_Click 事件(单击时发生的事件),在 Sub 和 End Sub 之间输入如下语句即可。

```
Private Sub Button3_Click(ByVal sender As System.Object, ByVal e As System.EventArgs)_
                Handles Button3.Click
    End
End Sub
```

⑥ 单击工具栏中的"调试"|"启动调试"或按 F5 键,即可运行该程序,如图 9-33 所示。

⑦ 单击工具栏中的"文件"|"全部保存",选择保存位置,单击"保存"按钮,如图 9-34
所示。

图 9-33　小学生两位数的四则运算
　　　　　的练习题运行结果

图 9-34　项目 4 保存界面

注意　　在本程序中为了减少程序量，没有考虑输入非
法数据，也没考虑当除法时分母为零（本例不会
产生分母为零的数）的情况。

显示的"√"和"×"，可通过"中文输入法"状态栏，再右击
软键盘，选择"数学符号"菜单中的对应符号。

当练习的题目多的时候，可将 Textbox2 的 ScrollBar 属
性设置为 Vertical，这时文本框的垂直滚动条出现。如
图 9-35 所示。

图 9-35　项目 4 文本框添加的
　　　　　垂直滚动条的界面

思考题

1. 编一个华氏温度与摄氏温度之间转换的程序，运行界面如图 9-36 所示，转换显示，保留两位小数。摄氏度转华氏度的公式如下：

$$C = 5/9 * (F - 32)$$

根据题目要求，设计界面如图 9-36 所示。

2. 编写一个程序，根据输入的半径，计算圆周长和圆面积。界面如图 9-37 所示。

图 9-36　华氏温度与摄氏温度之间转换的界面

图 9-37　计算圆周长和圆面积的界面

3. 编写一个程序，计算在购买某物品时，若所花的钱 x 在下述范围内，所付钱 y 按对应折扣支付。

$$y = \begin{cases} x & x < 1000 \\ 0.9x & 1000 \leqslant x < 2000 \\ 0.8x & 2000 \leqslant x < 3000 \\ 0.7x & x \geqslant 3000 \end{cases}$$

提示　此例用多分支结构实现,注意计算公式和条件表达式的正确书写。

4. 编写一个程序,输入上网的时间,计算上网费用,计算的方法如下:

$$费用 = \begin{cases} 30 \text{ 元基数} & \leqslant 10 \text{ 小时} \\ \text{每小时 } 2.5 \text{ 元} & 10 \sim 50 \text{ 小时} \\ \text{每小时 } 2 \text{ 元} & > 50 \text{ 小时} \end{cases}$$

同时为了鼓励多上网,每月收费最多不超过 150 元。

提示　首先利用多分支条件根据 3 个时间段算出费用,然后再用 If 语句对超过 150 元的费用设置为 150 元。

5. 编写一个程序,输入 a、b、c 三个数,要求按由小到大的顺序显示,界面如图 9-38 所示。

6. 编写一个程序,用单循环显示有规律的图形。运行界面如图 9-39 所示。

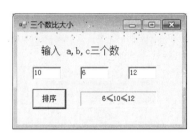

图 9-38　a、b、c 三个数,按由小到大的顺序显示的界面

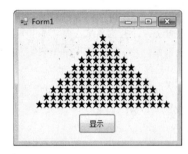

图 9-39　程序运行的界面

7. 编写程序,分别利用 For 和 Do while 循环语句求 $S = 1 + \frac{1}{2} + \frac{1}{4} + \frac{1}{7} + \frac{1}{11} + \frac{1}{16} + \frac{1}{22} + \frac{1}{29} + \cdots$ 的值,当第 i 项的值小于 10^{-4} 时结束。运行结果如图 9-40 所示。

图 9-40　程序运行的界面

8. 我国古代数学家张丘建在"算经"里提出一个世界数学史上有名的百鸡问题:鸡翁一,值钱五,鸡母一,值钱三,鸡雏二,值钱一,百钱买百鸡,问鸡翁、母、雏各几何? 请编写程序。

9. 设计程序,求 $s = 1 + (1+2) + (1+2+3) + \cdots + (1+2+3+\cdots+n)$ 的值。

10. 编写程序,求 $2! + 4! + \cdots + n!$ 的和 $(n \leqslant 10)$。

参 考 文 献

[1] 袁建清,修建新. 大学计算机应用基础[M]. 北京:机械工业出版社,2009.

[2] 崔淼,曾赟,李斌. 计算机工具软件使用教程[M]. 北京:清华大学出版社,2009.

[3] 黄国兴,陶树平,丁岳伟. 计算机导论[M]. 北京:清华大学出版社,2004.

[4] 周奇,梁宇滔. 计算机网络技术基础应用教程[M]. 北京:清华大学出版社,2009.

[5] 部绍海,黄琼,刘忠云. 实训教程常用工具软件[M]. 北京:航空工业出版社,2010.

[6] 王昆仑,赵洪涌. 计算机科学与技术导论[M]. 北京:中国林业出版社,北京大学出版社,2006.

[7] 祁享年. 计算机导论[M]. 北京:科学出版社,2005.

[8] 杜俊俐. 计算机导论[M]. 北京:中国铁道出版社,2006.

[9] 吕云翔,王洋,胡斌. 计算机导论实践教程[M]. 北京:人民邮电出版社,2008.

[10] 陈叶芳. 计算机导论实验教程[M]. 北京:科学出版社,2005.

[11] 詹国华. 大学计算机应用基础实验教程[M]. 北京:清华大学出版社,2007.

[12] 李宁,等. 计算机导论实验指导[M]. 北京:清华大学出版社,2009.

[13] 袁春华,赵彦凯. 新编计算机应用基础案例教程[M]. 长春:吉林大学出版社,2011.

[14] 应红霞,郑山红. 计算机应用技术基础(Office 2010)[M]. 北京:中国人民大学出版社,2012.